地理数学方法应用与实践

孙　鹏　姚　蕊　马美红　主编

科　学　出　版　社
北　京

内 容 简 介

本书是一本专注于地理学科中数学方法应用的教材，旨在帮助学生深入理解和掌握数学方法在地理学研究中的实际运用。全书共六章，涵盖地理数据分析、空间分析、统计方法、模型构建等核心内容。本书不仅介绍地理数学方法的基础理论，还强调其在实际地理问题中的应用。通过讲解案例和实践中的问题，帮助读者将理论知识转化为解决实际问题的能力。

本书内容由浅入深，适合地理学、环境科学、城市规划等相关专业的本科生及研究生使用。

审图号：苏 S（2025）20 号

图书在版编目（CIP）数据

地理数学方法应用与实践 / 孙鹏，姚蕊，马美红主编. -- 北京 ：科学出版社，2025. 9. -- ISBN 978-7-03-080420-4

Ⅰ. P91

中国国家版本馆 CIP 数据核字第 2024M7G532 号

责任编辑：周　丹　沈　旭/责任校对：郝璐璐

责任印制：张　伟/封面设计：许　瑞

科 学 出 版 社 出版

北京东黄城根北街 16 号

邮政编码：100717

http://www.sciencep.com

中煤（北京）印务有限公司印刷

科学出版社发行　各地新华书店经销

*

2025 年 9 月第　一　版　开本：720×1000　1/16

2025 年 9 月第一次印刷　印张：14 1/4

字数：288 000

定价：99.00 元

（如有印装质量问题，我社负责调换）

第一作者简介

孙鹏教授，博士生导师，安徽省“领军人才”特聘教授（原皖江学者特聘教授），学院教授委员会副主任，安徽省优秀青年基金获得者，安徽省优秀青年研究生导师，安徽师范大学“文津学者”人才称号，安徽师范大学“师德典型”入选者。担任长江三角洲、安徽省、芜湖市应急管理专家组成员，中国地理学会理事，中国地理学会自然灾害风险与综合减灾专业委员会委员，中国自然资源学会水资源专业委员会委员兼青年工作委员会副秘书长。主持国家自然科学基金、第二次青藏科考子课题、国家重点研发子课题、安徽省重点研发等项目 20 余项，发表论文 170 余篇，其中科学引文索引（SCI）收录 80 余篇，获省自然科学二等奖等省部级奖励 4 项，授权发明专利 2 项，软件著作权 6 项，主编和参编出版学术专著 7 部。

前　　言

本书属于地理学科中数学方法应用的教材，目的在于帮助地理学及相关学科学生深入理解和掌握数学方法在地理学相关领域研究中的实际运用。本书的读者对象是高校地理学、水文学、生态学、环境科学、气象学、城乡规划学等专业的高年级本科生、研究生及相关科研人员。对于高校高年级本科生和研究生来说，本书既可以作为教材，也可以作为教学参考书使用；对于科研工作者来说，本书既是工具书，又是科研参考书。全书共六章，涵盖地理数据分析、空间分析、统计方法、模型构建等核心内容。第一章从地理学领域常见的时空数据来源及获取方式入手，结合常见的 ArcGIS、MATLAB 等软件预处理方法对源数据进行格式转换、滤波平滑处理以及基本的统计处理。第二章在第一章基础数据预处理之后的基础上，针对时序数据进行常见的如线性拟合、线性非线性回归等回归分析方法应用。第三章进一步从概率密度的概念入手，着重介绍单变量以及多变量 Copula 函数在 MATLAB 中的实现。第四章针对地理学知识学习中最常用的时序栅格数据，全面讲解时序数据稳定性、变化趋势及显著性检验，可持续性、相关性及偏相关分析，相对重要性的量化等前沿时序数据分析方法。第五章在第四章时序数据分析的基础上，进一步从空间联系的角度，对空间自相关、重心迁移理论、概率转移矩阵、地理加权回归等空间特征分析方法在实际问题中的运用进行实践。第六章面向复杂多维地理数据，针对更深度应用场景的主成分分析、因子分析、聚类分析进行讲解。

本书中的实践案例，可以帮助地理学及其相关专业领域的学生掌握基本的数学工具和方法，培养其定量分析能力和空间思维能力。在学习本书后，读者能够熟练地采用基本数理统计方法对现实中地理学相关问题进行分析解答，达到以数学方法的视角理解自然环境中常见的自然地理学、人文地理学的现象、规律、成因以及未来变化趋势的目的。本书系统整合数据可视化技术与 ArcGIS、MATLAB 等编程平台，采用案例教学法，重点培养读者的实践应用能力与问题解决能力。本书采用启发性教学方式，引导学生思考、探索，达到举一反三的目的。本书以全过程可复现的代码编写为主线，通过理论与实践相结合的方式，系统培养读者运用编程工具解决地理学实际问题的能力，促进其地理计算思维的建立与实践技能的提升。在本书的使用过程中，建议读者先进行第一章的学习，以达到熟悉并理解后续章节学习所需的基础地理时序数据的目的，后续按照第二章至第六章由浅入深的顺序学习即可。本书每个案例均配有完整的数据来源网站、源数据、数据预处理方法、数据进阶分析代码及注释内容，便于学生进行课堂学习和课后复习。

本书在编写过程中得到了安徽师范大学地理科学国家级一流本科专业建设点、地理信息科学国家级一流本科专业建设点、安徽省 2024 年度高端人才引育行动项目、国家自然科学基金项目（项目编号：42271037）、安徽省自然科学基金优秀青年科学基金项目（项目编号：2108085Y13）、安徽省重点研究与开发计划项目（项目编号：2022m07020011）、安徽省高校协同创新项目（项目编号：GXXT-2021-048）的支持。在本书的编写过程中，许多人员做了大量的工作，付出了辛勤的劳动；在本书的出版过程中，除了作者以外，安徽师范大学马梓策、葛晨昊、刘瑞琳、邹逸凡、卞耀劲、吕胤锋等付出了艰辛的劳动，特此致谢！

本书是基于现阶段研究工作和创新成果的总结，由于水平有限，书中不当之处在所难免，恳请业内专家、同行批评指正，以促进地理数学方法体系更加完善，为我国的计量地理学可持续发展作出更大贡献！

目　录

前言
第一章　时空数据获取与预处理 ······ 1
第一节　时空数据的来源及预处理 ······ 1
第二节　时空数据的平滑处理 ······ 37
第三节　时空数据的统计处理 ······ 44
第二章　回归分析 ······ 59
第一节　线性拟合线 ······ 59
第二节　线性回归分析 ······ 64
第三节　非线性回归分析 ······ 72
第三章　概率统计分析 ······ 78
第一节　概率密度分布 ······ 78
第二节　概率分布函数 ······ 84
第三节　一元分布随机数 ······ 93
第四节　经验累积分布函数 ······ 97
第五节　联合分布函数 ······ 99
第四章　时空序列分析 ······ 104
第一节　时空序列的稳定性 ······ 104
第二节　时空序列的变化趋势 ······ 110
第三节　时空序列的可持续性 ······ 121
第四节　时空序列的相关性分析 ······ 128
第五节　时空序列的相对重要性 ······ 140
第五章　空间过程分析 ······ 149
第一节　空间自相关分析 ······ 149
第二节　重心迁移理论 ······ 157
第三节　转移概率矩阵 ······ 167
第四节　地理加权回归分析 ······ 178
第五节　地理探测器 ······ 191

第六章　地理多维数据分析与分类 ········· 207
　第一节　主成分分析 ········· 207
　第二节　因子分析 ········· 211
　第三节　聚类分析 ········· 213
主要参考文献 ········· 219

第一章 时空数据获取与预处理

第一节 时空数据的来源及预处理

一、实验场景

时空数据是同时具有时间和空间维度的数据，现实世界中的时空数据超过80%与地理位置有关。时空数据包括时间、空间、专题属性三维信息，具有多源、海量、更新快速的综合特点，包括自然地理数据和社会经济数据，如行政区划数据、气象数据、Landsat 数据、MODIS 数据、数字高程模型、统计年鉴资料等。时空数据是一切数学方法在地理学应用的基础（徐建华，2002；刘贤赵等，2009），对于不同类型的时空数据，需要采用不同的预处理方法。

本节以“时空数据的来源及预处理”为实验案例，以行政区划数据、气象数据、Landsat 数据、MODIS 数据、数字高程模型、统计年鉴资料为基础，讲述多源时空数据在使用前的预处理方法。实验涉及几个核心问题：①如何提取我们所需要的行政区划边界？②如何将气象站点观测数据实现空间化？多源气象数据应该如何处理？③如何利用 Landsat 和 MODIS 数据反演归一化植被指数（NDVI）、归一化水体指数（NDWI）和归一化建筑指数（NDBI），并比较两种遥感数据在反演上述指标时存在哪些差异？④如何应用数字高程模型提取坡度和坡向等地形因子？⑤统计年鉴资料如何实现空间化处理？

二、实验目标与内容

（一）实验目标与要求

（1）了解基本的时空数据来源及数据类型。

（2）熟练掌握时空数据的处理流程和方法。

（二）实验内容

（1）江苏省地市行政区划边界提取。

（2）气象站点数据的空间化及多源气象数据的预处理。

（3）应用 Landsat 和 MODIS 数据反演归一化植被指数、归一化水体指数和归一化建筑指数，并且对比两种遥感数据在反演多个指标时存在哪些差异。

（4）应用数字高程模型提取坡度、坡向和地表起伏度。

（5）统计年鉴资料的空间化处理。

三、实验数据与思路

（一）实验数据

本实验数据采用中国地市行政区划边界、气象站的降水数据、多源降水数据、Landsat8 OLI、MOD09A1、数字高程模型、统计年鉴资料，具体使用的数据明细如表 1-1 所示。

表 1-1　数据明细

数据名称	类型	描述
中国地市行政区划边界	矢量	2015 年中国地市行政区划边界数据
气象站的降水数据	点	大气中的水汽凝结后以液态水或固态水降落到地面的现象
多源降水数据	栅格	大气中的水汽凝结后以液态水或固态水降落到地面的现象
Landsat8 OLI	栅格	美国陆地卫星计划的第八颗卫星（Landsat8）
MOD09A1	栅格	中分辨率成像光谱仪，美国国家航空航天局（NASA）研制的大型空间遥感仪器
数字高程模型	栅格	地面某个地点高出海平面的垂直距离
统计年鉴资料	表格	国家统计局编印的一种资料性年刊，全面反映中华人民共和国经济和社会发展情况

（二）思路与方法

1. 行政区划

图 1-1 为行政区划边界预处理流程，主要通过 ArcGIS 将下载的中国地市行政区划边界数据提取为江苏省地市行政区划边界数据。主要方法包括使用 ArcGIS 中的“Editor”在图层一栏中打开“Open Attribute Table”，在“Attribute Table”中筛选出江苏省有关的图层，并在“Attribute Table”中删除其余图层，将同名称的图层融合，最后单击“Editor”中的“Save Editor”退出编辑并保存。

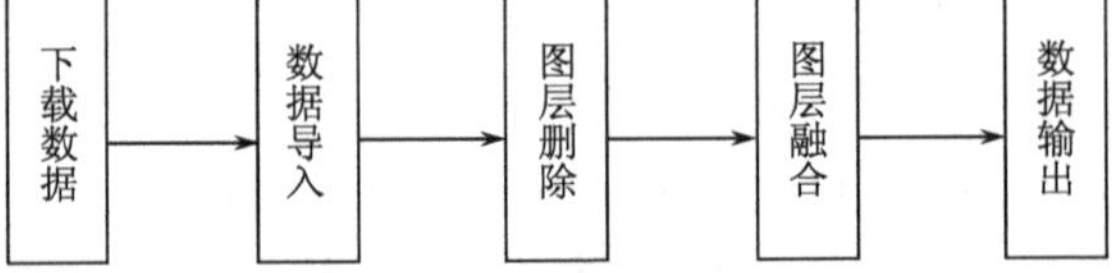

图 1-1　行政区划边界预处理流程

2. 气象数据

以多源降水数据为例，将下载的江苏省气象站点的降水数据整理成需要插值的 Excel 格式，在 ArcGIS 中通过空间插值，将降水量数据空间化。在 ArcGIS 中的“Spatial Analyst Tools”打开“Interpolation”进行插值处理，可以根据自己的需求选择适当的插值方法。降水数据来源于美国国家海洋和大气管理局气候预测中心（The Climate Prediction Center，CPC）、欧洲中期天气预报中心第五代再分析数据集（ECMWF Reanalysis v5，ERA5）和中国国家地球系统科学数据中心。需要利用本书提供的 MATLAB 代码，将下载好的 NC 格式的降水数据转换为 TIF 格式，并与气象站点插值的降水量数据进行对比分析（图 1-2）。

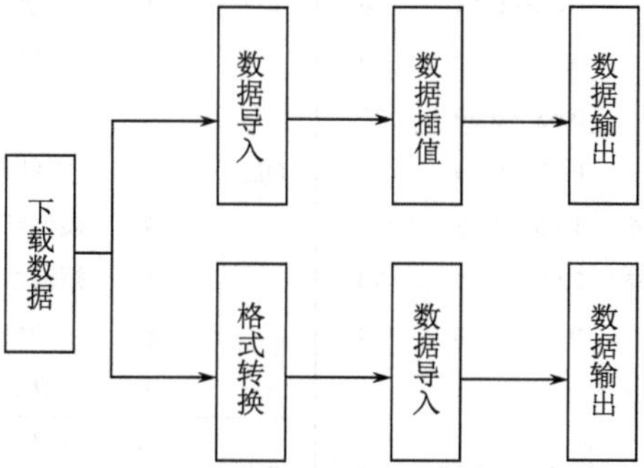

图 1-2　多源气象数据处理流程

3. Landsat 和 MODIS 遥感数据

本实验以地理空间数据云（http://www.gscloud.cn/）所提供的 Landsat8 OLI_TIRS 卫星数据产品为例，对遥感影像真彩色合成、假彩色合成和标准假彩色合成进行说明，选取的影像时间为 2017 年 7 月，空间分辨率为 30m，时间分辨率为天，已进行过辐射定标与大气校正。本实验选择 NASA（https://search.earthdata.nasa.gov/）所提供的 MOD09A1 卫星数据遥感产品作为实验数据，MOD09A1 选取的影像时间为 2017 年 7 月，空间分辨率为 500m，时间分辨率为 8 天。利用 MOD09A1 和 Landsat8 OLI_TIRS 数据可计算得到归一化植被指数、归一化水体指数和归一化建筑指数（图 1-3）。Landsat 和 MODIS 遥感数据卫星影像各波段波谱范围及其应用可以参见表 1-2 和表 1-3。

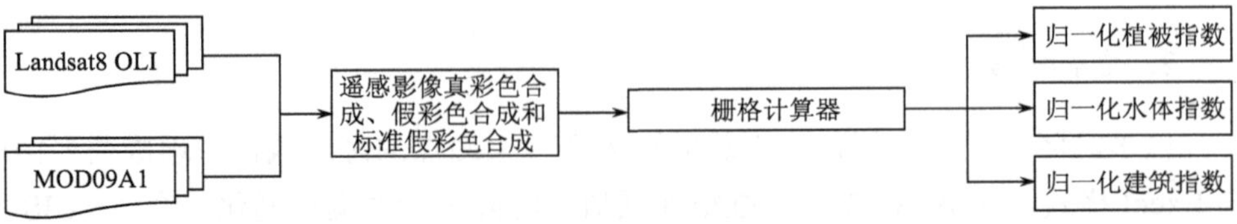

图 1-3　Landsat8 OLI 和 MOD09A1 数据处理流程

表 1-2　Landsat7 与 Landsat8 卫星影像参数对比及其应用

Landsat7					Landsat8				
传感器	波段号	波段	波长/μm	空间分辨率/m	传感器	波段号	波段	波长/μm	空间分辨率/m
						1	深蓝	0.43～0.45	30
	1	蓝	0.43～0.45	30		2	蓝	0.45～0.51	30
	2	绿	0.52～0.60	30		3	绿	0.53～0.59	30
	3	红	0.63～0.69	30		4	红	0.64～0.67	30
	4	近红外	0.77～0.90	30	OLI	5	近红外	0.85～0.88	30
ETM+	5	短波红外	1.55～1.75	30		6	短波红外	1.57～1.65	30
	7	短波红外	2.09～2.35	30		7	短波红外	2.11～2.29	30
	8	全色	0.52～0.90	15		8	全色	0.50～0.68	15
						9	卷云	1.36～1.38	30
	6	热红外	10.40～12.50	60	TIRS	10	热红外	10.60～11.19	100
						11	热红外	11.50～12.51	100

表 1-3　MODIS 卫星影像各波段波谱范围及其应用

MODIS 波段	颜色	波谱范围/nm	主要用途
1	红	620～670	陆地/云边界
2	近红外	841～876	
3	蓝	459～479	陆地/云特征
4	绿	545～565	
5	热红外	1230～1250	
6	短波红外	1628～1652	
7	短波红外	2105～2155	

4. DEM 数据

本实验以江苏省数字高程模型为基础，利用 ArcGIS 计算江苏省的坡度、坡向和地表起伏度（图 1-4）。主要方法包括在 ArcGIS 中将 DEM 数据利用“Slope”

和“Aspect”等工具计算得到相应的坡度和坡向，然后通过栅格计算器完成地表起伏度的计算。

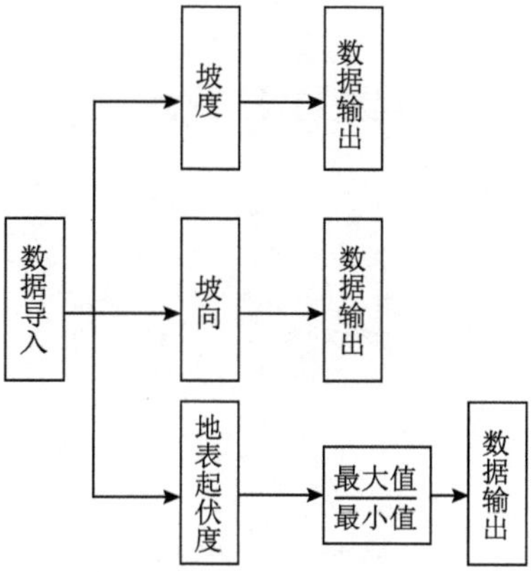

图 1-4　地形因子处理流程

四、实验步骤

（一）软件准备

ArcGIS、MATLAB。

（二）数据准备

中国地市行政区划边界数据、气象站的降水数据、多源降水数据、Landsat8 OLI、MOD09A1、数字高程模型（DEM）、统计年鉴资料。

（三）江苏省地市行政区划边界的提取

1. 中国地市行政区划边界数据下载

该数据来源于中国科学院资源环境科学与数据中心（http://www.resdc.cn/）。

2. 江苏省地市行政区划边界的提取

如图 1-5 所示，打开“ArcMap”，选择菜单栏“①Add Data”选项单击，打开“CN-shi-A”，单击“Add”，将中国地市行政区划边界数据加载到“ArcMap”中。

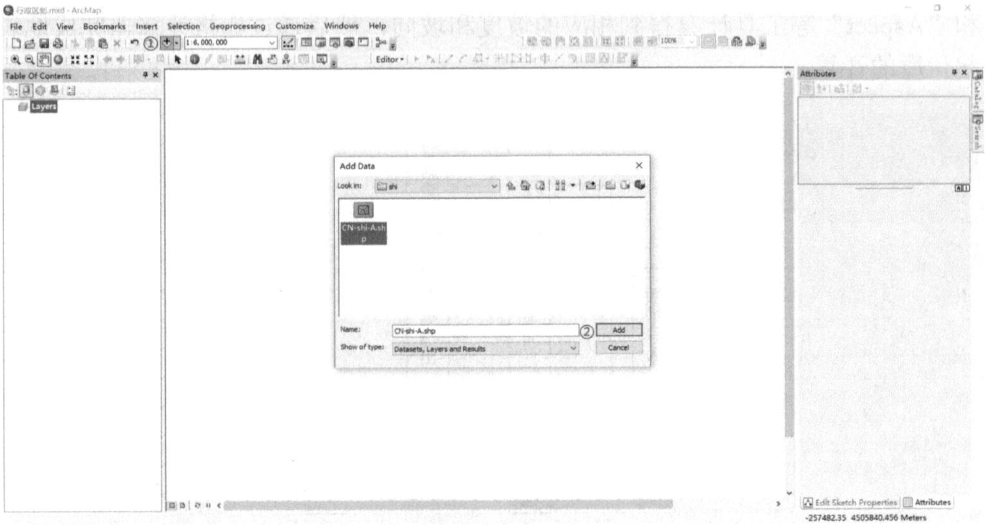

图 1-5　实验数据的添加

如图 1-6 所示，选择菜单栏“①Editor”选项单击，单击“②Start Editing”，使中国地市行政区划边界数据进入编辑状态。

如图 1-7 所示，为获取江苏省地市行政区划边界数据，需要对其他省份行政区划边界进行删除，选择“②Open Attribute Table”，打开属性表 Table。属性表如图 1-8 所示，将非江苏省图层进行删除，结果如图 1-9 所示。

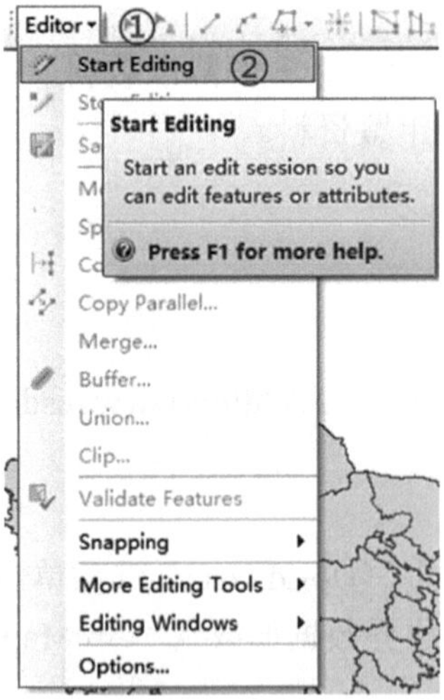

图 1-6　中国地市行政区划边界数据编辑处理

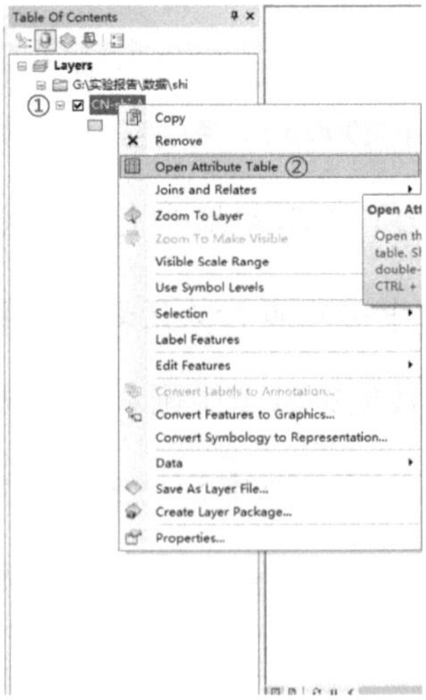

图 1-7　打开中国地市行政区划边界属性表的步骤

Table

CN-shi-A

FID	Shape *	AREA	PERIMETER	SHI_D_	SHI_D_ID	SHI	OID_	F4	CityNameC	sheng
0	Polygon	64768700000	1782900	2	1	232700	71	黑龙江省	大兴安岭地区	230000
1	Polygon	252784000000	3853430	3	2	150700	30	内蒙古自治区	呼伦贝尔市	150000
2	Polygon	66870900000	1858220	4	3	231100	69	黑龙江省	黑河市	230000
3	Polygon	32803400000	1585770	5	4	230700	65	黑龙江省	伊春市	230000
4	Polygon	32474400000	2015700	6	5	230800	66	黑龙江省	佳木斯市	230000
5	Polygon	14663000000	917378	7	6	230400	62	黑龙江省	鹤岗市	230000
6	Polygon	22050400000	1318110	8	7	230500	63	黑龙江省	双鸭山市	230000
7	Polygon	42254100000	1755410	9	8	230200	60	黑龙江省	齐齐哈尔市	230000
8	Polygon	116798000000	2096580	10	9	654300	337	新疆维吾尔自	阿勒泰地区	650000
9	Polygon	34900100000	1657040	11	10	231200	70	黑龙江省	绥化市	230000
10	Polygon	22494400000	1279210	12	11	230300	61	黑龙江省	鸡西市	230000
11	Polygon	94874500000	2687920	13	12	654200	336	新疆维吾尔自	塔城地区	650000
12	Polygon	21180000000	1184130	14	13	230600	64	黑龙江省	大庆市	230000
13	Polygon	53081900000	1809630	15	14	230100	59	黑龙江省	哈尔滨市	230000
14	Polygon	6189990000	582951	16	15	230900	67	黑龙江省	七台河市	230000
15	Polygon	3031240	10716.4	17	16	659000	0			0
16	Polygon	55133100000	1954110	18	17	152200	33	内蒙古自治区	兴安盟	150000
17	Polygon	20032500	34022.8	19	18	659000	0			0
18	Polygon	896150000	175066	20	19	659000	0			0
19	Polygon	38828500000	1486720	21	20	231000	68	黑龙江省	牡丹江市	230000
20	Polygon	25762300000	1050160	22	21	220800	57	吉林省	白城市	220000
21	Polygon	7334930000	633100	23	22	650200	325	新疆维吾尔自	克拉玛依市	650000
22	Polygon	199891000000	3028280	24	23	152500	34	内蒙古自治区	锡林郭勒盟	150000
23	Polygon	24853600000	985175	25	24	652700	329	新疆维吾尔自	博尔塔拉蒙古自治	650000
24	Polygon	21167400000	1078670	26	25	220700	56	吉林省	松原市	220000
25	Polygon	55391000000	1678520	27	26	654000	335	新疆维吾尔自	伊犁哈萨克自治州	650000
26	Polygon	20557900000	1255780	28	27	220100	50	吉林省	长春市	220000
27	Polygon	26657500000	924662	29	28	652300	328	新疆维吾尔自	昌吉回族自治州	650000
28	Polygon	43242700000	1866510	30	29	222400	58	吉林省	延边朝鲜族自治州	220000
29	Polygon	27713000000	1189950	31	30	220200	51	吉林省	吉林市	220000
30	Polygon	58886100000	1774240	32	31	150500	28	内蒙古自治区	通辽市	150000
31	Polygon	1171760000	189288	33	32	654000	335	新疆维吾尔自	伊犁哈萨克自治州	650000
32	Polygon	46828900000	1138420	34	33	652300	328	新疆维吾尔自	昌吉回族自治州	650000
33	Polygon	184348	2994.51	35	34	220100	50	吉林省	长春市	220000
34	Polygon	14100	656.061	36	35	220200	51	吉林省	吉林市	220000
35	Polygon	31426.8	1171.4	37	36	220100	50	吉林省	长春市	220000
36	Polygon	14202700000	1033380	38	37	650100	324	新疆维吾尔自	乌鲁木齐市	650000
37	Polygon	86891900000	2292200	39	38	150400	27	内蒙古自治区	赤峰市	150000
38	Polygon	399172000	106625	40	39	650200	325	新疆维吾尔自	克拉玛依市	650000
39	Polygon	137217000000	1691910	41	40	652200	327	新疆维吾尔自	哈密地区	650000
40	Polygon	457281000	114874	42	41	659000	0			0
41	Polygon	740451000	227948	43	42	659000	0			0
42	Polygon	14418500000	1049140	44	43	220300	52	吉林省	四平市	220000
43	Polygon	4352.13	312.185	45	44	222400	58	吉林省	延边朝鲜族自治州	220000
44	Polygon	11067.4	608.612	46	45	222400	58	吉林省	延边朝鲜族自治州	220000
45	Polygon	161573	2208.72	47	46	222400	58	吉林省	延边朝鲜族自治州	220000
46	Polygon	12565.6	534.416	48	47	222400	58	吉林省	延边朝鲜族自治州	220000
47	Polygon	4981.38	379.764	49	48	222400	58	吉林省	延边朝鲜族自治州	220000

图 1-8　中国地市行政区划边界属性表

Table

CN-shi-A

FID	Shape *	AREA	PERIMETER	SHI_D_	SHI_D_ID	SHI	OID_	F4	CityNameC	sheng
917	Polygon	254429	2394.39	919	918	320700	79	江苏省	连云港市	320000
920	Polygon	7372960000	596105	922	921	320700	79	江苏省	连云港市	320000
922	Polygon	163759	1540.76	924	923	320700	79	江苏省	连云港市	320000
923	Polygon	45824.3	813.743	925	924	320700	79	江苏省	连云港市	320000
929	Polygon	170838	1911.14	931	930	320700	79	江苏省	连云港市	320000
932	Polygon	6628510	14182	934	933	320700	79	江苏省	连云港市	320000
935	Polygon	11128000000	932027	937	936	320300	75	江苏省	徐州市	320000
939	Polygon	45249.8	847.186	941	940	320700	79	江苏省	连云港市	320000
942	Polygon	15341100000	814816	944	943	320900	81	江苏省	盐城市	320000
947	Polygon	8525540000	583519	949	948	321300	85	江苏省	宿迁市	320000
952	Polygon	10051600000	684071	954	953	320800	80	江苏省	淮安市	320000
965	Polygon	6584100000	542003	967	966	321000	82	江苏省	扬州市	320000
969	Polygon	5782640000	557650	971	970	321200	84	江苏省	泰州市	320000
978	Polygon	9095710000	569642	980	979	320600	78	江苏省	南通市	320000
982	Polygon	6582460000	706819	984	983	320100	73	江苏省	南京市	320000
986	Polygon	3839670000	445503	988	987	321100	83	江苏省	镇江市	320000
988	Polygon	8659620000	606548	990	989	320500	77	江苏省	苏州市	320000
991	Polygon	4367380000	573869	993	992	320400	76	江苏省	常州市	320000
992	Polygon	4635390000	536862	994	993	320200	74	江苏省	无锡市	320000
1007	Polygon	3005240	7870.26	1009	1008	320100	73	江苏省	南京市	320000

图 1-9　江苏省地市行政区划边界属性表

如图 1-10 所示，江苏省地市行政区划边界属性表有许多重复的矢量图层，需要将重复的地市①进行合并处理，选择“②Editor→③Merge”，出现图 1-11“Merge”窗口，单击 “①连云港市（CN-shi-A）”将相同的市进行合并。

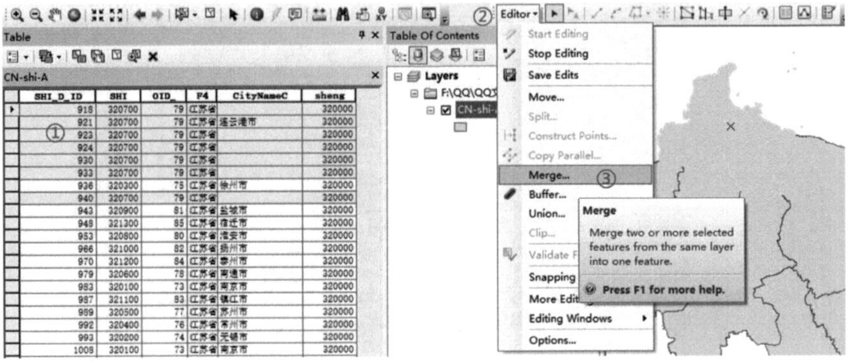

图 1-10　江苏省重复矢量图层的合并处理

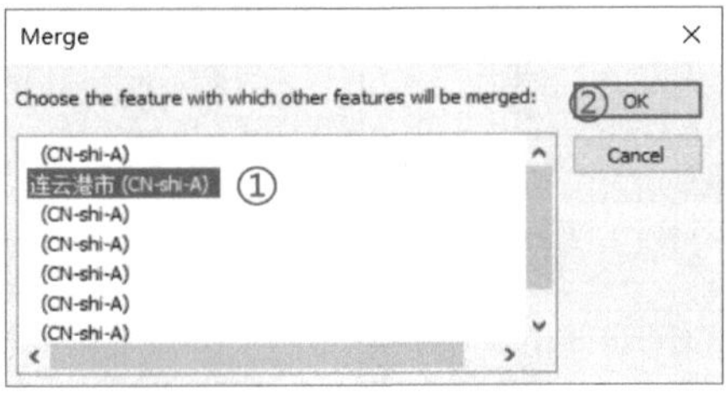

图 1-11　“Merge”窗口

如图 1-12 所示，最后选择“①Save Edits→②Stop Editing”，最终获得江苏省地市行政区划边界数据，结果如图 1-13 所示。

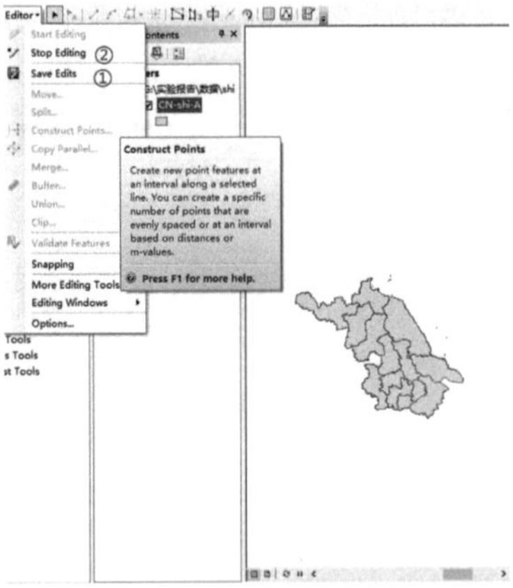

图 1-12　江苏省地市行政区划边界数据停止编辑的步骤

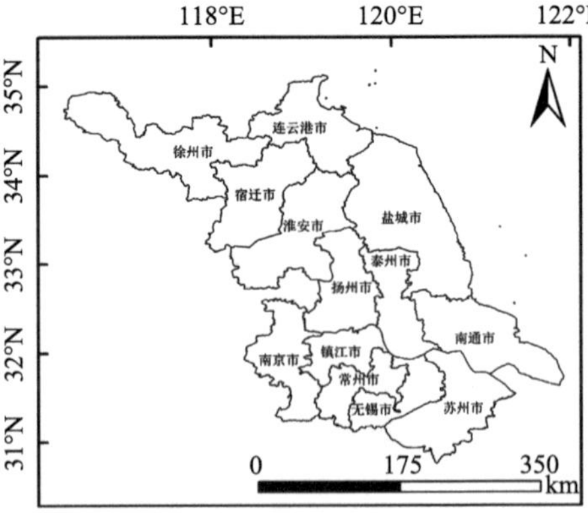

图 1-13　江苏省地市行政区划边界数据处理结果

（四）气象数据预处理

1. 基于站点观测的气象数据及多源降水数据的下载

基于站点观测的气象数据来源于国家气象科学数据中心（http://www.nmic.cn/）。其他多源降水数据包括：

（1）WorldClim 是一个全球高分辨率气候数据分享平台，截至 2021 年 3 月，其具有“Climate”和“Weather”两部分数据与未来预计气象数据。其中，“Climate”包含：全球 1970～2000 年逐月最低温度、最高温度、平均温度、降水量、太阳辐射、风速、水汽压差数据，以及全球 1970～2000 年平均逐月 19 种生物气候变量数据。“Weather”包含：全球 1960～2018 年逐月平均最低温度、平均最高温度、总降水量数据。未来预计气象数据包含：全球 2021～2100 年月平均最低温度、最高温度与降水量数据，下载网址为 https://www.worldclim.org/data/index.html。

（2）气候科学实验室（Climate Science Lab）是美国得克萨斯州立大学下属实验室，截至 2021 年 3 月，其具有全球大陆地区 1958～2015 年逐月降水量、最高温度、最低温度、风速、蒸气压、太阳辐射数据，以及全球大陆地区逐月潜在蒸散量、降水量、温度、植物土壤持水量数据，下载网址为 https://climatology.tamu.edu/。

（3）Climate Data Store 是哥白尼气候变化服务（Copernicus Climate Change Service，C3S）数据平台，具有大量全球、欧洲地区气象、水文等不同数据集，下载网址为 https://cds.climate.copernicus.eu/。

（4）ERA5 是欧洲中期天气预报中心（European Centre for Medium-Range Weather Forecasts，ECMWF）全球气候大气再分析的第五代工具。其具有全球 1950 年至当前实时日期前五天的多种大气数据，空间分辨率为 0.25°，下载网址为 https://climate.copernicus.eu/climate-reanalysis。

（5）物理科学实验室（Physical Sciences Laboratory，PSL）是美国国家海洋和大气管理局（NOAA）下属数据平台，具有非常丰富的全球或地区气候、水文、天气等数据，下载网址为 https://www.psl.noaa.gov/data/index.html。

（6）Climate Explorer 是世界气象组织（World Meteorological Organization）下属的气象数据检索平台，具有非常丰富的全球或地区气候数据。其一大优势即可以针对温度、降水、云覆盖等不同的气象要素分别检索，极大地提高效率，下载网址为 http://climexp.knmi.nl/。

（7）GES（Goddard Earth Sciences）DISC（Data and Information Services Center）是美国国家航空航天局戈达德宇宙飞行中心下属的数据服务中心，具有非常丰富的全球或地区气候、气象数据，下载网址为 https://disc.gsfc.nasa.gov/。

（8）国家地球系统科学数据中心是中国比较大的数据服务平台，具有非常丰富的中国气候数据，包括潜在蒸散量、实际蒸散量、平均气温和降水量等数据，下载网址为 http://www.geodata.cn/data/。

2. 基于站点观测的气象数据空间网格化

由于气象指标众多，因此本实验以降水数据为例，使用国家气象信息中心提供的江苏省 2018 年 12 个气象站点数据进行空间插值处理。

首先，如图 1-14 所示，打开“ArcMap”，选择菜单栏“①Add Data”选项单击，打开“②江苏省降水量数据.xls”中的“2018”，单击“Add”，将数据加载到“ArcMap”中。这里需要注意的是，原始的国家气象科学数据为 TXT 数据，需要将其整理为图 1-15 所示的 xls 格式数据。

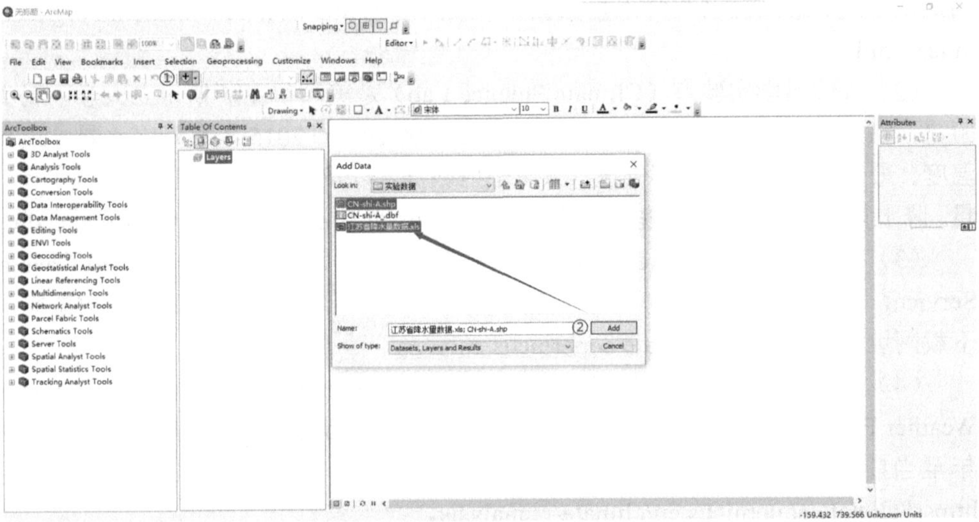

图 1-14　实验数据的添加

	A	B	C	D	E	F	G	H	I	J	K	L	M	N	O	P	Q	R
1	区站号	台站名称	省份	Y	X	201801	201802	201803	201804	201805	201806	201807	201808	201809	201810	201811	201812	年降水量
2	58027	徐州	江苏	34.28333	117.15	22.5	13	42.7	36.32941	63.6	48.7	248.5	362.3	62.6	0.2	66.2	45	1011.629
3	58040	赣榆	江苏	34.83333	119.1167	13.4	2.8	49.8	43.39412	63.5	30.4	265.8	185.8	103.6	0.4	40.6	35.7	835.1941
4	58138	盱眙	江苏	32.98333	118.5167	80.5	19.6	78.5	58.95882	305.8	114.5	315.8	200.2	49.5	6.4	89.2	79.8	1398.759
5	58141	淮安	江苏	33.63333	119.0167	37.4	16.8	88.9	48.52353	181.1	132.6	197.7	210.7	33.4	1.4	67.7	74.2	1090.424
6	58150	射阳	江苏	33.76667	120.25	39.9	14.8	96.4	45.40588	151.1	164	200.7	66.5	119	10.3	112.3	83.4	1103.806
7	58238	南京	江苏	32	118.8	106	44.9	120.7	96.65882	142.8	49.1	182.3	273.6	66.2	37.5	65.6	117.4	1302.759
8	58241	高邮	江苏	32.8	119.45	84.1	29.1	79.6	64.55881	251.9	55.7	146.6	217.8	39.9	9.4	83.5	94.3	1156.459
9	58251	东台	江苏	32.86667	120.3167	68.4	26.5	71.3	67.00588	216.4	87.5	282.4	179.1	29.3	12.1	92.4	94	1226.406
10	58259	南通	江苏	31.98333	120.8833	79	53.3	66	83.94705	227.5	12.7	160.9	154	190.1	18.6	83.2	93.9	1223.147
11	58265	吕泗	江苏	32.06667	121.6	66.9	49.6	70.8	74.04118	108.5	25.5	169.9	198.6	149.4	30.2	92	101	1136.441
12	58345	溧阳	江苏	31.43333	119.4833	124.5	54	82.9	107.3941	115.4	62.8	236.7	255.2	65.5	22	85.7	145.8	1357.894
13	58358	东山	江苏	31.06667	120.4333	109.7	50	124.3	96.66469	102.6	90.5	168.3	146.3	157.3	8.9	88.2	153.6	1296.365

图 1-15　气象数据整理的格式要求

将 Excel 数据转化成点数据导入 ArcGIS 中，如图 1-16 所示，选择“①2018→②Display XY Data”，弹出 Display XY Data 窗口，如图 1-17 所示。

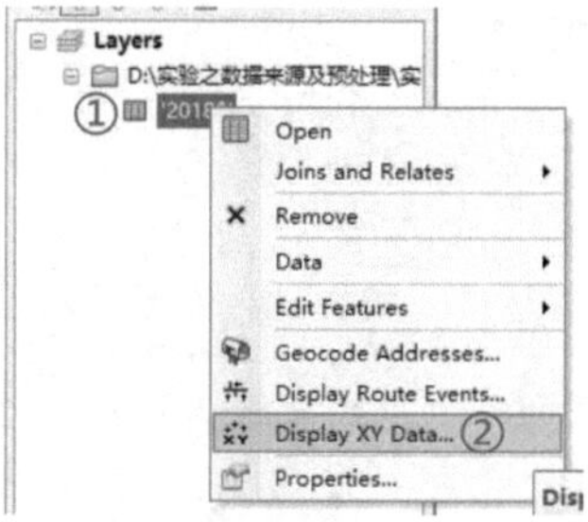

图 1-16　将 Excel 数据导入 ArcGIS 中的步骤

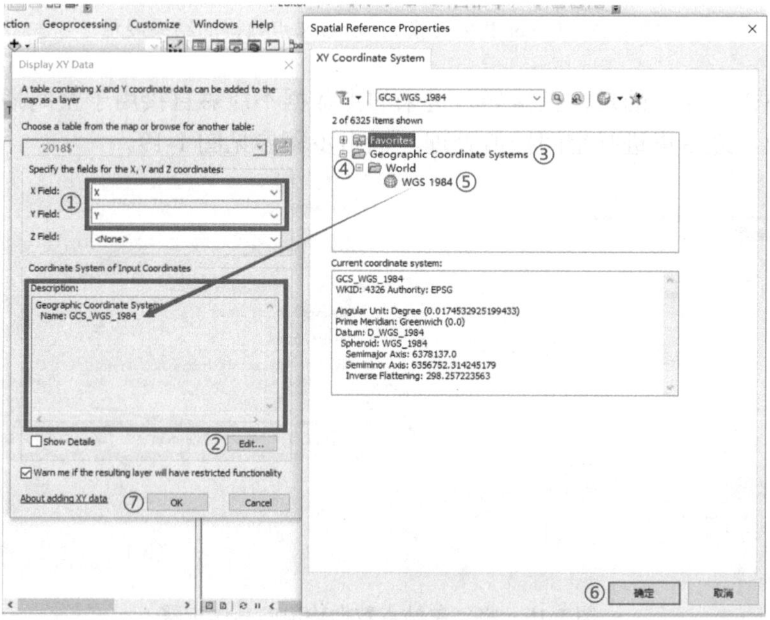

图 1-17　Display XY Data 窗口参数设置

如图 1-17 所示，设置图中的“①X Field,Y Field”，X 和 Y 分别表示点的经度和纬度，单击“②Edit”，弹出 Spatial Reference Properties 窗口，按照“③Geographic Coordinate Systems→④World→⑤WGS 1984”，选择地理坐标系统 WGS 1984 坐标系，单击“⑥确定”即可，最后单击“⑦OK”，将 Excel 数据成功转换为带有经纬度坐标系的点数据，如图 1-18 所示。

图 1-18　Excel 数据转换为 ArcGIS 点数据的结果展示

这里需要注意的是，直接导入进来的点数据不能够直接用于空间插值，需要将其输出，之后再进行空间插值处理，输出步骤参见图 1-19。

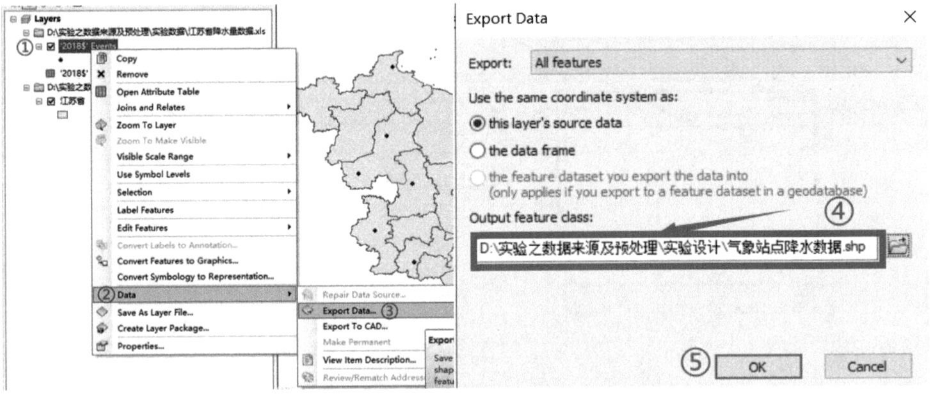

图 1-19　将气象站点数据输出的具体步骤

然后进行空间插值处理，如图 1-20 所示，选择工具箱中“①Geostatistical Analyst Tools→②Interpolation→③Radial Basis Functions”。ArcGIS 提供了多种插值方法，本实验以径向基函数插值法为例，该方法的优点为径向基函数曲面的简单结构以及对大量点数据进行插值计算可获得平滑表面。其他方法还包括反距离权重（IDW）插值、克里金（Kriging）插值、自然邻近法（natural neighbour）插值、样条函数（spline）插值、趋势面（trend）插值等，部分插值方法在工具栏的“Spatial Analyst Tools→Interpolation”。

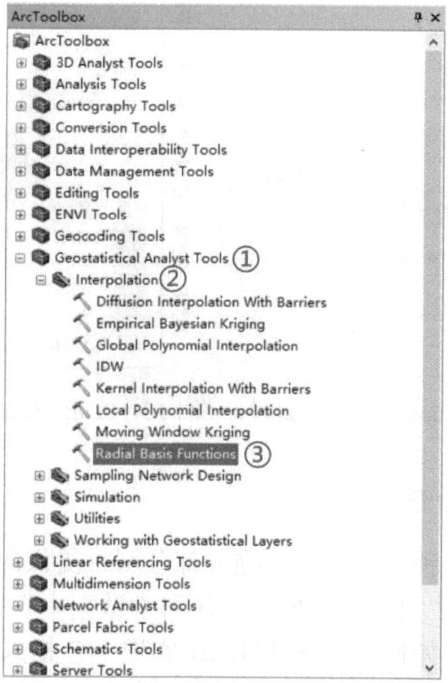

图 1-20　气象数据空间插值的步骤

在插值界面中，依次选择“①Input features 进行插值的数据→②Z value field 插值的数据中的第几列→③Output raster 插值后文件的输出路径→④Output cell size 插值的分辨率→⑤Environments→⑥Processing Extent 确定插值的范围→⑦Raster Analysis 选择掩模文件→⑧OK→⑨OK”即可进行空间插值处理。插值过程如图 1-21 和图 1-22 所示。插值结果如图 1-23 所示，可见江苏省 2018 年降水量介于 822.86～1496.56mm，降水量空间分布整体表现为江苏省南部大于北部的变化趋势。

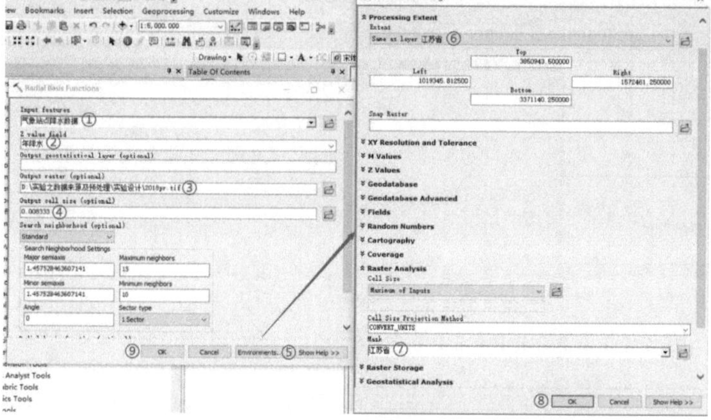

图 1-21　Radial Basis Functions 窗口参数设置

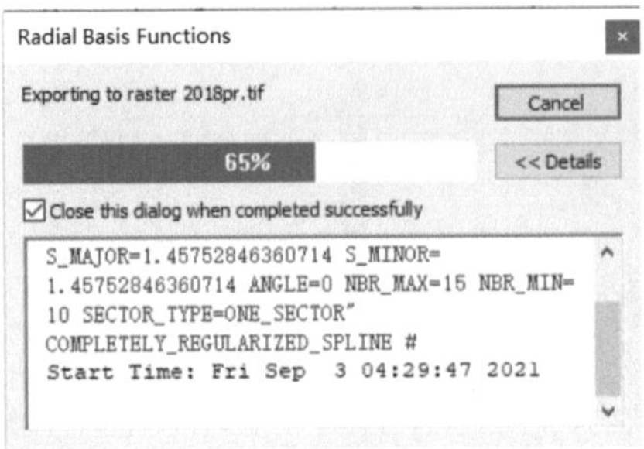

图1-22 Radial Basis Functions空间插值过程

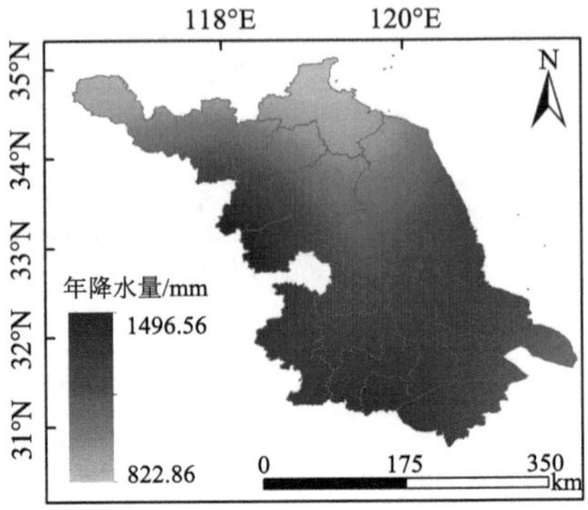

图1-23 Radial Basis Functions空间插值结果展示

3. 多源降水数据的预处理

气象数据的来源多种多样，但是绝大部分网站提供的气象数据存储格式均为NC格式，因此本实验主要以国家地球系统科学数据中心提供的江苏省2018年降水量数据为例，来介绍如何利用MATLAB实现NC格式转TIF格式，然后利用TIF格式的气象数据进行分析。

打开软件MATLAB R2018b（或高于MATLAB R2018b版本，下同），了解操作界面，并导入数据。

首先，如图1-24所示，打开“MATLAB R2018b”。其中，①为MATLAB R2018b菜单栏，包括主页、绘图和APP；②为当前文件夹，即工作的文件夹；③为工作区，可以显示在计算过程中的各种变量，然后鼠标右键单击工作区列项名称，可以选择查看变量的相关内容，如值、大小、类型、字节等；④为命令行窗口，可以在命令行窗口中输入相应的函数，来调用自己需要的函数。

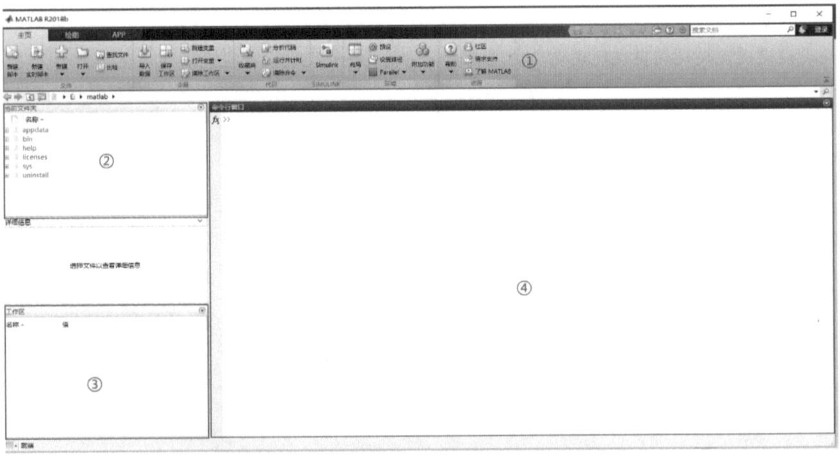

图1-24 MATLAB R2018b主操作界面

在格式转换的过程中，首先利用 InPath = 'G:\实验报告\数据\pre_2018\'设置输入路径，OutPath='G:\实验报告\数据\pre_2018\'设置输出文件路径，然后利用 filelist=dir([InPath,'*.nc'])查找与指定名称匹配的文件，本实验为 NC 格式，strcat 表示水平串联字符串，ncread 函数表示读取 NetCDF 数据源中的变量数据，其中，layer = ncread (filename,'pre')为读取 NC 格式数据的目标变量，lon = ncread (InFile,'lon')为读取 NC 格式数据的经度，lat = ncread(InFile,'lat')为读取 NC 格式数据的纬度。

```
InPath = 'G:\实验报告\数据\pre_2018\';
OutPath='G:\实验报告\数据\pre_2018\';
filelist=dir([InPath,'*.nc']);
InFile = strcat(InPath,filelist.name);
filename=[InPath,filelist.name];
layer = ncread(filename,'pre');
lon = ncread(InFile,'lon');
lat = ncread(InFile,'lat');
```

for 用来重复指定次数的循环，本实验为 2018 年江苏省月降水数据，因此循环长度为 1～12 月（for j=1:12）。rot90 函数表示将图像逆时针旋转 90°，georasterref 函数表示构建地理栅格参考系，geotiffwrite 函数表示写入 Tif 格式文件，最后将转化后的文件输出。

```
for i = 1
    for j=1:12
        data = layer(:,:,(i-1)*12+j);
        sresult=rot90(data);
GeoRef=georasterref('Rastersize',size(sresult),'Latlim',[double(mi
n(lat)),double(max(lat))],'Lonlim',[double(min(lon)),double(max(lo
n))]);
        outname=strcat(num2str(2018),num2str(j,'%02dpr'));
        out_Tif = strcat(OutPath,outname,'.tif');
        geotiffwrite(out_Tif,sresult,GeoRef);
    end
end
disp('finished')
```

如图 1-25 所示，打开“ArcMap”，选择菜单栏“①Add Data”选项单击，打开转换好格式的 2018pr 数据。选择“②2018 年 12 个月的降水数据”和“江苏省边界”，单击“Add”，将数据加载到“ArcMap”中。

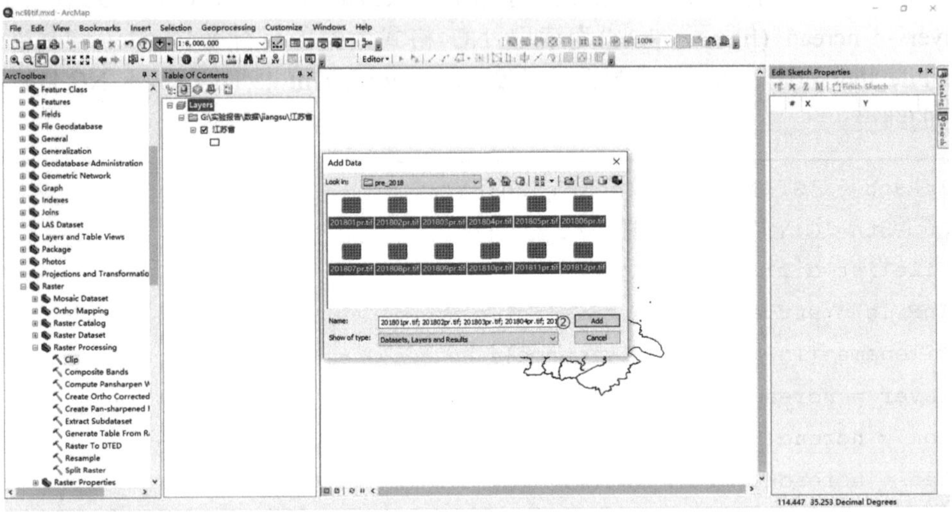

图 1-25　格式转换后的降水数据的添加

导入完成后，首先裁剪出江苏省的逐月降水量数据，具体步骤如图 1-26 所示。选择工具箱中“①Data Management Tools→②Raster→③Raster Processing→④Clip”，将江苏省的逐月降水量数据裁剪出来。

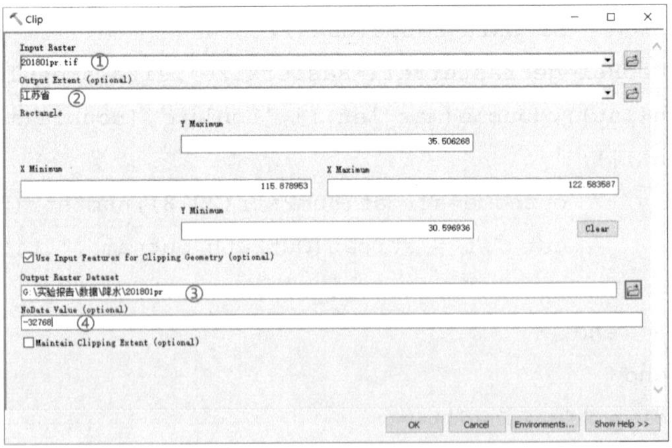

图 1-26　栅格数据裁剪的步骤　　　　图 1-27　栅格数据裁剪窗口

图 1-27 为栅格数据裁剪窗口，依次选择“①Input Raster 进行裁剪的数据→②Output Extent 裁剪的矢量文件→③Output Raster Dataset 裁剪后文件的输出路径→④NoData Value 设置无效值的数值”进行裁剪处理，并按照相同步骤重复 11 次，裁剪出 1～12 月的降水量。

根据数据网站上提供的数据说明，下载的数据还需要进一步预处理，该降水数据的单位为 0.1mm，因此为了还原真实的降水量，需要将降水栅格数据的值除以 10。如图 1-28 所示，选择“①Spatial Analyst Tools→②Map Algebra→③Raster Calculator”，弹出 Raster Calculator 窗口，如图 1-29 所示。

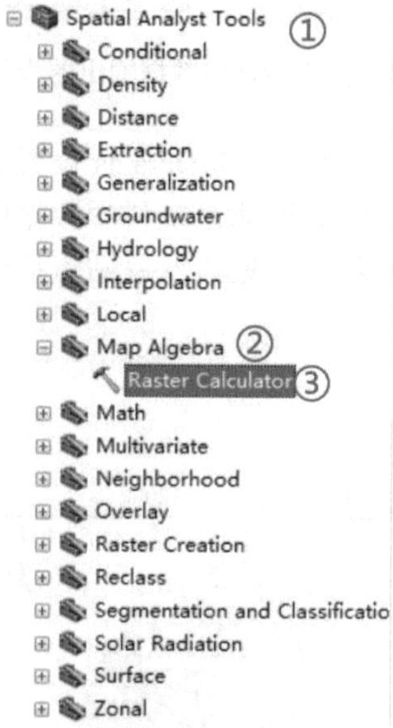

图 1-28　栅格计算器的步骤

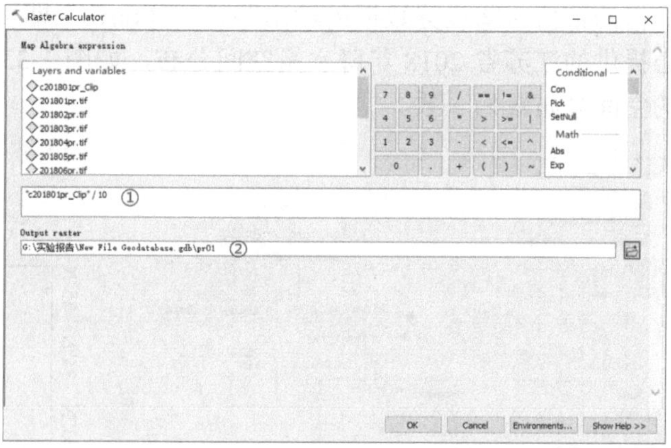

图 1-29　栅格计算器还原降水量真实值

在图 1-29 中，选择“①裁剪后的 1 月降水量除以 10→②Output raster 设置文件的输出路径”，即可得到除以 10 后降水量的真实结果。将该步骤重复 11 次，分别计算出 1～12 月的值。

将上面计算好的 12 个月的降水量进行求和，计算出 2018 年的年降水量。如图 1-30 所示，选择“①将 12 个月计算后的降水量求和→②Output raster 设置文件的输出路径”，即可得到 2018 年江苏省的年降水量数据。

最后，如图 1-31 所示，将求和后的栅格图像输出，选择“①pr 求和后的降水量数据→②Data→③Export Data”。

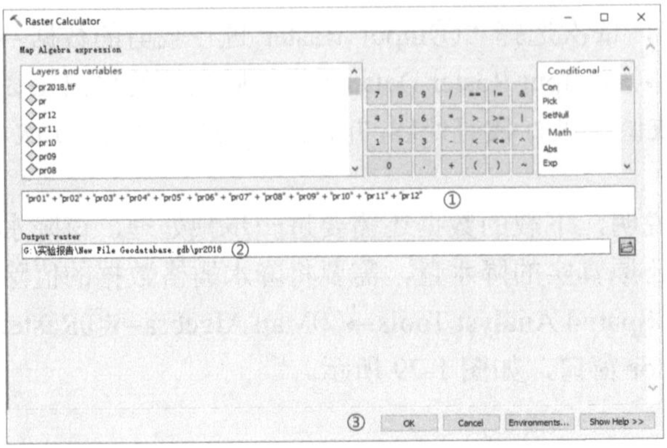

图 1-30　栅格计算器降水量的求和

图 1-31　降水量栅格数据输出的步骤

如图 1-32 所示，弹出“Export Raster Data”窗口，选择“①NoData as 设置无效值的数值→②设置数据的输出路径→③Save”即可。国家地球系统科学数据中心提供的江苏省 2018 年降水量空间分布，如图 1-33 所示，可见与气象站点插值的空间分布较为一致。

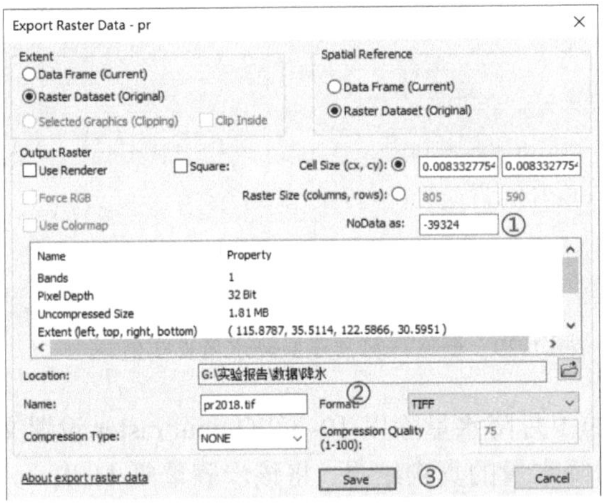

图 1-32　江苏省年降水量栅格数据的储存

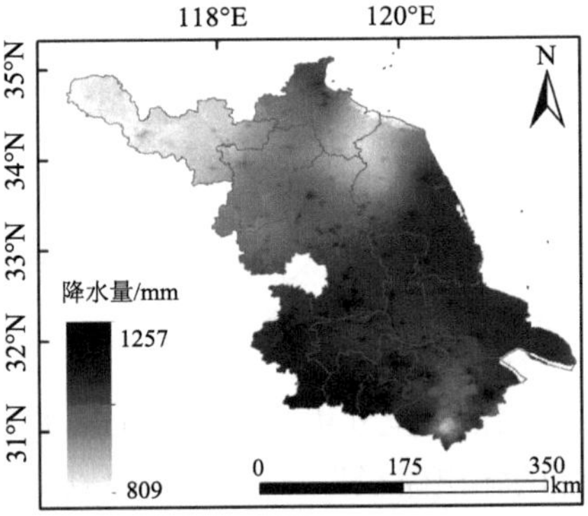

图 1-33　江苏省 2018 年降水量空间分布结果展示

（五）Landsat 卫星遥感影像裁剪及常用指数反演

Landsat 分辨率较高，处理多个影像花费时间较长，因此本实验以南京市为例来处理 Landsat 数据。

1. Landsat 遥感影像裁剪

如图 1-34 所示，打开“ArcMap”，选择菜单栏“①Add Data”选项单击，选取所需数据，单击“②Add”，将大气校正后的遥感影像及南京市边界数据加载到“ArcMap”中。

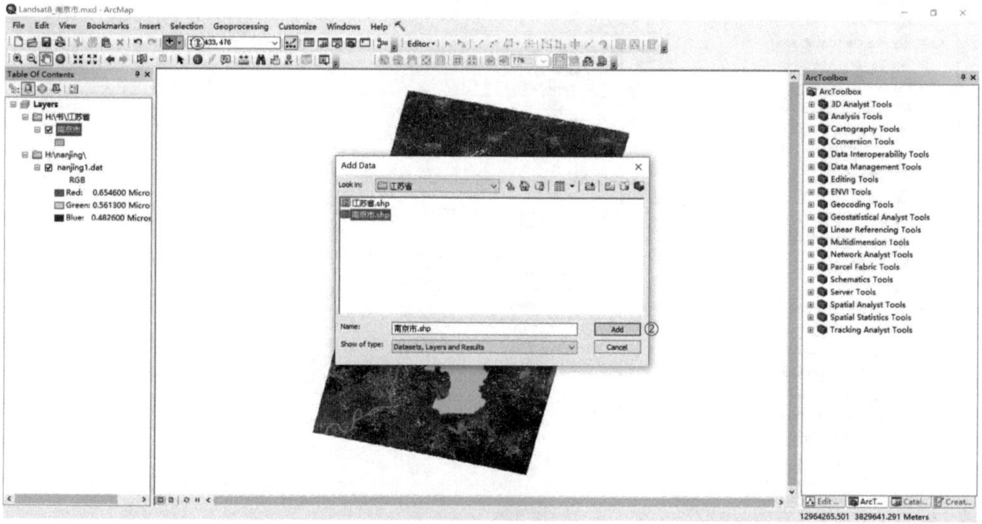

图 1-34　加载数据

如图 1-35 所示，在 ArcToolbox 中选择“①Date Management Tools→②Raster→③Raster Processing→④Clip”，弹出 Clip 窗口。图 1-36 为弹出的 Clip 窗口，具体操作如下。①输入栅格数据（Input Raster）：输入需要提取的矢量边界（本实验为江苏省县级边界）；②输入作为裁剪边界的矢量数据[Output Extent（optional）]：输入南京市矢量边界数据；③勾选使用输入特征裁剪[Use Input Feature for Clipping Geometry（optional）]；④输出栅格数据（Output Raster Dataset）：输出路径，需要注意的是该路径必须为地理数据库；⑤设置无效值[NoData Value（optional）]：将背景值与无效值设置为 0，单击“OK”即可完成对遥感影像数据的裁剪。图 1-37 为裁剪后的南京市 Landsat8 卫星遥感数据。

彩色图由代表 RGB 三种颜色的波段组合实现，利用裁剪好的 Landsat8 卫星遥感影像进行真彩色合成、假彩色合成及标准假彩色合成。

真彩色：红波段（R）、绿波段（G）、蓝波段（B）三波段的合成显示图。

假彩色：任意非 R、G、B 波段的合成图。

图 1-35　栅格数据裁剪步骤

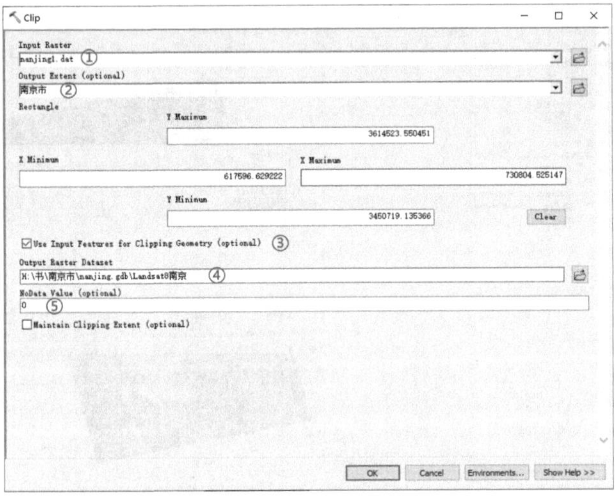

图 1-36　栅格数据裁剪参数设置

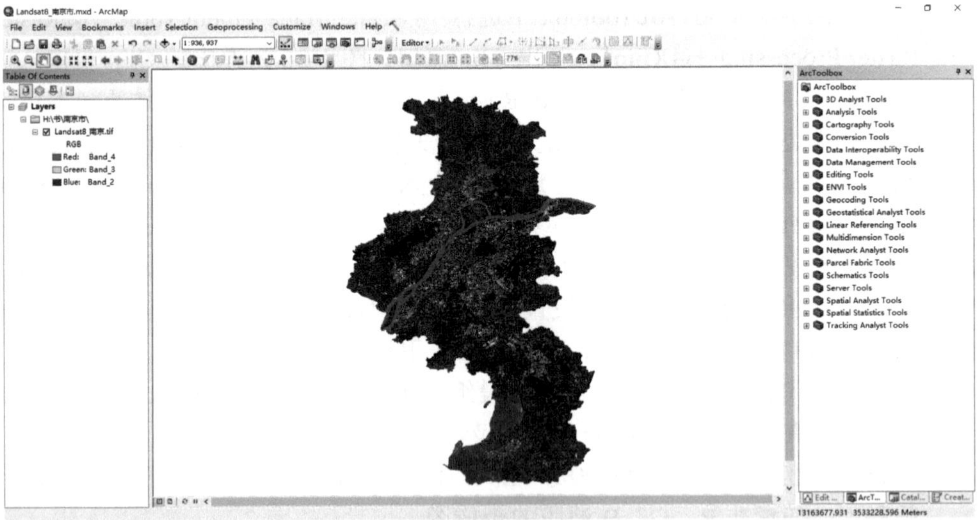

图 1-37　裁剪结果展示

（1）若 R、G、B 三波段分别被赋予 R、G、B 三色，所生成的是“真彩色”或“天然”彩色合成图像，如 TM3、TM2、TM1（RGB），OLI4、OLI3、OLI2（RGB）。

（2）若三幅其他任何波段图像被赋予 R、G、B 三色，则得假彩色合成图像，如 TM3、TM5、TM4（RGB），OLI7、OLI6、OLI4（RGB）等。

（3）若近红外波段（NIR）、R 波段、G 波段三幅图像分别被赋予 R、G、B 三色，则得标准假彩色合成图像，如 TM4、TM3、TM2（RGB），OLI5、OLI4、OLI3（RGB），SPOT3、SPOT2、SPOT1（RGB）等。

本实验以南京市 Landsat8 卫星遥感影像为例，利用 ArcGIS 演示如何进行遥感影像的彩色合成，如图 1-38 所示，首先右键单击①需要进行彩色合成的遥感影像，选择②Properties 打开遥感影像的属性窗口，选择③Symbology（符号），单击箭头④，在下拉列表中选择赋予对应颜色的波段，单击⑤“确定”即可完成对遥感影像的彩色合成。

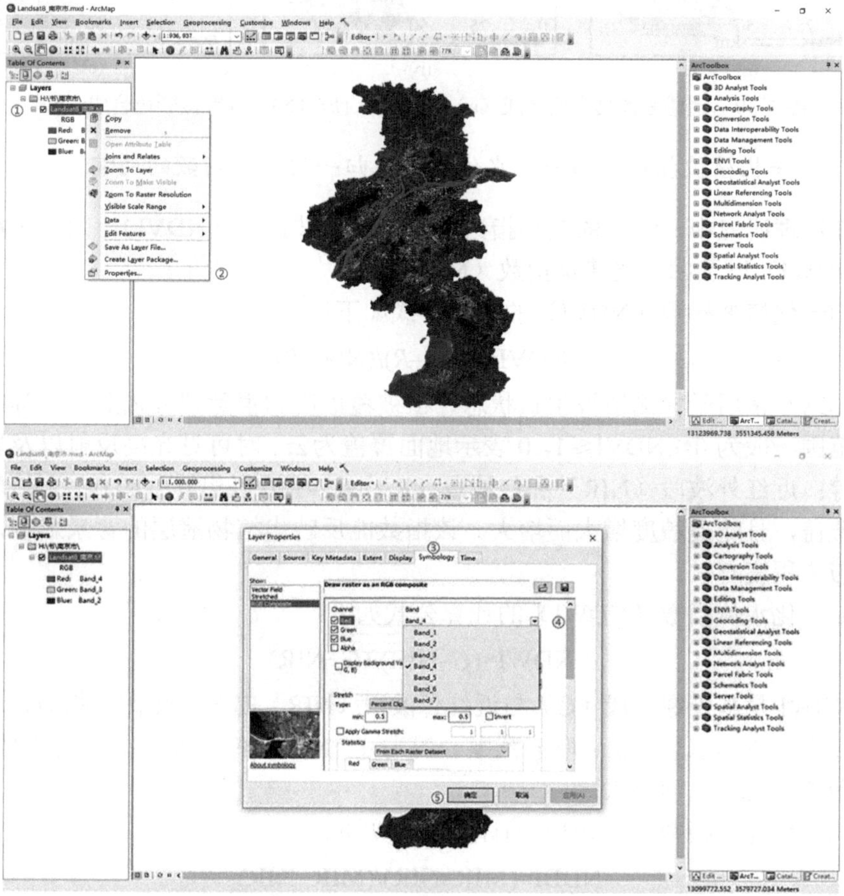

图 1-38　遥感影像真彩色合成、假彩色合成、标准假彩色合成的步骤

根据对不同波段赋予颜色，得出的结果如图 1-39 所示，图 1-39（a）为真彩色合成[OLI4、OLI3、OLI2（RGB）]、图 1-39（b）为假彩色合成[OLI7、OLI6、OLI4（RGB）]及图 1-39（c）为标准假彩色合成[OLI5、OLI4、OLI3（RGB）]。

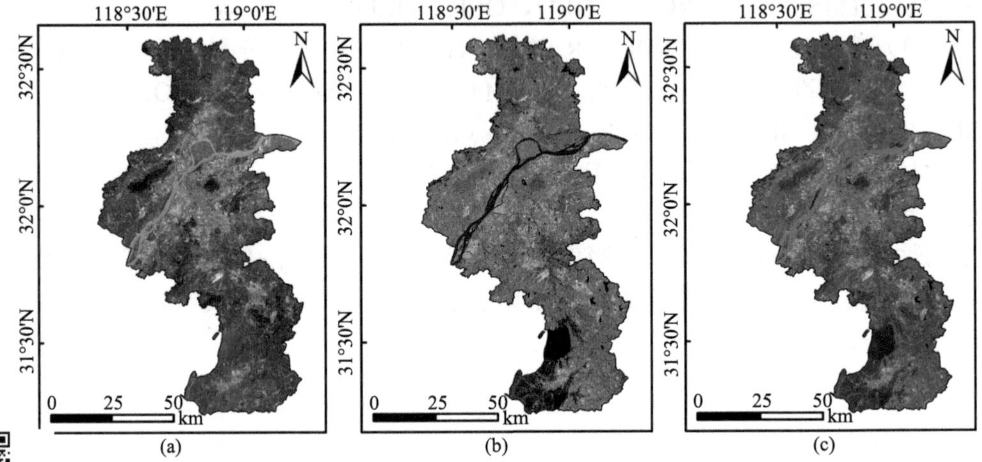

图 1-39　遥感影像真彩色合成（a）、假彩色合成（b）、标准假彩色合成（c）

扫一扫，看彩图

2. 归一化植被指数、归一化水体指数、归一化建筑指数的反演

在地理研究中，常用的遥感指数有归一化植被指数（NDVI）、归一化水体指数（NDWI）以及归一化建筑指数（NDBI）。

归一化植被指数（NDVI）的计算公式如下：

$$\mathrm{NDVI}=(\mathrm{NIR}-R)/(\mathrm{NIR}+R) \tag{1-1}$$

NDVI 常用于检测植被生长状态、植被覆盖度和消除部分辐射误差等方面；取值范围一般为 0≤NDVI≤1，0 表示地面覆盖为云、对可见光高反射以及岩石或裸土等；近红外波段（NIR）和红波段（R）NDVI 近似相等；NDVI 正值表示有植被覆盖，且随覆盖度增大而增大。该指数能反映出植物冠层的背景影响，且与植被覆盖程度有关。

归一化水体指数（NDWI）的计算公式如下：

$$\mathrm{NDWI}=(G-\mathrm{NIR})/(G+\mathrm{NIR}) \tag{1-2}$$

NDWI 是基于绿波段（G）与近红外波段（NIR）的归一化比值指数，一般用来提取影像中的水体信息；取值范围一般为 0≤NDWI≤1，正值表示有水体覆盖，且随覆盖度的增大而增大。

归一化建筑指数（NDBI）的计算公式如下：

$$\mathrm{NDBI}=(\mathrm{MIR}-\mathrm{NIR})/(\mathrm{MIR}+\mathrm{NIR}) \tag{1-3}$$

NDBI 是基于中红外波段（MIR）与近红外波段（NIR）的归一化比值指数，

一般用来提取影像中的建筑物信息；取值范围一般为 0≤NDBI≤1，正值表示有建筑物覆盖，且随覆盖度增大而增大。

本实验利用南京市 Landsat8 卫星遥感影像进行这三个遥感指数的反演，具体操作步骤如图 1-40 所示，首先，打开“ArcMap”，选择菜单栏“①Add Data”选项单击，双击②南京市遥感影像数据，选中计算相关遥感指数所需波段，这里以 NDVI 为例，所需使用的波段为 Band5 近红外波段（NIR）及 Band4 红波段（R），单击“③Add”，将遥感影像波段数据加载到“ArcMap”中。在 ArcToolbox 中选择“④Spatial Analyst Tools→⑤Map Algebra→⑥Raster Calculator”，弹出 Raster Calculator 窗口，在弹出的窗口中，从⑦里选择计算所需的波段数据，结合计算 NDVI 的公式在⑧公式输入栏中编辑出计算公式：

(Float(“Landsat8_南京.tif-Band_5”)-Float(“Landsat8_南京.tif-Band_4”))/(Float(“Landsat8_南京.tif-Band 5”)+ Float(“Landsat8_南京.tif-Band_4”))

加入 Float 前缀是为了保证计算的数据涵盖小数点后的数字，公式中引号及括号注意使用英文的引号及括号，而引号标记的数据需要在⑦中双击载入。在⑨“Output raster”中设置输出路径及输出名，设置好后单击⑩“OK”即可反演出南京市 NDVI 数据。

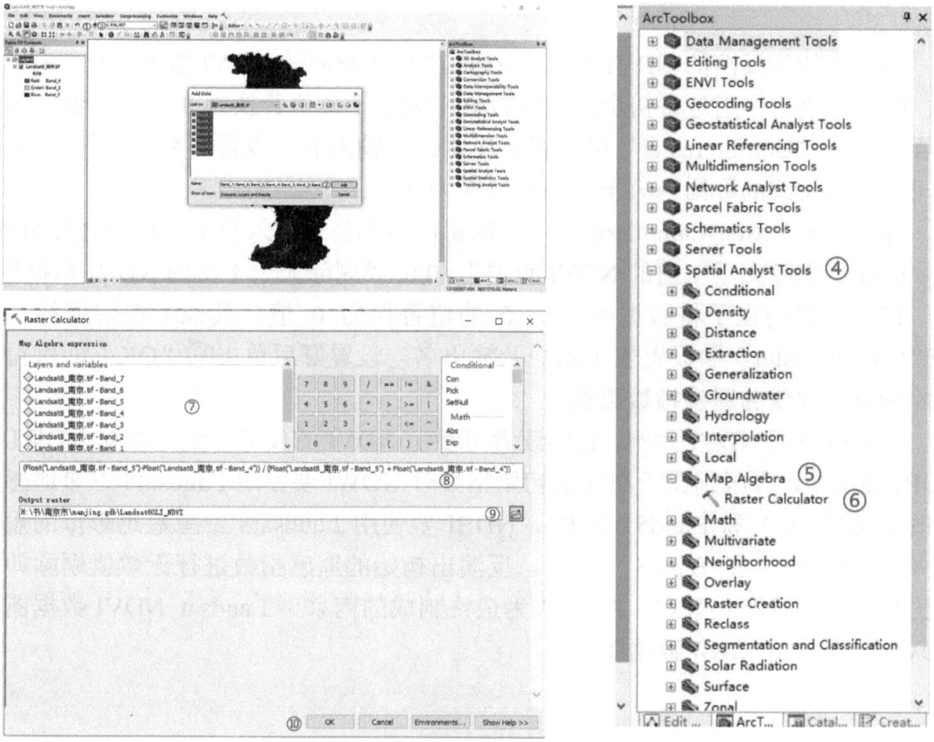

图 1-40　Landsat 数据的 NDVI 计算步骤

初步反演的 NDVI 值的范围并不在 0～1，这是在计算的过程中除植被以外其他的事物同时参与计算导致的，接下来将演示如何剔除反演后遥感指数中的无效值，具体操作如图 1-41、图 1-42 所示。

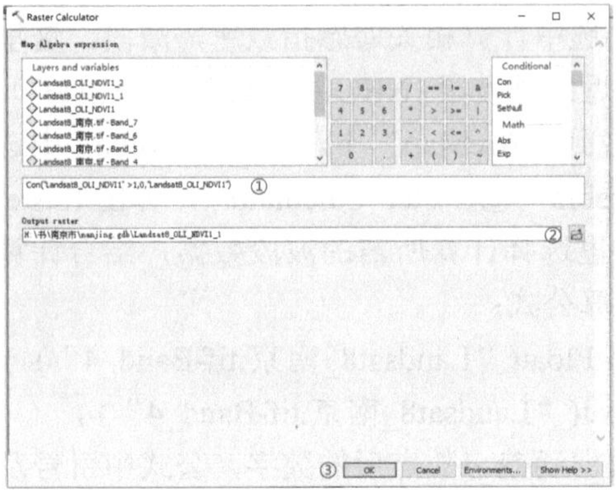

图 1-41　Landsat 数据提取大于 1 的值

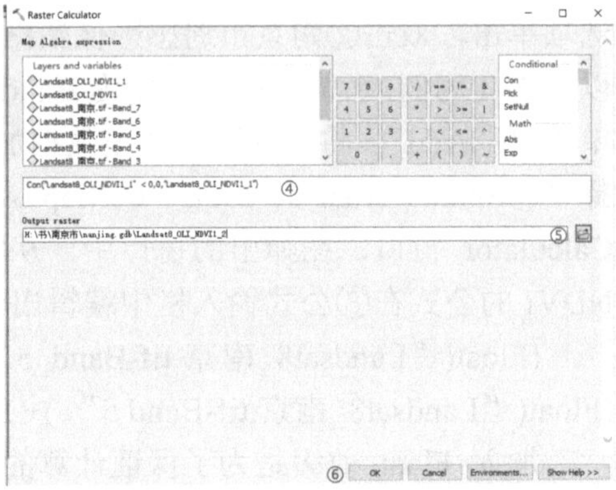

图 1-42　Landsat 数据提取小于 0 的值

重复上述操作打开 Raster Calculator 窗口，在窗口的①公式输入栏中编辑出计算公式：

Con(“初步反演的 NDVI 数据”>1,0, “初步反演的 NDVI 数据”)

Con 函数的作用是将初步反演的数据中大于 1 的值替换为 0 值，其他值保留原样，在②“Output raster”中设置输出路径及输出名，设置好后单击③“OK”即可将初始反演的数据中大于 1 的值替换为 0 值。

继续打开 Raster Calculator 窗口，在窗口的④公式输入栏中编辑出计算公式：

Con(“剔除大于 1 值的 NDVI 数据”<0,0, “剔除大于 1 值的 NDVI 数据”)

该步骤目的在于将数据中小于 0 的值替换为 0 值，其他值保留原样，在⑤“Output raster”中设置输出路径及输出名，设置好后单击⑥“OK”即可得到剔除所有无效值的遥感指数数据。

本书以反演 NDVI 为例，后续读者可参考 NDVI 的反演方法完成对 NDWI 和 NDBI 的反演，其区别在于在反演初始指数时 NDWI 要使用 Landsat8 卫星遥感影像的 Band3（G）和 Band5（NIR），NDBI 要使用 Landsat8 卫星遥感影像的短波红外区（SWIR）和 Band5（NIR）。反演出初始的遥感指数进行无效值剔除即可得出相应的遥感指数数据，图 1-43 为最终制成的南京市 Landsat NDVI 数据图、NDWI 数据图及 NDBI 数据图。

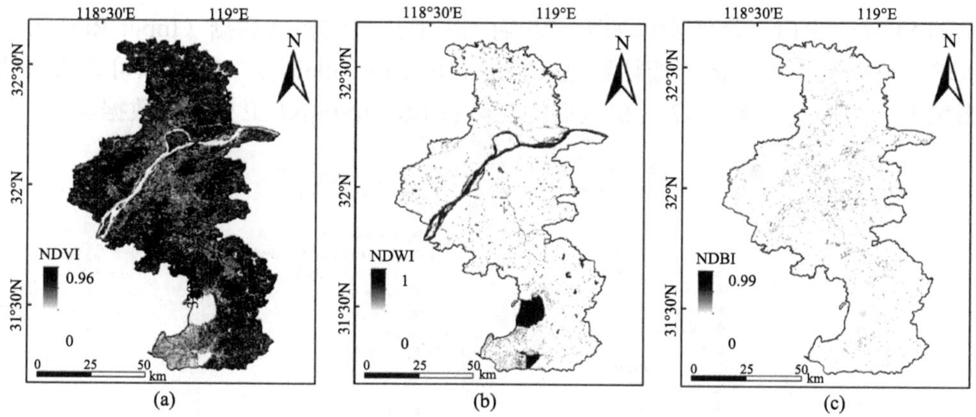

图 1-43　南京市 Landsat NDVI 数据图（a）、NDWI 数据图（b）、NDBI 数据图（c）

（六）MODIS 卫星遥感影像裁剪及常用指数反演

1. MODIS 遥感数据的拼接及裁剪

首先，打开“ArcMap”，选择菜单栏“①Add Data”选项单击，选取所需数据，单击“②Add”，将下载的遥感影像及江苏省边界数据加载到“ArcMap”中，如图 1-44 所示。

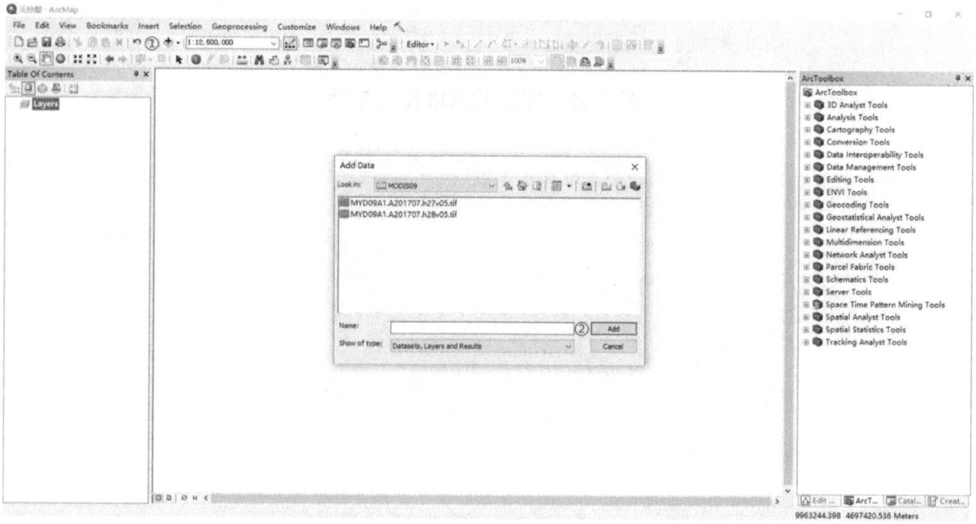

图 1-44　加载数据

如图 1-45 所示，在 ArcToolbox 中选择“①Date Management Tools→②Raster→③Raster Dataset→④Mosaic”，弹出 Mosaic 窗口，如图 1-45 所示。图 1-46 为弹

出的 Mosaic 窗口，具体操作如下：⑤输入需要拼接的栅格数据（Input Raster）；⑥输入作为被拼接底图的栅格数据（Target Raster）；单击⑦“OK”即可完成遥感影像数据的拼接。图 1-47 为拼接后的江苏省 MODIS09A1 卫星遥感数据。

图 1-45　栅格数据拼接的步骤

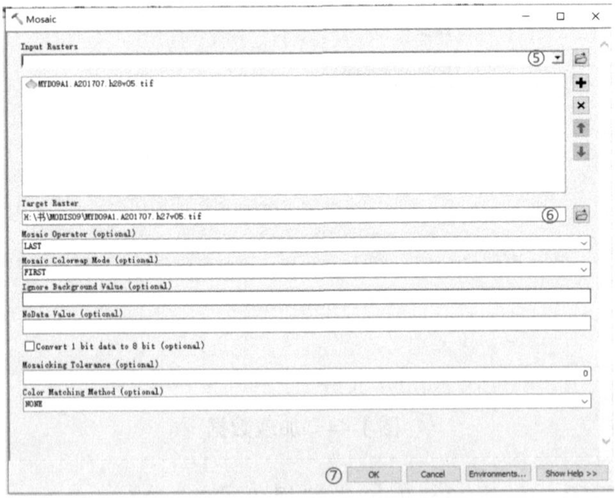

图 1-46　栅格数据拼接参数设置

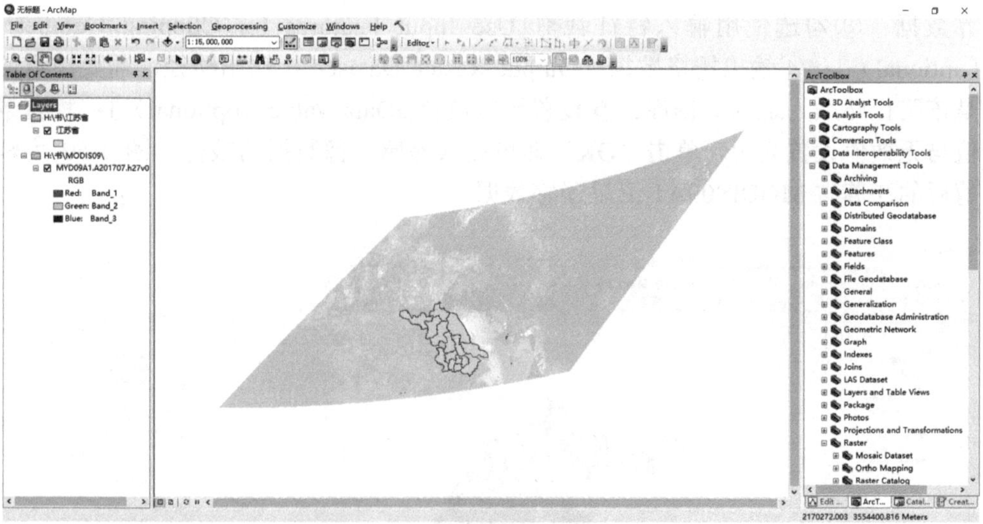

图 1-47　MODIS 遥感影像拼接结果展示

接下来需要对拼接好的栅格数据进行裁剪，如图 1-48 所示，在 ArcToolbox 中选择“①Date Management Tools→②Raster→③Raster Processing→④Clip”，弹出 Clip 窗口，如图 1-49 所示。图 1-49 为弹出的 Clip 窗口，具体操作如下：①输入栅格数据(Input Raster)：输入需要提取的矢量边界(本实验为江苏省县级边界)；②输入作为裁剪边界的矢量数据[Output Extent（optional）]：输入南京市矢量边

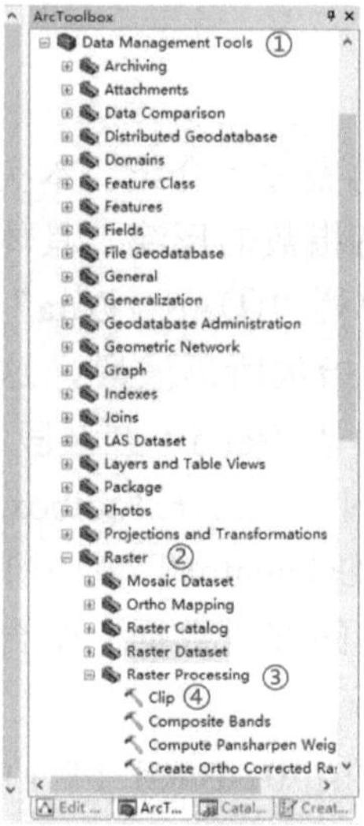

图 1-48　栅格数据裁剪步骤

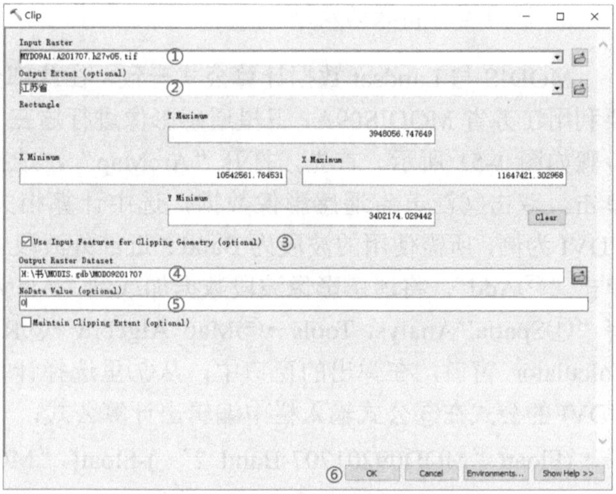

图 1-49　栅格数据裁剪窗口参数设置

界数据；③勾选使用输入特征裁剪[Use Input Features for Clipping Geometry（optional）]；④输出栅格数据（Output Raster Dataset）：输出路径，需要注意的是该路径必须为地理数据库；⑤设置无效值[NoData Value（optional）]：将背景值与无效值设置为 0。单击“OK”即可完成遥感影像数据的裁剪。图 1-50 为裁剪后的江苏省 MODIS09A1 卫星遥感数据。

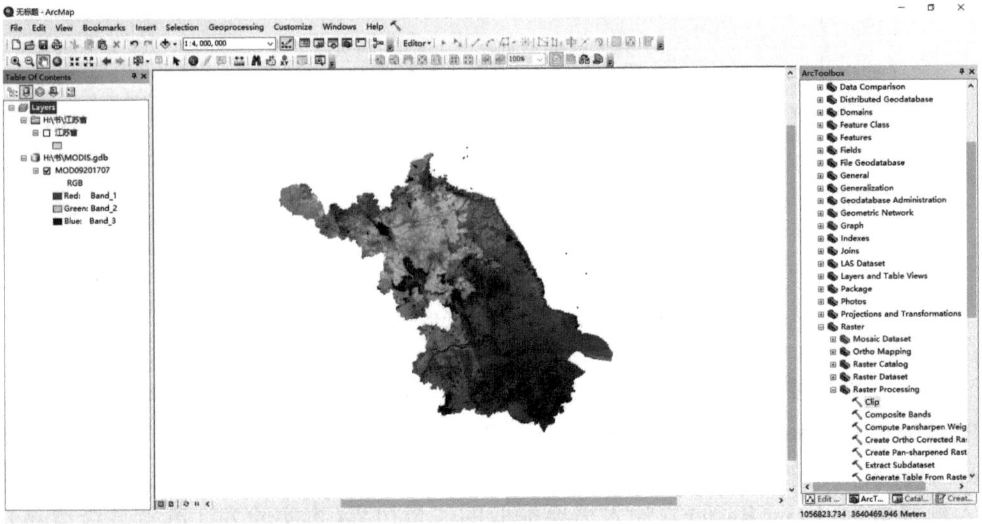

图 1-50　MODIS 数据裁剪结果展示

2. 常用遥感指数的反演

MODIS 与 Landsat 数据计算公式一致，在此部分不再做过多介绍。本实验主要利用江苏省 MODIS09A1 卫星遥感影像进行这三个遥感指数的反演，具体操作步骤如图 1-51 所示。首先，打开“ArcMap”，选择菜单栏“①Add Data”选项单击，双击②江苏省遥感影像数据，选中计算相关遥感指数所需波段，这里以 NDVI 为例，所需使用的波段为 Band 2 近红外波段（NIR）及 Band 1 红波段（R），单击“③Add”，将遥感影像波段数据加载到“ArcMap”中。在 ArcToolbox 中选择“④Spatial Analyst Tools→⑤Map Algebra→⑥Raster Calculator”，弹出 Raster Calculator 窗口，在弹出的窗口中，从⑦里选择计算所需的波段数据，结合计算 NDVI 的公式在⑧公式输入栏中编辑出计算公式：

(Float(“MOD09201707-Band_2”)-Float(“MOD09201707-Band_1”))/(Float(“MOD09201707-Band_2”)+ Float (“MOD09201707-Band_1”))

加入 Float 前缀是为了保证计算的数据涵盖小数点后的数字，公式中引号及括号注意使用英文的引号及括号，而引号标记的数据需要在⑦中双击载入。在⑨“Output raster”中设置输出路径及输出名，设置好后单击⑩“OK”即可反演出南京市 NDVI 数据。

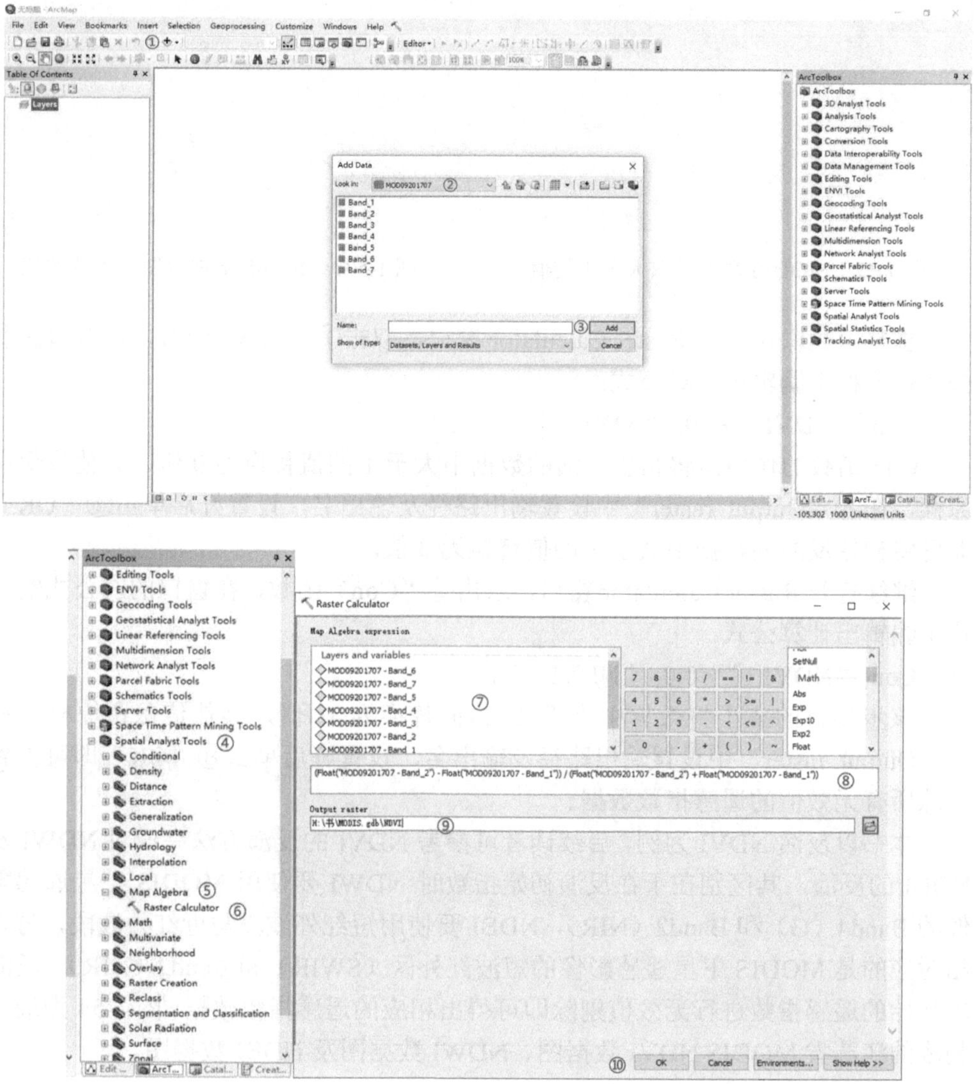

图 1-51　MODIS 数据的 NDVI 计算步骤

与 Landsat 数据相似，初步反演的 NDVI 值的范围并不在 0～1，这是在计算的过程中除植被以外其他的事物同时参与计算导致的，接下来将演示如何剔除反演后遥感指数中的无效值，具体操作如图 1-52、图 1-53 所示。

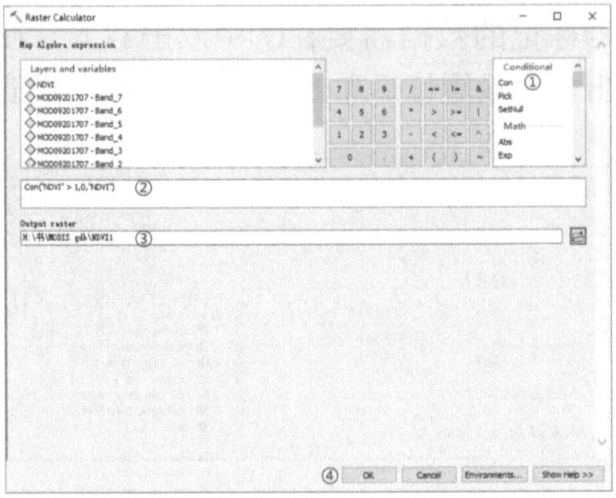

图 1-52　MODIS 数据提取大于 1 的值

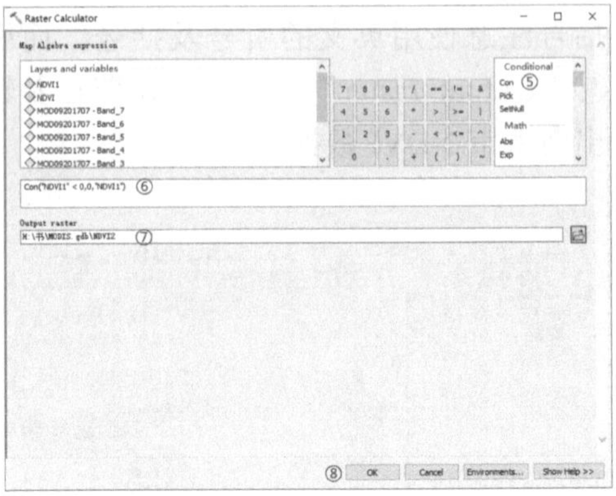

图 1-53　MODIS 数据提取小于 0 的值

重复上述操作打开 Raster Calculator 窗口，双击①“Con”函数，在窗口的②公式输入栏中编辑出计算公式：

Con(“NDVI”>1,0,“NDVI”)

Con 函数的作用是将初步反演的数据中大于 1 的值替换为 0 值，其他值保留原样，在③“Output raster”中设置输出路径及输出名，设置好后单击④“OK”即可将初始反演的数据中大于 1 的值替换为 0 值。

继续打开 Raster Calculator 窗口，双击⑤“Con”函数，在窗口的⑥公式输入栏中编辑出计算公式：

Con(“NDVI 1”<0,0,“NDVI 1”)

该步骤目的在于将数据中小于 0 的值替换为 0 值，其他值保留原样，在⑦“Output raster”中设置输出路径及输出名，设置好后单击⑧“OK”即可得到剔除所有无效值的遥感指数数据。

本书以反演 NDVI 为例，后续读者可参考 NDVI 的反演方法完成对 NDWI 及 NDBI 的反演，其区别在于在反演初始指数时 NDWI 要使用 MODIS 卫星遥感影像的 Band4（G）和 Band2（NIR），NDBI 要使用短红外波段与近红外波段，与之相对应的是 MODIS 卫星遥感影像的短波红外区（SWIR）和 Band2（NIR）。反演出初始的遥感指数进行无效值剔除即可得出相应的遥感指数数据，图 1-54 为最终制成的江苏省 MODIS NDVI 数据图、NDWI 数据图及 NDBI 数据图。

（七）数字高程模型计算坡度、坡向和地表起伏度

首先，如图 1-55 所示，打开“ArcMap”，选择菜单栏“①Add Data”选项单击，打开“②江苏省 DEM.tif”，单击“Add”，将数据加载到“ArcMap”中。

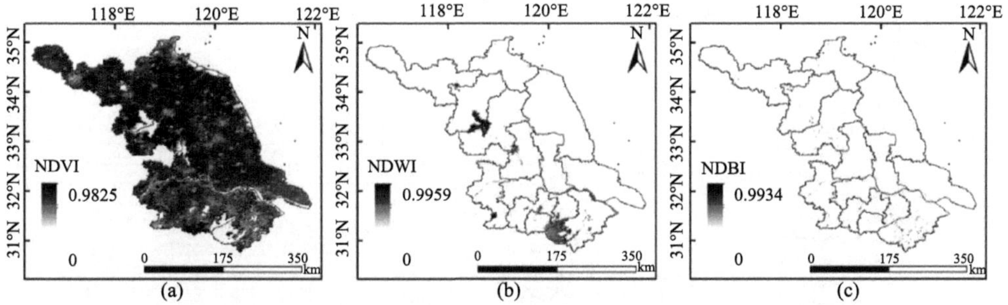

图 1-54　江苏省 MODIS NDVI 数据图（a）、NDWI 数据图（b）、NDBI 数据图（c）

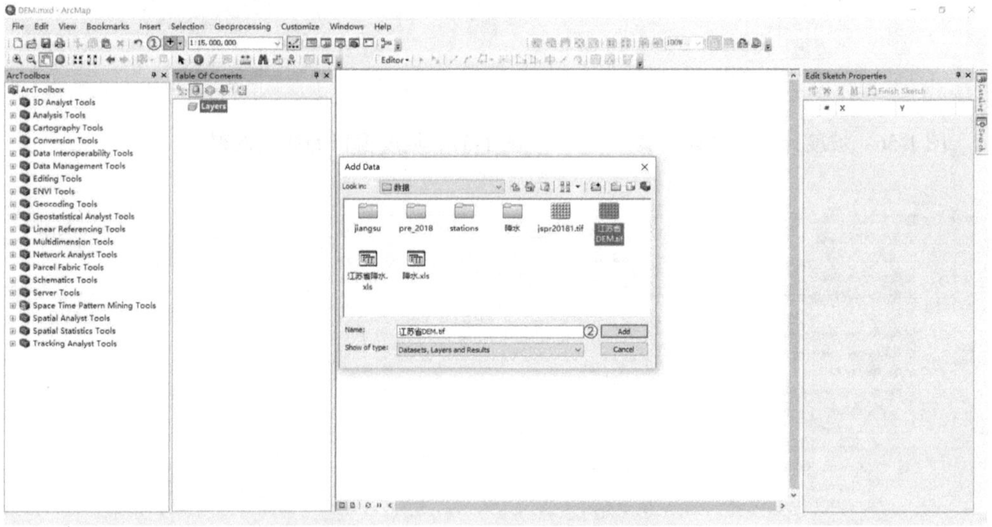

图 1-55　数字高程模型数据的加载

在 3D Analyst Tools 的 Raster Surface 中有许多可以计算的地形因子指标，如坡向、等高线、有障碍物的等高线、弯曲度、填挖、山影和坡度。这里我们以常用的坡度和坡向为例进行演示。

首先进行坡度计算，如图 1-56 所示，在工具栏中选择“①3D Analyst Tools→②Raster Surface→③Slope”，弹出 Slope 窗口，如图 1-57 所示。

在 Slope 界面中依次选择“①Input raster 输入江苏省 DEM 数据→②Output raster 设置结果输出路径”，再单击“OK”即可完成坡度计算。

其次进行坡向的计算，如图 1-58 所示，在工具栏中选择“①3D Analyst Tools→②Raster Surface→③Aspect”，弹出 Aspect 窗口，如图 1-59 所示。

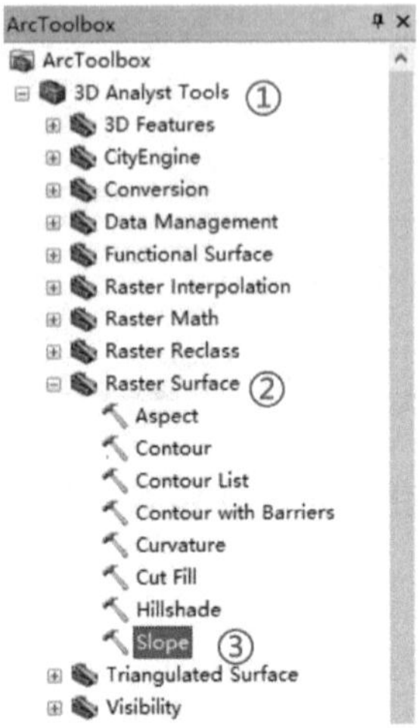

图 1-56　坡度计算的具体步骤

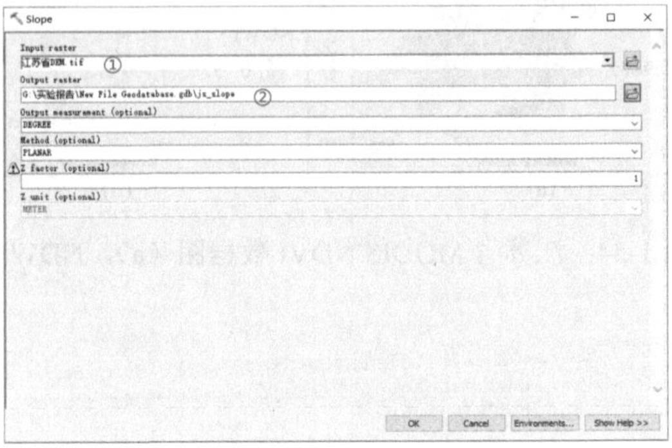

图 1-57　坡度窗口的参数设置

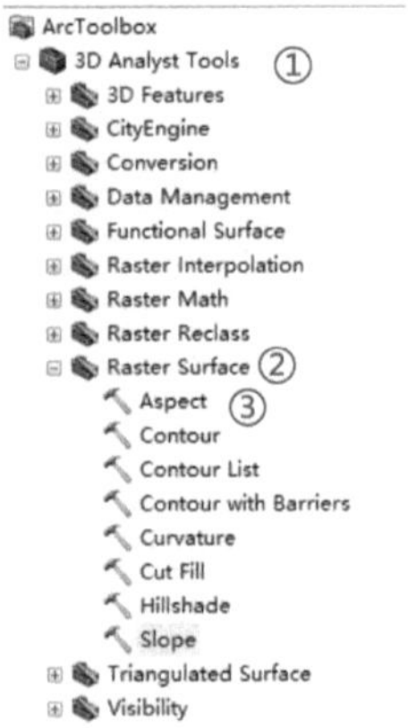

图 1-58　坡向计算的具体步骤

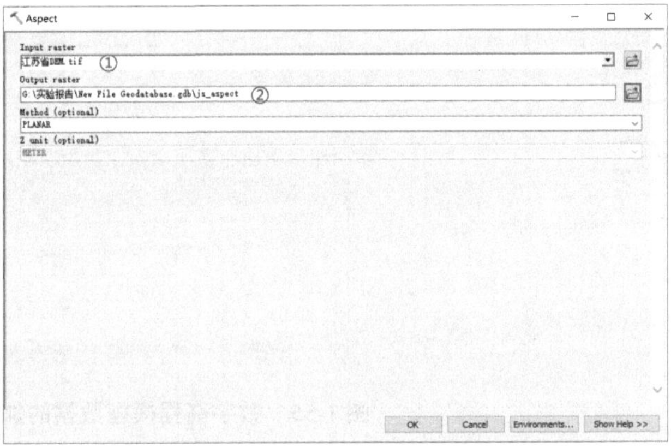

图 1-59　坡向窗口的参数设置

在 Aspect 界面中依次选择“①Input raster 输入江苏省 DEM 数据→②Output raster 设置结果输出路径”，再单击“OK”即可完成坡向运算。

然而某些地形因子不能够在 ArcGIS 里 3D Analyst Tools 的 Raster Surface 中进行计算，这里我们可以考虑在 ArcGIS 的其他辅助功能中加以实现，本实验以常用的地表起伏度为例。

地表起伏度的计算公式为 $R = H_{max} - H_{min}$。R 代表地表起伏度，H_{max} 代表单位面积内最大高程值，H_{min} 代表单位面积内最小高程值。如图 1-60 所示，在焦点统计中计算最小高程值和最大高程值，在工具栏中选择“①Spatial Analyst Tools→②Neighborhood→③Focal Statistics”，弹出 Focal Statistics 窗口，如图 1-61 所示。

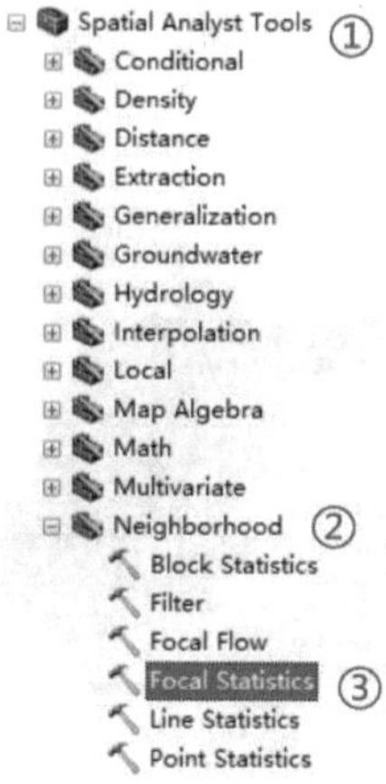

图 1-60 焦点统计的步骤

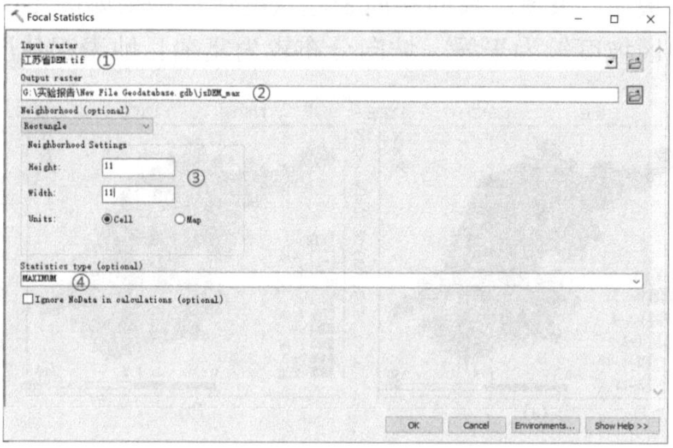

图 1-61 焦点统计窗口参数设置

在 Focal Statistics 界面中依次选择“①Input raster 输入江苏省 DEM 数据→②Output raster 设置结果输出路径→③Neighborhood Settings 领域设置为 11→④Statistics type 设置为 MAXIMUM”，然后单击“OK”，计算最大高程值完成。然后重复一次，在“④Statistics type 设置为 MINIMUM”，然后单击“OK”，计算最小高程值完成。

然后利用栅格计算器来实现地表起伏度的计算，如图 1-62 在工具栏中选择“①Spatial Analyst Tools→②Map Algebra→③Raster Calculator”，弹出 Raster Calculator 窗口，如图 1-63 所示。

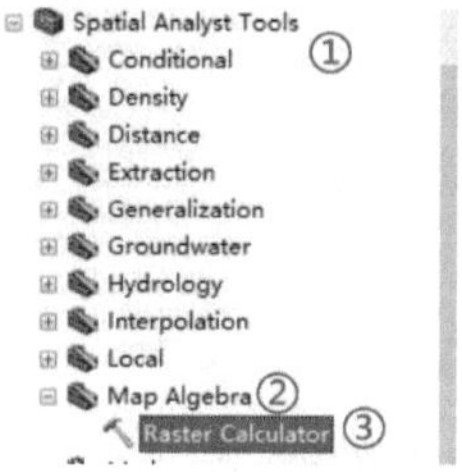

图 1-62 栅格计算器的步骤

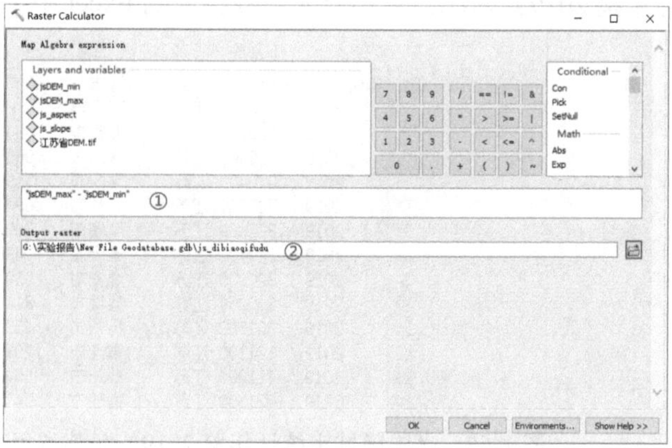

图 1-63 栅格计算器的地表起伏度计算参数设置

根据地表起伏度的公式，如图 1-63 所示，用“①最大值−最小值→②Output raster 设置输出路径”，单击“OK”，完成地表起伏度的计算。

最后，坡度、坡向和地表起伏度计算结果如图 1-64 所示。可见，江苏省大部分地区坡度较为平缓、坡向分布较为复杂且地表起伏度较小。

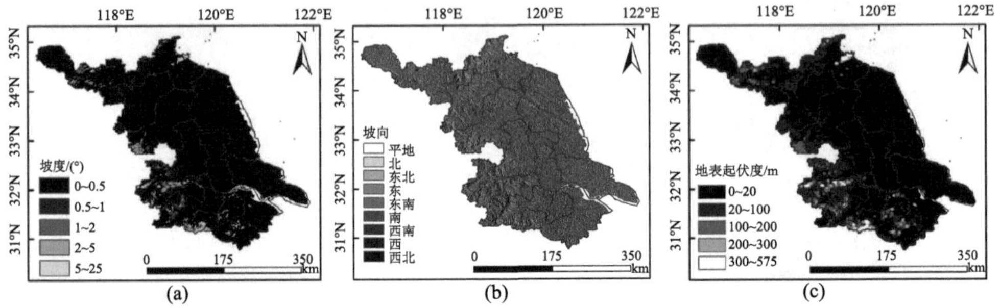

图 1-64　坡度（a）、坡向（b）和地表起伏度（c）计算结果展示

（八）统计年鉴资料的空间化处理

1. 统计年鉴资料的来源

统计年鉴资料是由中国统计出版社出版的，国家统计局编印的，对中国的社会和经济发展情况进行统计的系列图书，包括《中国城市统计年鉴》系列丛书等。

2. 统计年鉴资料的空间化处理

本实验以《中国城市统计年鉴 2019》的江苏省年末人口数为例，将《中国城市统计年鉴 2019》的江苏省年末人口数整理到 Excel 中，整理格式如图 1-65 所示。

	A	B	C	D	E
1	年份	code	省份	城市	人口
2	2019	320100	江苏	南京市	620.86
3	2019	320200	江苏	无锡市	464.1357
4	2019	320300	江苏	徐州市	965.9929
5	2019	320400	江苏	常州市	359.7857
6	2019	320500	江苏	苏州市	633.3421
7	2019	320600	江苏	南通市	769.5543
8	2019	320700	江苏	连云港市	495.305
9	2019	320800	江苏	淮安市	539.3514
10	2019	320900	江苏	盐城市	811.5336
11	2019	321000	江苏	扬州市	457.5536
12	2019	321100	江苏	镇江市	269.3821
13	2019	321200	江苏	泰州市	504.2971
14	2019	321300	江苏	宿迁市	547.6643

图 1-65　《中国城市统计年鉴 2019》江苏省年末人口数整理格式

首先，如图 1-66 所示，打开“ArcMap”，选择菜单栏“①Add Data”选项单击，打开“②人口.xls”和“江苏省.shp”，单击“Add”，将数据加载到“ArcMap”中。

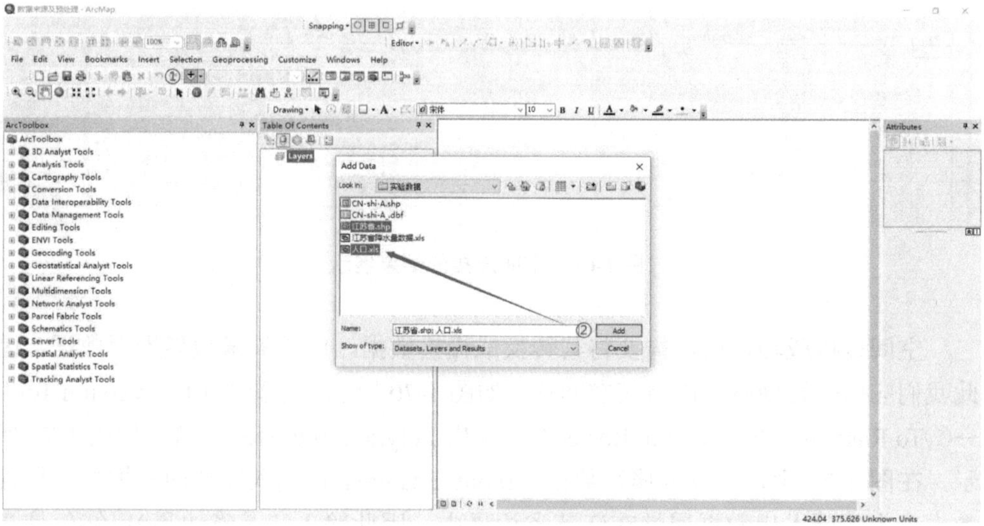

图 1-66　数据的添加

如图 1-67 所示，选择“①江苏省→②Joins and Relates→③Join Data”，弹出 Join Data 窗口。如图 1-68 所示，①在这个图层中连接（Choose the field in this layer that the join will be based on）：选择边界中的城市名称；②选择要加入此层的表，或从磁盘加载表（Choose the table to join to this layer，or load the table from disk）：选择人口的表格数据；③在表中选择连接所基于的字段（Choose the field in the table to base the join on）：选择与矢量边界相对应的城市名称；④参数调整完后，单击“OK”。最终在矢量边界中可以查看到每个城市所对应的人口数量，证明空间连接成功，结果如图 1-69 所示。

图 1-67　空间连接的步骤

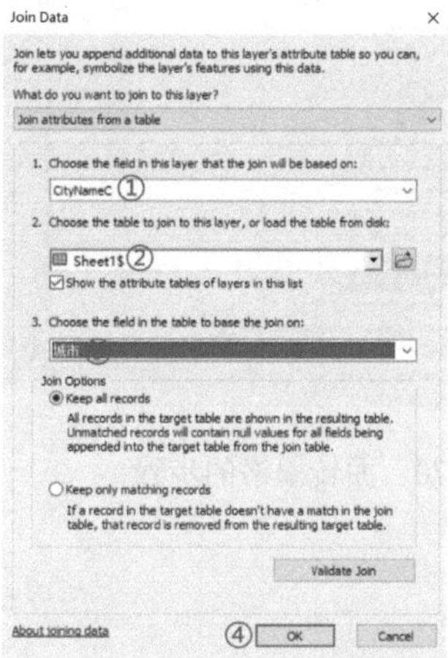

图 1-68　数据空间连接窗口

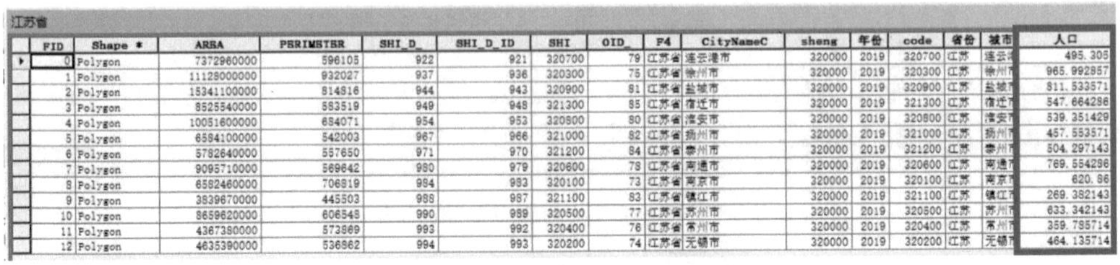

江苏省

FID	Shape *	AREA	PERIMETER	SHI_D_	SHI_D_ID	SHI	OID_	F4	CityNameC	sheng	年份	code	省份	城市	人口
0	Polygon	7372960000	596105	922	921	320700	79	江苏省	连云港市	320000	2019	320700	江苏	连云	495.305
1	Polygon	11128000000	932027	937	936	320300	75	江苏省	徐州市	320000	2019	320300	江苏	徐州	965.992857
2	Polygon	15341100000	814816	944	943	320900	81	江苏省	盐城市	320000	2019	320900	江苏	盐城	811.533571
3	Polygon	8525540000	583519	949	948	321300	85	江苏省	宿迁市	320000	2019	321300	江苏	宿迁	547.664286
4	Polygon	10051600000	684071	954	953	320800	80	江苏省	淮安市	320000	2019	320800	江苏	淮安	539.351429
5	Polygon	6584100000	542003	967	966	321000	82	江苏省	扬州市	320000	2019	321000	江苏	扬州	457.553571
6	Polygon	5782640000	557650	971	970	321200	84	江苏省	泰州市	320000	2019	321200	江苏	泰州	504.297143
7	Polygon	9095710000	569642	980	979	320600	78	江苏省	南通市	320000	2019	320600	江苏	南通	769.554286
8	Polygon	6582460000	706819	984	983	320100	73	江苏省	南京市	320000	2019	320100	江苏	南京	620.86
9	Polygon	3839670000	445503	988	987	321100	83	江苏省	镇江市	320000	2019	321100	江苏	镇江	269.382143
10	Polygon	8659620000	606548	990	989	320500	77	江苏省	苏州市	320000	2019	320500	江苏	苏州	633.342143
11	Polygon	4367380000	573869	993	992	320400	76	江苏省	常州市	320000	2019	320400	江苏	常州	359.785714
12	Polygon	4635390000	536862	994	993	320200	74	江苏省	无锡市	320000	2019	320200	江苏	无锡	464.135714

图 1-69　空间连接的结果展示

空间连接成功以后，需要将其转换成栅格数据，由于矢量边界为面数据，因此我们应用面转栅格功能将其空间化。如图 1-70 所示，选择“①Conversion Tools→②To Raster→③Polygon to Raster”，弹出 Polygon to Raster 窗口，如图 1-71 所示。在图 1-71 中，①输入属性数据（Input Features）：输入需要面转栅格的属性数据（本实验人口数据属性在江苏省边界中，因此输入江苏省边界）；②值信息（Value field）：输入需要属性转栅格值的信息（本实验为人口数据）；③输出栅格值（Output Raster Dataset）：输出栅格数据集，即输出路径；④像元大小（Cellsize）：像元大小设置为 1000m；⑤参数设置完成后单击“OK”即可，将人口面数据转换成栅格数据，结果如图 1-72 所示。

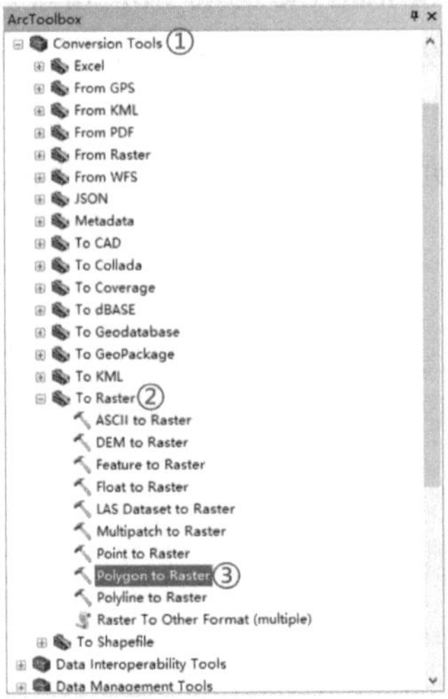

图 1-70　面转栅格的步骤

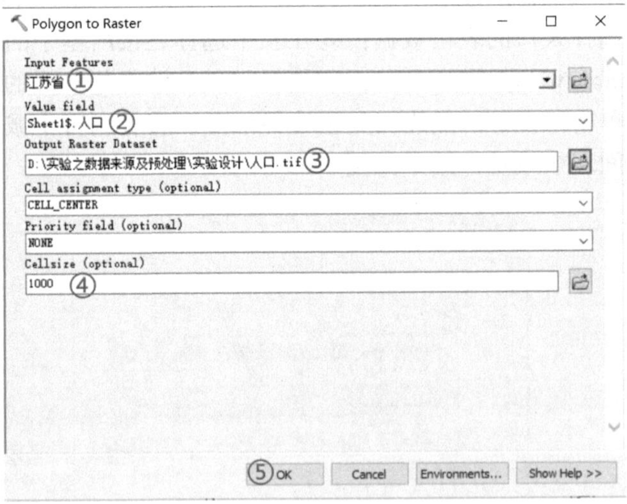

图 1-71　面转栅格窗口

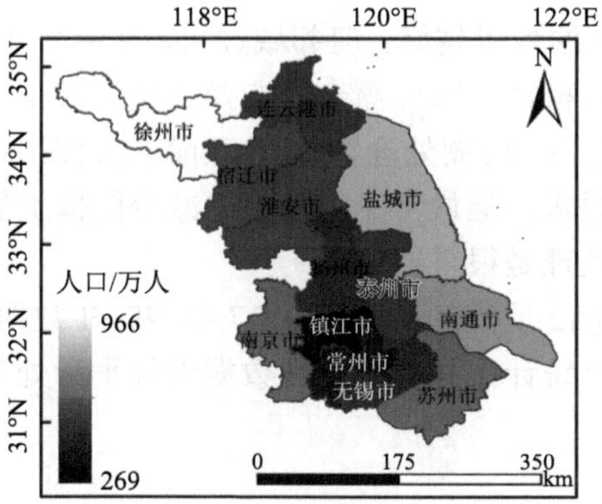

图 1-72　人口数据空间化处理结果展示

五、小结

本实验主要介绍了常用的时空数据处理流程和方法，针对行政区划数据的获取，气象站点数据的空间插值与多源气象数据的格式转换，Landsat 和 MODIS 数据常用指数的反演，应用数字高程模型计算坡度、坡向和地表起伏度，统计年鉴数据的空间化等进行了较为详细的介绍。本实验介绍的数据预处理仅以某类数据为例，在实际应用中可能还会遇到其他类型数据，可以参考本实验来尝试进一步处理其他类型数据。

六、思考与练习

（1）根据本实验的内容，自行下载 ERA（http://apps.ecmwf.int/datasets/）数据，参考本实验对该数据进行处理，并与气象站点插值的数据进行对比。

（2）本实验在插值过程中使用的方法为径向基函数插值法，是否可以考虑选择不同的插值方法来进行对比，不同插值方法有什么优点？

（3）Landsat 和 MODIS 数据还可以反演哪些指标？并且这两种遥感数据分别适用于哪些研究情景？

第二节　时空数据的平滑处理

一、实验场景

平滑处理称为滤波，也可以称为平滑滤波，指的是低频增强的空间域滤波技术。它的目的主要包括：一是模糊；二是消除噪声。空间域的平滑滤波一般采用简单平均法进行，就是求邻近像元点的平均亮度值。邻域的大小与平滑的效果直接相关，邻域越大平滑的效果越好，但邻域过大，平滑会使边缘信息损失得太大，从而使输出的图像变得模糊，因此需合理选择邻域的大小。

此外，平滑处理也称“模糊处理”，是一项简单且使用频率很高的图像处理方法。平滑处理的用途很多，但最常见的是用来减少图像上的噪声或者失真。降低图像分辨率时，平滑处理是很重要的。

本实验以 MOD09A2 反演的江苏省 2017 年 NDVI 数据为例，利用 ArcGIS 提供的主滤波工具及焦点统计工具对 NDVI 数据进行平滑处理，并对两种工具处理后的数据进行对比。

二、实验目标与内容

（一）实验目标与要求

（1）熟练掌握主滤波工具。
（2）熟练掌握焦点统计工具。
（3）将两种平滑处理工具的处理结果同原数据进行对比。

（二）实验内容

（1）主滤波工具的使用。
（2）焦点统计工具的使用。
（3）未平滑处理、主滤波平滑处理和焦点统计工具平滑处理的结果对比。

三、实验数据与思路

（一）实验数据

本实验采用 MOD09A2 反演的江苏省 2017 年 NDVI 数据，同类操作也可以采用本章提供的 Landsat 反演的 NDVI 数据和中国科学院资源环境科学数据中心提供的 NDVI 数据进行平滑处理，如表 1-4 所示。

表 1-4　数据明细

数据名称	类型	描述
NDVI	栅格	反映农作物长势和营养信息的重要参数之一

（二）思路与方法

利用 ArcGIS 中的主滤波工具及焦点统计工具，对 NDVI 数据进行平滑处理，并将两种工具处理后的影像同原数据进行比较（图 1-73）。

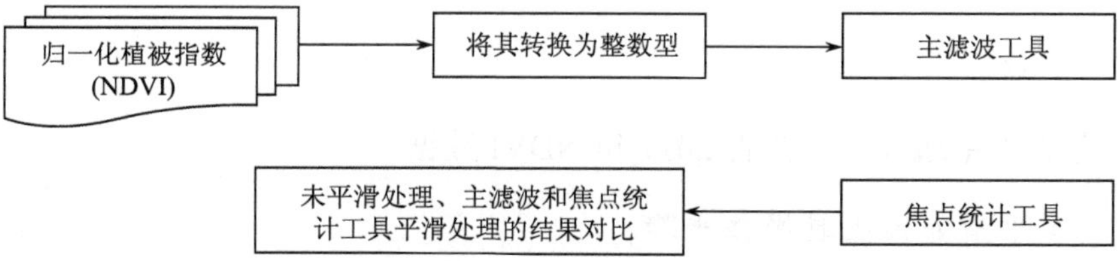

图 1-73　平滑处理实验流程图

1. 主滤波工具

主滤波工具可根据像元邻域内的众数值来替换像元。主滤波需要满足两个条件才能发生替换。首先，相同值的邻近像元的数量必须多到可以成为众数值，或者至少一半的像元必须具有相同值（视指定的参数而定），即如果指定的是众数参数，则 3/4 或 5/8 的已连接像元必须具有相同的值；如果指定的是半数参数，则需要 2/4 或 4/8 的已连接像元具有相同的值。其次，那些像元必须与指定的滤波器的中心相邻（如 3/4 的像元必须相同）。第二个条件与像元的空间连通性有关，目的是将像元的空间模式的破坏程度降到最低。如果不满足这些条件，将不会进行替换，像元的值也将保持不变。

2. 焦点统计工具

焦点统计工具也可以实现对栅格数据进行平滑的效果。该工具用于计算输出栅格数据的邻域像元值，各输出像元的值是其周围指定邻域内所有输入像元值的函数。对输入的数据执行函数可得出统计数据，如最大值、平均值或者邻域内遇到的所有值的总和。

焦点统计工具在执行过程中，将访问栅格中的每个像元，并且根据识别出的邻域范围计算出指定的统计数据。要计算统计数据的像元称为处理像元。处理像元的值以及所识别出的邻域中的所有像元值都将包含在邻域统计数据计算中。各邻域可以重叠，因此一个邻域中的像元也可以包含在其他处理像元的邻域中。

四、实验步骤

（一）软件准备

ArcGIS 10.7。

（二）数据准备

江苏省矢量边界，江苏省 2017 年 NDVI 数据。

（三）平滑处理工具操作步骤

1. 数据加载

首先，如图 1-74 所示，打开“ArcMap”，选择菜单栏“①Add Data”选项单击，打开 MODIS_NDVI 数据，单击“Add”，将数据加载到“ArcMap”中。

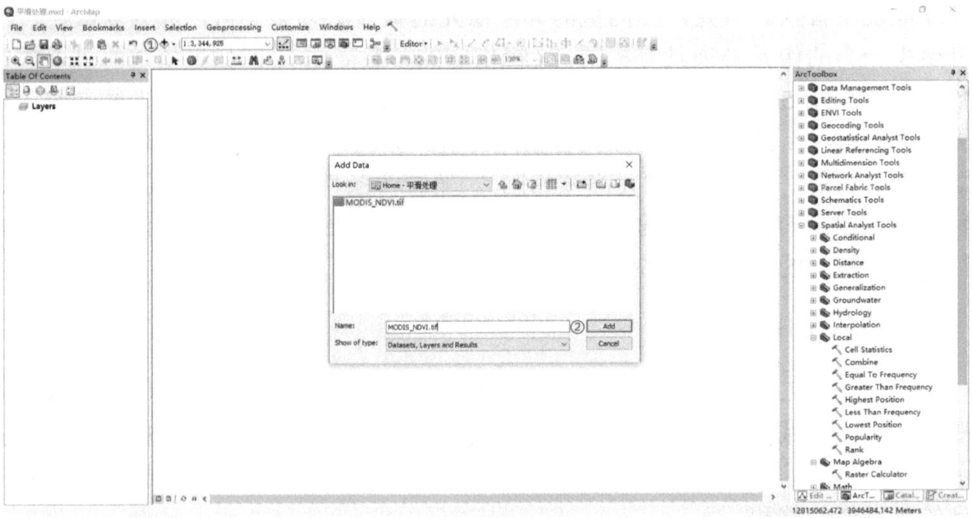

图 1-74 加载数据

需要注意的是，主滤波工具及焦点统计工具处理的栅格数据必须为整数型，而 MODIS_NDVI 数值为浮点型且 NDVI 数值均小于 1，如果直接转换为整数型会使得区域值均为 0，因此需要先将其数值扩大 10000 倍，再转换为整数型来进行平滑处理。

首先通过栅格计算器将 MODIS_NDVI 扩大 10000 倍，如图 1-75 所示。选择“①Spatial Analyst Tools→②Map Algebra→③Raster Calculator”，弹出 Raster Calculator 窗口，结果如图 1-76 所示。

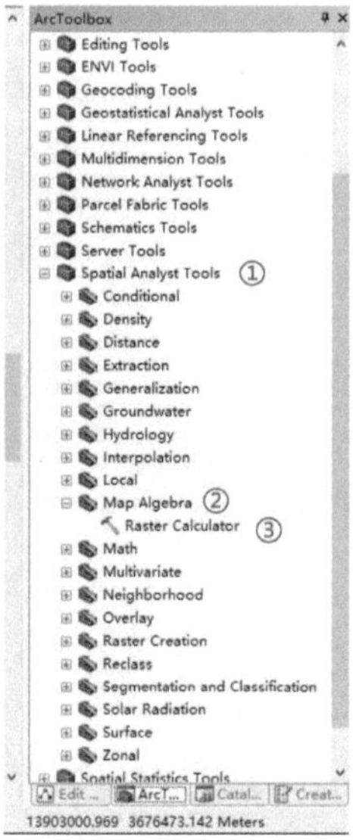

图 1-75　打开栅格计算器

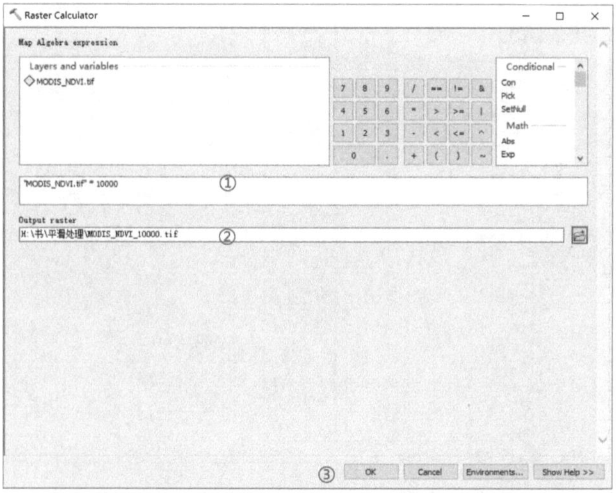

图 1-76　MODIS_NDVI 数据扩大 10000 倍参数设置

在图 1-76 中，①输入框：根据计算公式，应用已有数据及工具提供的函数进行运算；②输出栅格数据（Output raster）：输出路径，需要注意的是该路径必须为地理数据库；③单击“OK”完成栅格计算。这里需要将 MODIS_NDVI 扩大 10000 倍，因此本实验在①输入框中输入公式： "MODIS_NDVI.tif" * 10000。如图 1-76 所示，输出的结果命名为 MODIS_NDVI_10000。

然后，在栅格计算器中将 MODIS_NDVI_10000 进行整数化，如图 1-77 所示，选择“①Spatial Analyst Tools→②Math→③Int”。如图 1-78 所示，①输入需要整数化的栅格数据：这里我们输入 MODIS_NDVI_10000；②输出栅格数据（Output raster）：输出路径，可以设置为 tif 格式进行输出，并将其命名为 Int_MODIS_NDVI；③单击“OK”完成栅格计算，即可完成整数化处理。

2. 主滤波工具使用

如图 1-79 所示，选择“①Spatial Analyst Tools→②Generalization→③Majority Filter”，弹出 Majority Filter 窗口，结果如图 1-80 所示。在图 1-80 中，①输入栅格数据（Input raster）：输入需要处理的整数化的 NDVI 数据，即 Int_MODIS_NDVI；②输出栅格数据（Output raster）：输出路径，并将其命名为 MF，其余参数默认；③单击“OK”完成主滤波处理。

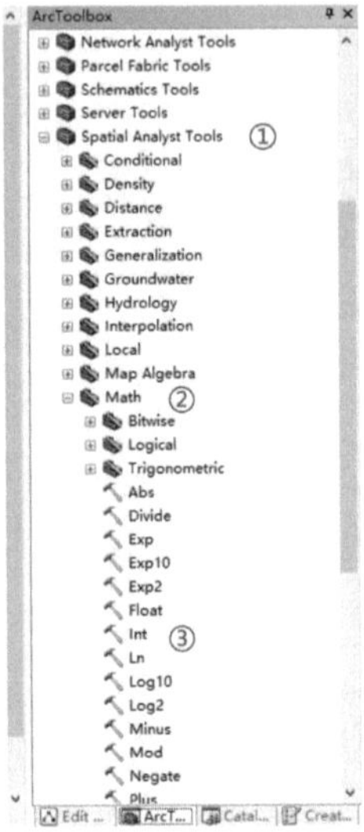

图 1-77　整数化步骤

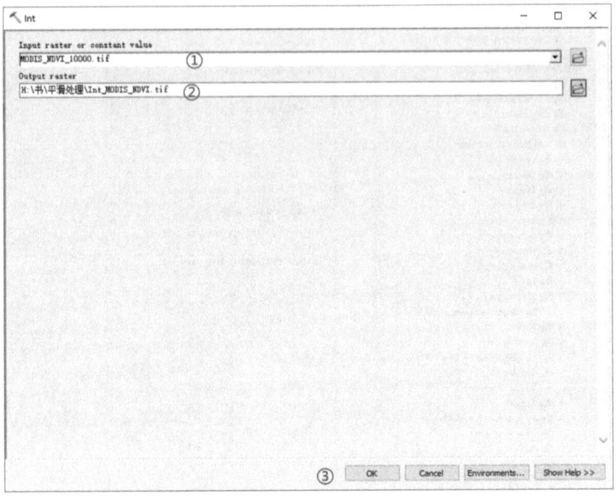

图 1-78　整数化参数设置

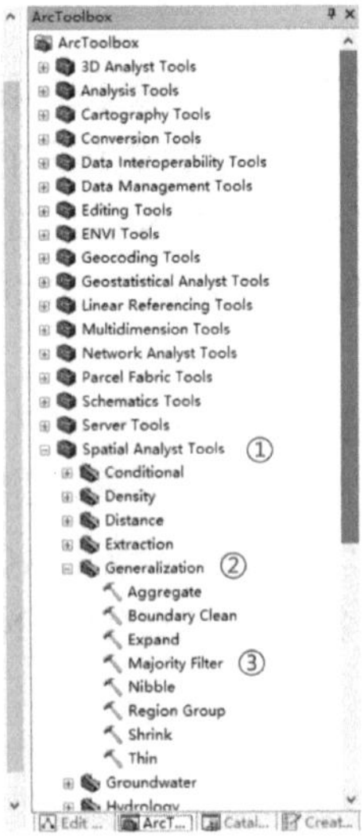

图 1-79　主滤波工具

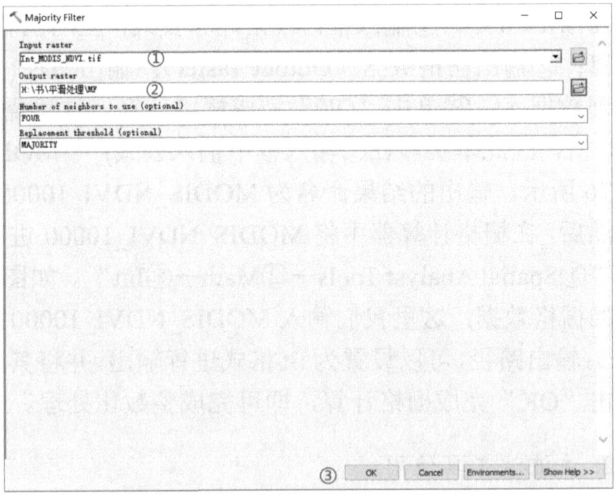

图 1-80　主滤波工具参数设置

3. 焦点统计工具

如图 1-81 所示，选择“①Spatial Analyst Tools→②Neighborhood→③Focal Statistics”，弹出 Focal Statistics 窗口，结果如图 1-82 所示。在图 1-82 中，①输入栅格数据（Input raster）：输入需要处理的整数化 NDVI 数据，即 Int_MODIS_NDVI；②输出栅格数据（Output raster）：输出路径，并将其命名为 FS，其余参

数默认即可；③单击“OK”完成主滤波处理。

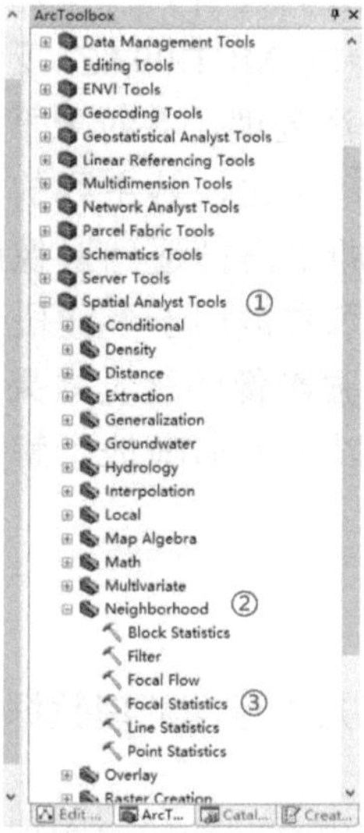

图 1-81　焦点统计工具

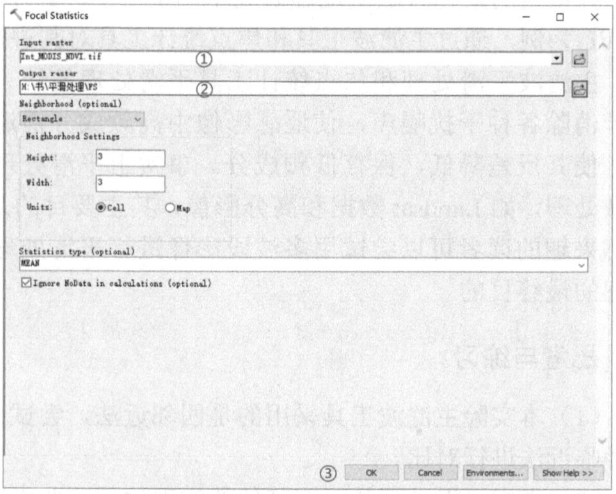

图 1-82　焦点统计工具参数设置

4. 未平滑处理、滤波平滑处理和焦点统计工具平滑处理的结果对比

对比结果如图 1-83 所示，原始 NDVI、滤波平滑处理后的 NDVI、焦点统计工具平滑处理后的 NDVI。对比三幅图，滤波处理后的 NDVI 数据与原始 NDVI 数据大体一致，而焦点统计后的 NDVI 数据更加平滑。

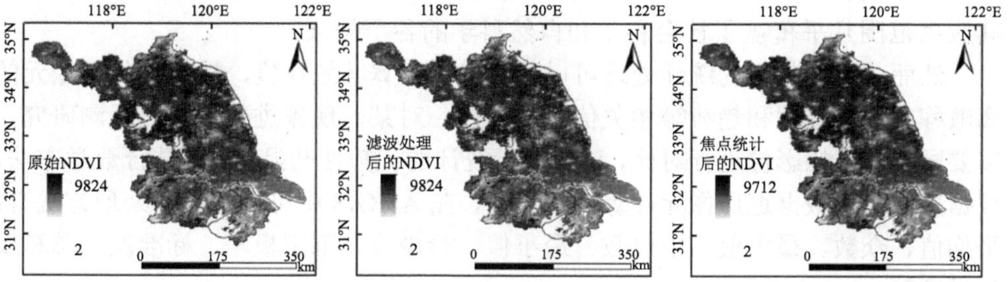

（a）　（b）　（c）

图 1-83　原始 NDVI、滤波平滑处理后的 NDVI、焦点统计工具平滑处理后的 NDVI

五、小结

平滑处理技术可以用来解决影像中出现的零概率的问题，“平滑”处理的基本

思想是“劫富济贫”，即提高低概率（零概率）、降低高概率，尽量使概率的分布趋于实际水平。对于不同数据，不同处理方法获取的结果存在差异，从中选取合适研究数据的最佳方法是地理研究中的重要一环。本实验以 MOD09AZ 反演的 NDVI 为例，通过主滤波工具和焦点统计工具对其进行平滑处理，并对未平滑处理、主滤波平滑处理和焦点统计工具平滑处理的结果进行对比，其主要的目的在于消除各种干扰噪声，使遥感影像中高频成分消退，即平滑掉遥感影像的细节，使其反差降低，保存低频成分。事实上平滑处理技术常被用于多波段遥感影像处理，如 Landsat 数据和高分影像，其主要目的是增强影像的视觉效果，后续感兴趣的读者可以尝试用多波段影像进行平滑处理，以更加清晰地了解平滑处理的最终目的。

六、思考与练习

（1）本实验主滤波工具采用的是四邻近法，尝试使用八邻近法处理数据并对两种临近法进行对比。

（2）考虑平滑处理是否有其他的实现途径，并尝试利用多源数据来实现平滑处理功能，并对平滑处理结果进行比较。

第三节　时空数据的统计处理

一、实验场景

传统的统计处理是通过搜索、整理、分析、描述数据等手段，以达到推断所测对象的目的，统计处理过程中利用到大量的数学及其他学科的专业知识，其应用范围几乎覆盖了社会科学和自然科学的各个领域。

然而，时空数据的统计处理可以遍历像元计算其统计值，以检测每个像元的离散程度、稳定性和趋势等相关信息。此外，对某一现象进行长时间观测研究，需要同时对多幅影像进行对比，这时像元统计的优势便凸显出来。结合数学方法，根据多个栅格数据遍历像元计算其统计值，在 ArcGIS 中可用的统计处理方法有：平均值、众数、最大值、中位数、最小值、最少值、范围极差、标准差、总和及变异度等。

本实验以“江苏省 2010～2019 年 NDVI 时空数据的统计处理”为实验案例，利用归一化植被指数（NDVI）进行各类像元统计操作演示。实验涉及几个核心问题：①在 ArcGIS 中如何查找并使用统计处理等工具？②在 ArcGIS 中时空数据的统计类型有哪些？③当部分统计处理方法在 ArcGIS 中的像元统计工具没有时，我们将如何实现这些方法？

二、实验目标与内容

（一）实验目标与要求

（1）熟练掌握 ArcGIS 中像元统计工具及其相关原理。
（2）熟练掌握 ArcGIS 中栅格计算器的操作。
（3）结合实际，熟练掌握统计处理结果在地理学中的实际意义。

（二）实验内容

（1）像元统计工具操作步骤。
（2）栅格计算器操作步骤。
（3）时空数据统计处理结果分析。

三、实验数据与思路

（一）实验数据

本实验数据采用江苏省 2010～2019 年 NDVI 时空数据，如表 1-4 所示。

（二）思路与方法

利用 ArcGIS 中的像元统计工具，统计出江苏省 2010～2019 年 10 年间 NDVI 的平均值、众数、最大值、中位数、最小值、最少值、范围极差、标准差、总和及变异度。其中，平均数是指数据集的平均值；众数是指在统计分布上具有明显集中趋势点的数值；最大值是指统计分布上出现的最大值；均值表示的是数据集中变化的趋势；中位数是指统计分布上的中间值；最小值是指统计分布上的最小值；最少值是指统计分布上出现最少的值；范围极差表示的是数据集中最大值和最小值之差；标准差表示数据集的离散程度；总和是指统计分布上所有值的总和；变异度是指统计分布上唯一值的数量。

在地理学的实际研究中，因需要考虑多种影响因素，所利用的时空数据统计处理方法也是多种多样的。将利用 ArcGIS 像元统计工具计算出的结果参与到复杂的地理学研究中是本实验主要的目的。除了上述的基本统计类型外，常用的统计类型还包括方差、样本方差、样本标准方差、标准误差、协方差。本实验还将演示如何利用基本统计类型计算出以上常用的统计类型。

1. 时空数据的方差计算

传统的方差是在概率论和统计方差层面衡量随机变量或一组数据时离散程度

的度量。时空数据的方差可以反映时序栅格数据相对于期望值的偏离程度（吕林根和许子道，2006），公式为

$$s^2 = \frac{1}{N}\sum_{i=1}^{N}(x_i - \mu)^2 \tag{1-4}$$

式中，s^2 为 NDVI 的方差；x_i 为 i 年 NDVI 数据；μ 为 2010～2019 年 NDVI 的平均值；N 为总年数，本实验 N=10。

2. 时空数据的样本标准方差计算

时空数据的样本标准方差是方差的算术平方根，能够反映时序栅格数据的离散程度，公式为

$$\sigma = \sqrt{\frac{1}{N}\sum_{i=1}^{N}(x_i - \mu)^2} \tag{1-5}$$

式中，σ 为 NDVI 的样本标准方差；x_i 为 i 年 NDVI 数据；μ 为 2010～2019 年 NDVI 的平均值；N 为总年数，本实验 N=10。

3. 时空数据的样本方差计算

时空数据的样本方差是先求出总体各单位变量值与其算术平均数的离差的平方，然后再对此变量取平均数，用来反映时序栅格数据的变异程度，公式为

$$S^2 = \frac{1}{N-1}\sum_{i=1}^{N}(x_i - \overline{x})^2 = \frac{1}{N-1}\left(\sum_{i=1}^{N}x_i^2 - N\overline{x}^2\right) \tag{1-6}$$

式中，S^2 为 NDVI 的样本方差；x_i 为 i 年 NDVI 数据；$\overline{x}$ 为多年栅格数据的平均值；N 为总年数，本实验 N=10。

4. 时空数据的标准误差计算

时空数据的标准误差一般指均方根误差，其对时序栅格数据中的特大或特小误差反应非常敏感，所以标准误差能够很好地反映出时序栅格数据中某年栅格数据是否存在异常值，公式为

$$\sigma_N = \frac{\sigma}{\sqrt{N}} \tag{1-7}$$

式中，σ_N 为第 N 年 NDVI 的标准误差；σ 为 2010～2019 年 NDVI 数据的样本标准方差；N 为总年数，本实验 N=10。

5. 时空数据的协方差计算

协方差（covariance）在概率论和统计学中用于衡量两组变量的总体误差，而方差是协方差的一种特殊情况，即当两组变量是相同的情况。

时空数据的协方差可以衡量两组时序栅格数据的总体误差，这与只表示时空数据的标准误差不同。如果两组时序栅格数据的变化趋势一致，也就是说，如果其中一个大于自身的期望值，另一个也大于自身的期望值，那么两组时序栅格数据之间的协方差就是正值。如果两组时序栅格数据的变化趋势相反，即其中一个大于自身的期望值，另一个却小于自身的期望值，那么两个变量之间的协方差就是负值，可以用来衡量前后两个时期时序栅格变化的差异性。协方差公式为

$$\mathrm{Cov}(X,Y)=E(XY)-E(X)E(Y) \tag{1-8}$$

式中，$\mathrm{Cov}(X,Y)$为2010～2014年NDVI与2015～2019年NDVI的协方差；$E(XY)$为两个时期NDVI乘积的均值；$E(X)$为2010～2014年NDVI的均值；$E(Y)$为2015～2019年NDVI的均值。

四、实验步骤

（一）软件准备

ArcGIS 10.7。

（二）数据准备

江苏省矢量边界，江苏省2010～2019年归一化植被指数（NDVI）。

（三）像元统计工具操作步骤

1. 加载数据

打开“ArcMap”，选择菜单栏“①Add Data”选项单击，打开2010～2019年NDVI数据，单击“Add”，将数据加载到“ArcMap”中（图1-84）。

2. 像元统计

如图1-85所示，选择“①Spatial Analyst Tools→②Local→③Cell Statistics”，弹出Cell Statistics窗口。在Cell Statistics窗口中（图1-86），①输入栅格或定值（Input rasters or constant values）：输入需要统计的数据（本实验为江苏省2010～

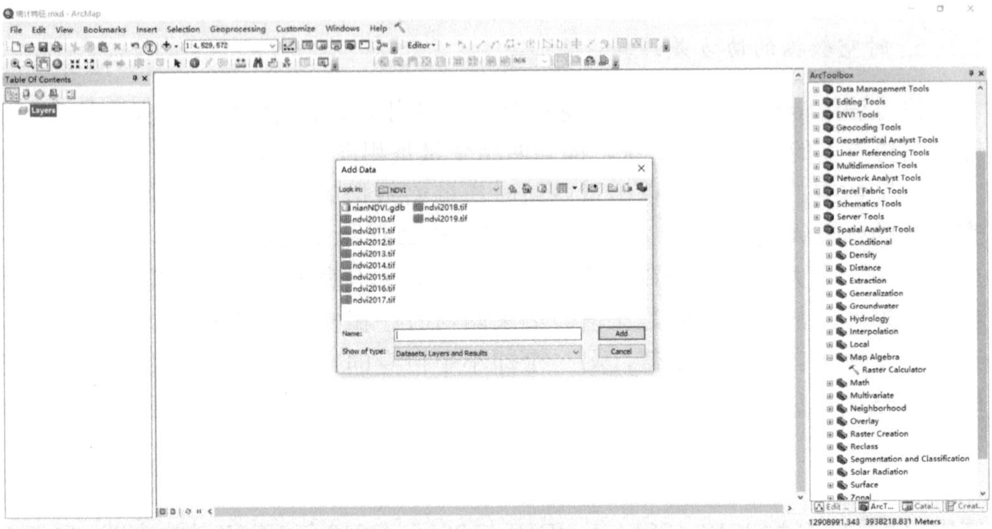

图 1-84　实验数据的添加

2019 年 NDVI 时空数据）；②输出栅格数据（Output raster）：输出路径，需要注意的是该路径必须为地理数据库；③覆盖统计［Overlay statistic（optional）］：选择需要的统计类型，其中，主要包括平均值、众数、最大值、中位数、最小值、最少值、范围极差、标准差、总和及变异度，工具的默认统计类型为平均值；④单击“OK”完成像元统计。

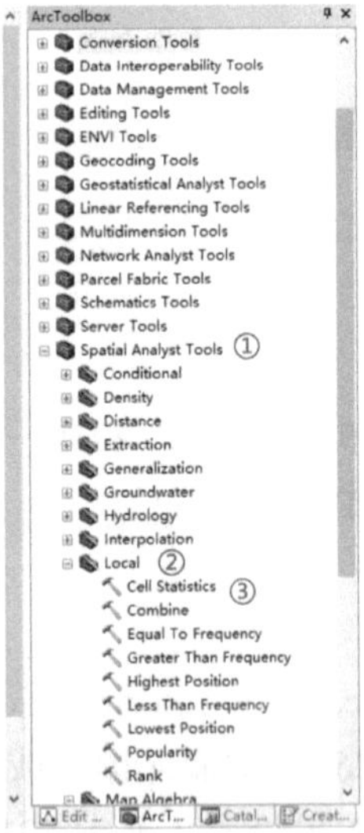

图 1-85　像元统计步骤

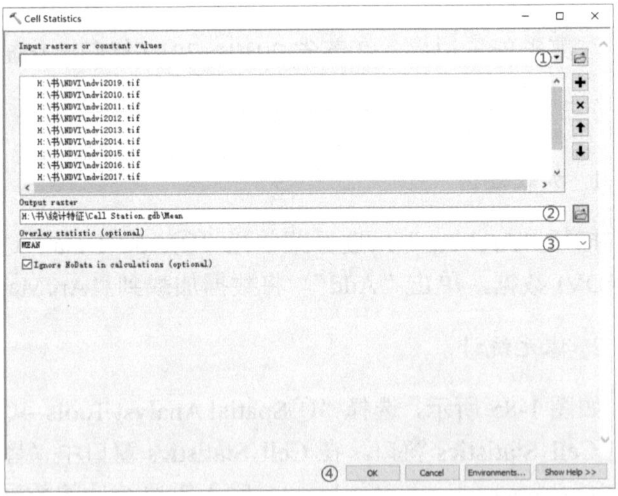

图 1-86　像元统计参数设置

由于 NDVI 数据介于 0～1，极差及最小值无法明确表现，因此本实验将对 10 年江苏省 NDVI 数据进行整数化处理，如图 1-87 所示，选择“①Spatial Analyst Tools→②Map Algebra→③Raster Calculator”，弹出 Raster Calculator 窗口，结果见图 1-88，其中①输入框：根据计算公式，应用已有数据及工具提供的函数进行运算；②输出栅格数据（Output raster）：输出路径，需要注意的是该路径必须为地理数据库；③单击“OK”完成栅格计算。

在①输入框中依次输入公式：

"ndvi2010.tif" * 10000

"ndvi2011.tif" * 10000

"ndvi2012.tif" * 10000

"ndvi2013.tif" * 10000

"ndvi2014.tif" * 10000

"ndvi2015.tif" * 10000

"ndvi2016.tif" * 10000

"ndvi2017.tif" * 10000

"ndvi2018.tif" * 10000

"ndvi2019.tif" * 10000

图 1-88 中以 2010 年 NDVI 为例，输出的结果以 NDVI_2010_10000 命名，其余 9 年以该形式依次计算。

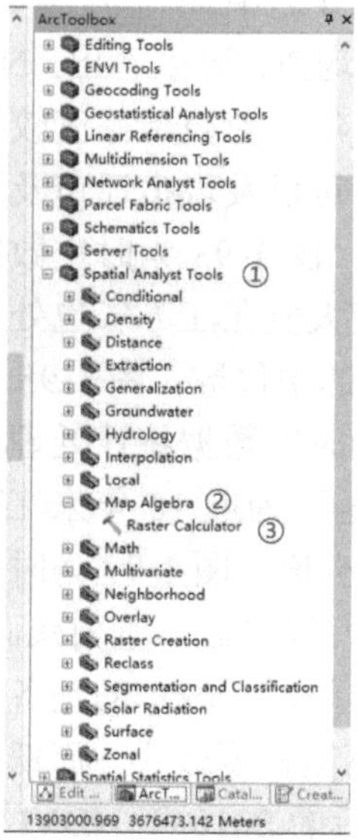

图 1-87　打开栅格计算器

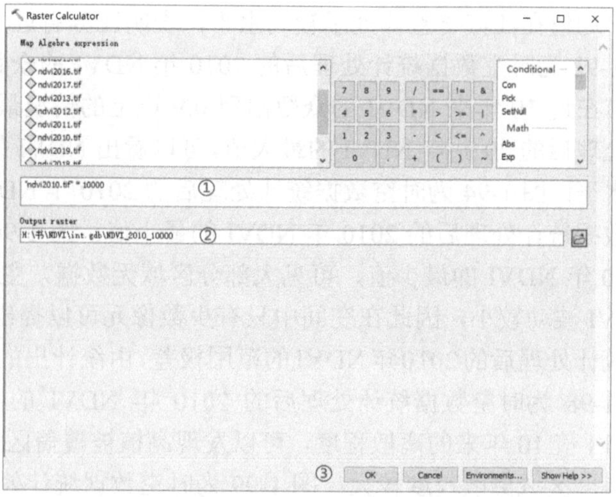

图 1-88　NDVI 数据扩大 10000 倍参数设置

然后，打开整数化工具，如图 1-89 所示，选择“①Spatial Analyst Tools→②Math→③Int”，如图 1-90 所示，①输入栅格数据或定值（Input raster or constant value)：将扩大 10000 倍的 NDVI 导入其中；②输出栅格数据（Output raster)：输出路径，需要注意的是该路径必须为地理数据库；③单击“OK” 即可完成整数化处理。图 1-90 以扩大 10000 倍后的 2010 年 NDVI 为例，其余 9 年依次处理。

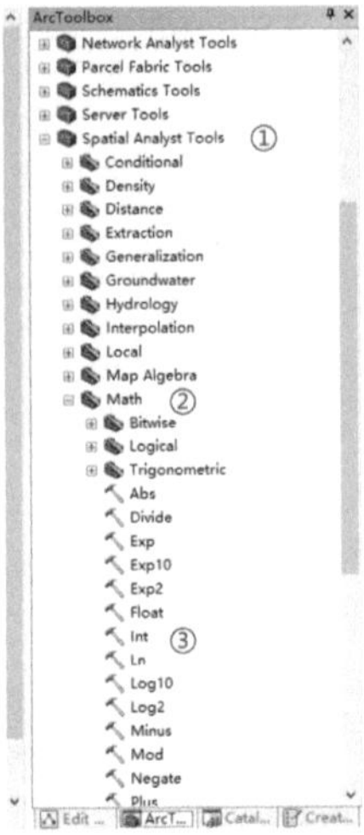

图 1-89 整数化步骤

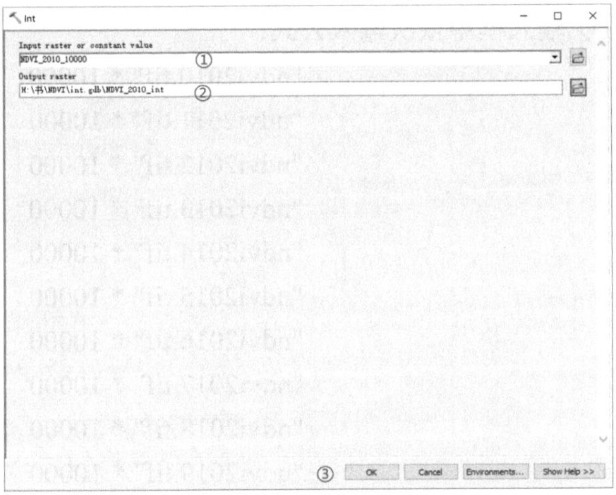

图 1-90 整数化参数设置

将整数化处理后的数据参与到后续极差及最小值的统计之中。

图 1-91 为时空数据统计处理后的 2010 年 NDVI 的平均值，可以看出，NDVI 的平均值在江苏省整体处于较高水平，表明江苏省近 10 年来植被覆盖度较好；图 1-92 为时空数据统计处理后的 2010 年 NDVI 的众数，可以发现宿迁市及连云港市在近 10 年来 NDVI 的众数出现 0.9 以上的情况最多；图 1-93 为时空数据统计处理后的 2010 年 NDVI 的最大值，可以看出 NDVI 的最大值在江苏省也处于较高水平；图 1-94 为时空数据统计处理后的 2010 年 NDVI 的中位数；图 1-95 为时空数据统计处理后的 2010 年 NDVI 的最小值；图 1-96 为时空数据统计处理后的 2010 年 NDVI 的最少值，可见大部分区域无数据，主要是因为近 10 年来江苏省 NDVI 波动较小，因此在空间中只有少数像元可以提出最少值；图 1-97 为时空数据统计处理后的2010年NDVI的范围极差，由统计出的最大值与最小值相减而得；图 1-98 为时空数据统计处理后的 2010 年 NDVI 的标准差，其表示的是各像元 NDVI 值 10 年来的离散程度，可以发现高植被覆盖区域离散程度较小，而低植被覆盖度区域离散程度较大；图 1-99 为时空数据统计处理后的 2010 年 NDVI 的总和，可以发现累积 NDVI 是江苏省北部地区大于南部地区，这也可以说明江苏省北方区域植被覆盖度要优于南方区域；图 1-100 为时空数据统计处理后的 2010 年

NDVI 的变异度，重分类工具自动将其分为 10 个等级，等级越高变化越显著，由图 1-100 可知宿迁市、连云港市及淮安市 10 年来变化相对较小，其他地区均存在较大变化。

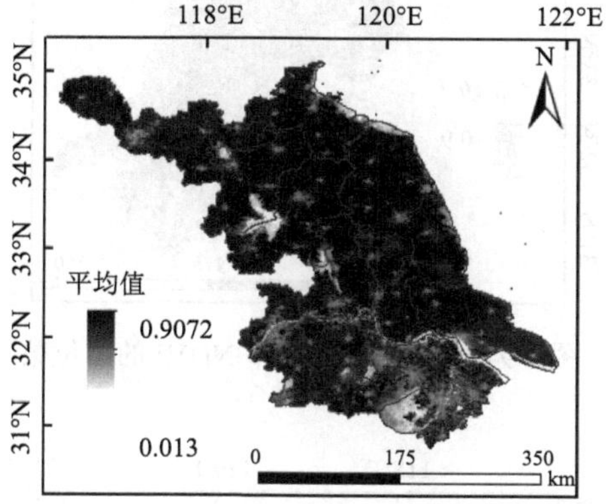

图 1-91　江苏省 2010 年 NDVI 的平均值

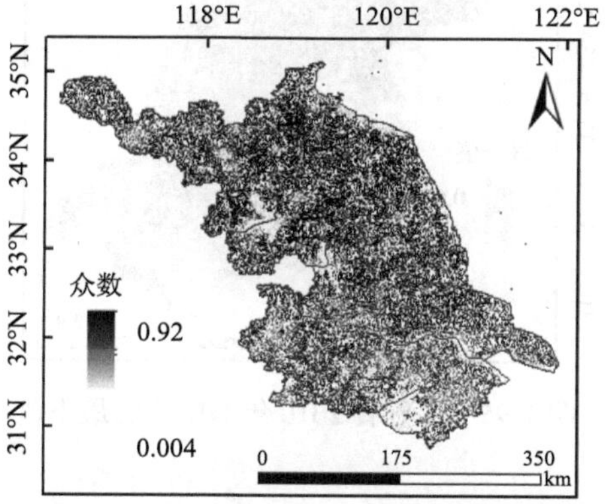

图 1-92　江苏省 2010 年 NDVI 的众数

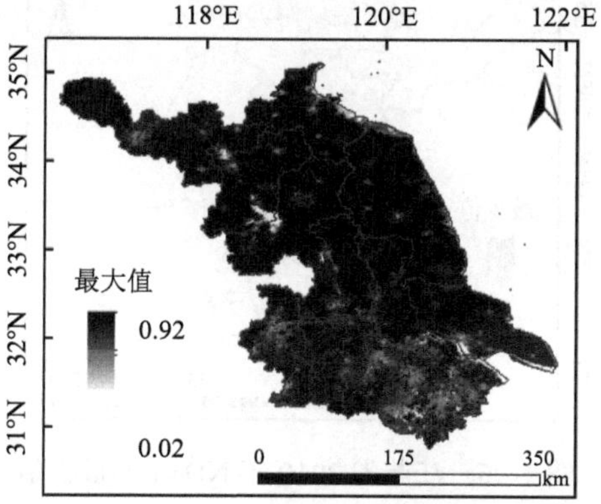

图 1-93　江苏省 2010 年 NDVI 的最大值

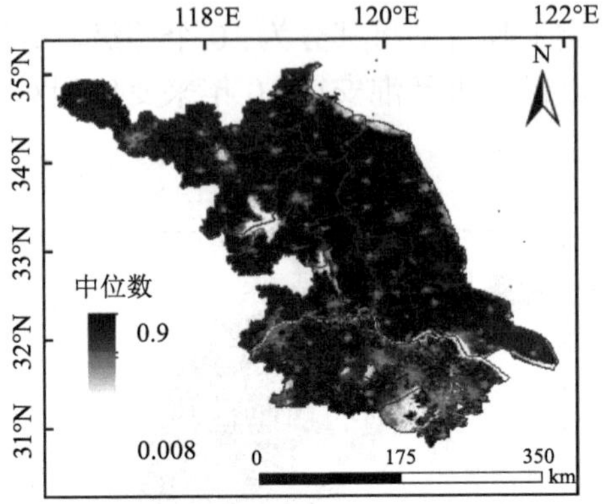

图 1-94　江苏省 2010 年 NDVI 的中位数

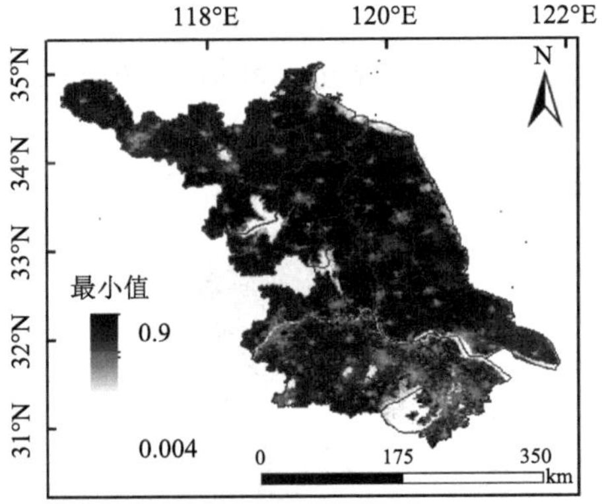

图 1-95　江苏省 2010 年 NDVI 的最小值

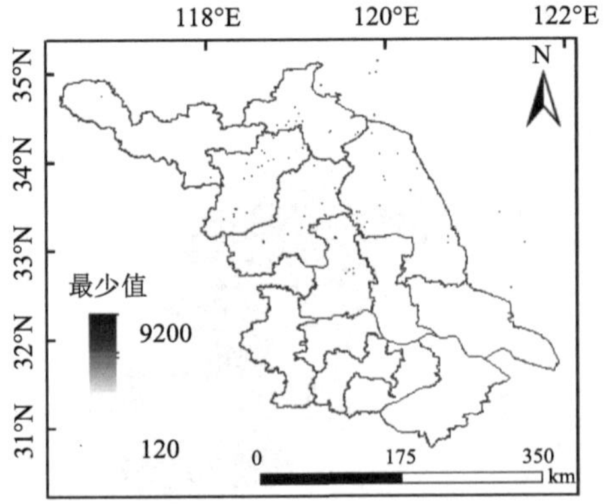

图 1-96　江苏省 2010 年 NDVI 的最少值

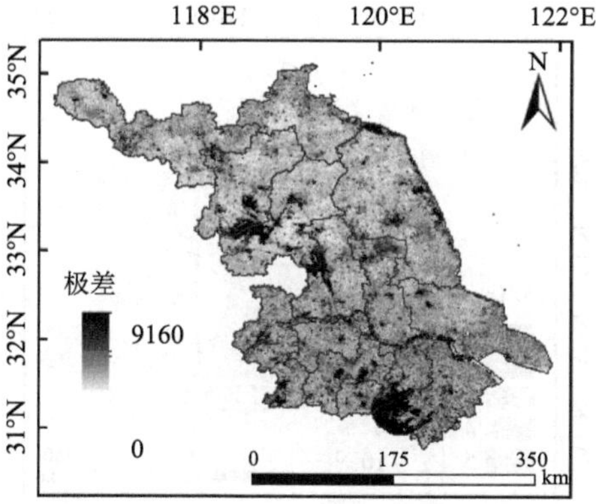

图 1-97　江苏省 2010 年 NDVI 的范围极差

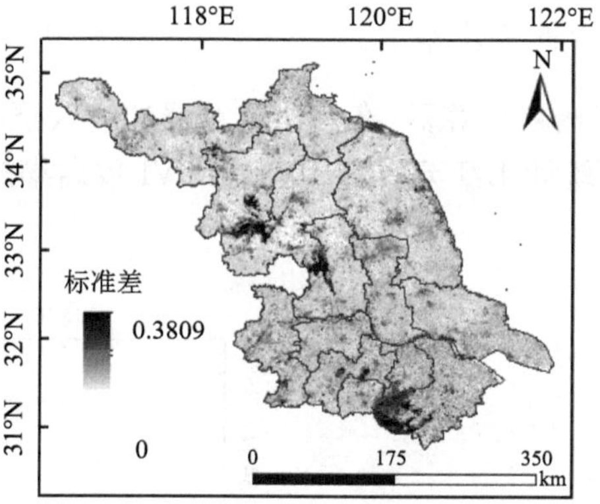

图 1-98　江苏省 2010 年 NDVI 的标准差

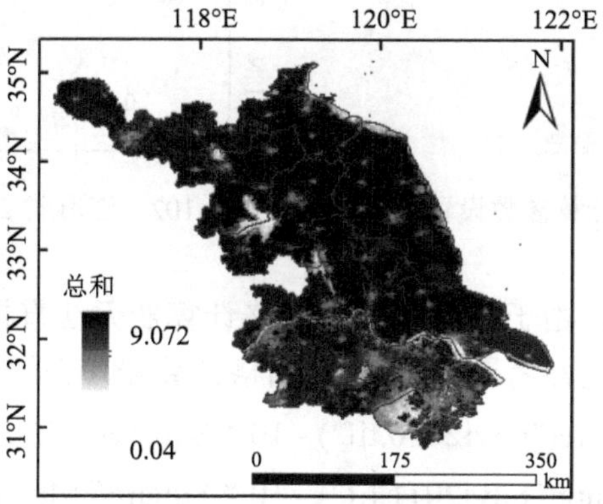

图 1-99　江苏省 2010 年 NDVI 的总和

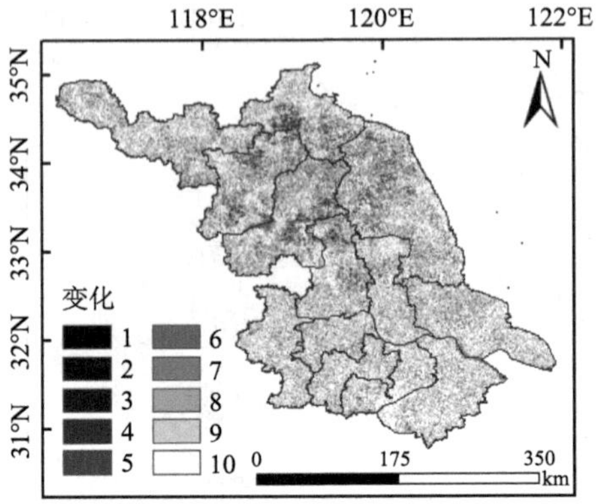

图 1-100　江苏省 2010 年 NDVI 的变异度（VARIETY）

3. 像元统计应用于栅格计算

参考图 1-87，打开栅格计算器，在栅格计算器的输入框中输入 Square("STD")，如图 1-101 所示，即可统计出江苏省 2010 年 NDVI 数据集的方差，结果如图 1-102 所示。

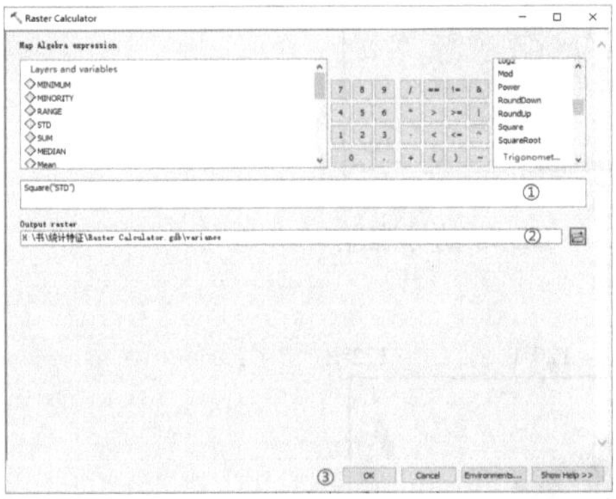

图 1-101　方差计算参数设置

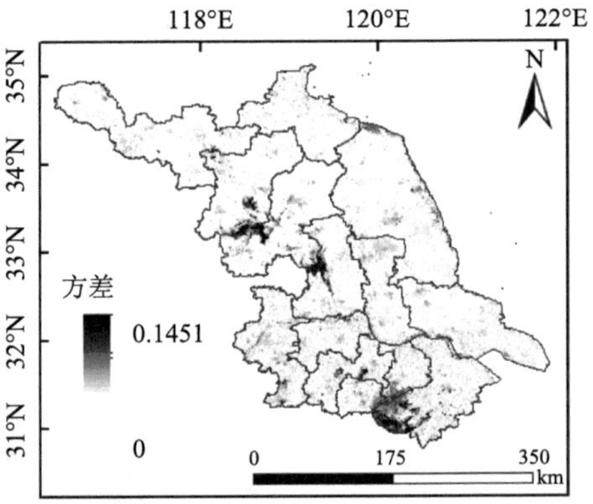

图 1-102　江苏省 2010 年 NDVI 的方差变化

计算样本方差时，由于公式复杂，栅格计算器无法直接进行运算，所以在计算时要拆开计算，首先参考图 1-87 打开栅格计算器，在输入框中依次输入：

Square("ndvi2010.tif") - 10 * Square("Mean");

Square("ndvi2011.tif") - 10 * Square("Mean");

Square("ndvi2012.tif") - 10 * Square("Mean");

Square("ndvi2013.tif") - 10 * Square("Mean");

Square("ndvi2014.tif") - 10 * Square("Mean");

Square("ndvi2015.tif") - 10 * Square("Mean");

Square("ndvi2016.tif") - 10 * Square("Mean");

Square("ndvi2017.tif") - 10 * Square("Mean");

Square("ndvi2018.tif") - 10 * Square("Mean");

Square("ndvi2019.tif") - 10 * Square("Mean");

在②输出路径中分别命名为 sample_2010、sample_2011、sample_2012、sample_2013、sample_2014、sample_2015、sample_2016、sample_2017、sample_2018、sample_2019，单击③“OK”。如图 1-103 所示，图中以 2010 年数据为例，后续操作以其为参考。

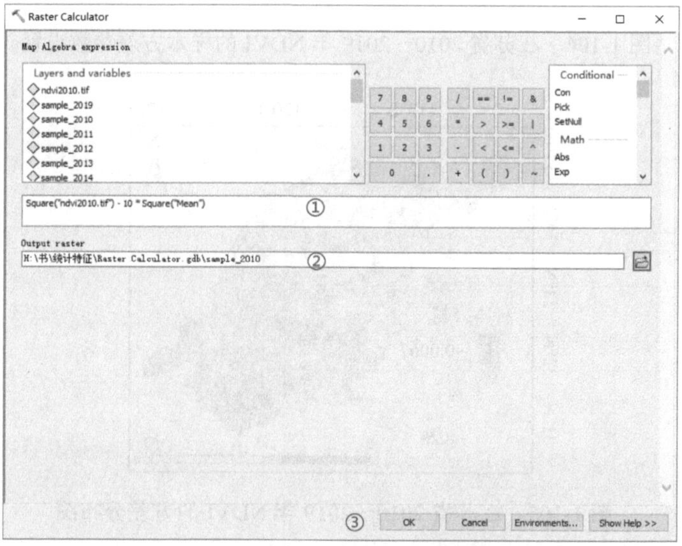

图 1-103　分布计算参数设置

之后在此打开栅格计算器，在栅格计算器的输入框中输入：

("sample_2010" + "sample_2011" + "sample_2012" + "sample_2013" + "sample_2014" + "sample_2015" + "sample_2016" + "sample_2017" + "sample_2018" + "sample_2019") / 10

如图 1-104 所示，设置②输出路径，单击③“OK”即可统计出江苏省 10 年来 NDVI 数据集的样本方差，结果如图 1-105 所示。

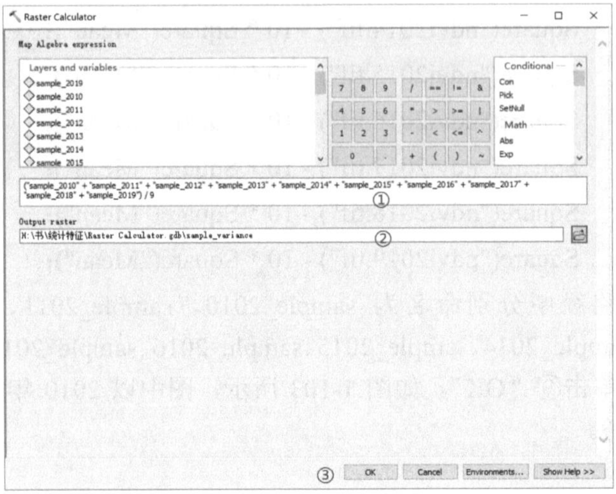

图 1-104 江苏省 2010～2019 年 NDVI 的样本方差参数设置

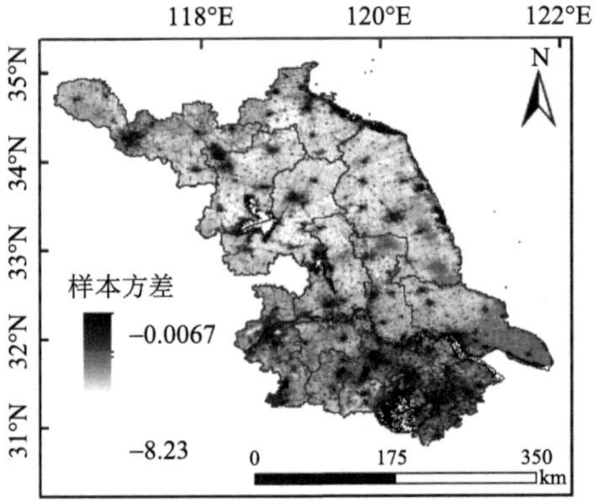

图 1-105 江苏省 2010～2019 年 NDVI 的方差分布图

计算标准误差时在栅格计算器的输入框中输入：

"STD" / SquareRoot(10)

如图 1-106 所示，设置②输出路径，单击③“OK”即可统计出江苏省 10 年来 NDVI 数据集的标准误差，结果如图 1-107 所示。

计算协方差时在栅格计算器的输入框中输入：

(("ndvi2010.tif" * "ndvi2015.tif") + ("ndvi2011.tif" * "ndvi2016.tif") + ("ndvi2012.tif" * "ndvi2017.tif") + ("ndvi2013.tif" * "ndvi2018.tif") + ("ndvi2014.tif" * "ndvi2019.tif") / 5) - (("ndvi2010.tif" + "ndvi2011.tif" + "ndvi2012.tif" + "ndvi2013.tif" + "ndvi2014.tif") / 5) * (("ndvi2015.tif" + "ndvi2016.tif" + "ndvi2017.tif" +

"ndvi2018.tif" + "ndvi2019.tif") / 5)

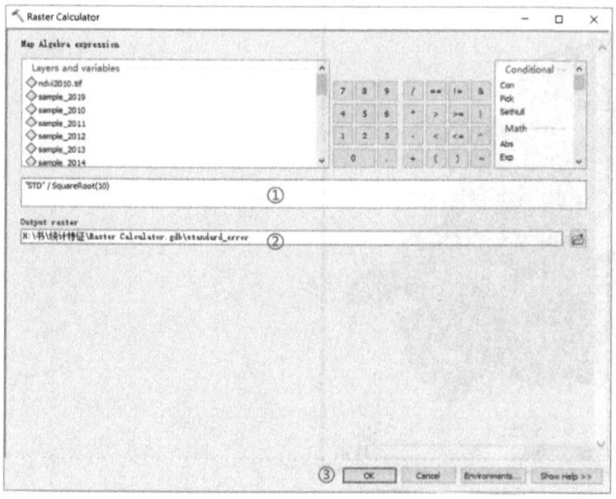

图 1-106　标准误差参数设置

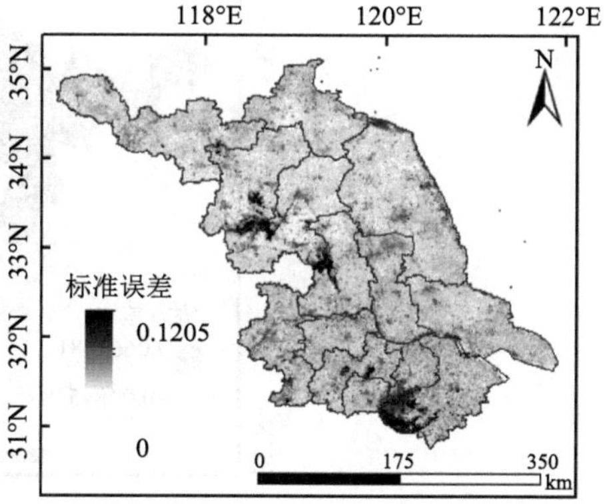

图 1-107　江苏省 2010～2019 年 NDVI 的标准误差

如图 1-108 所示，设置②输出路径，单击③“OK”即可求得江苏省 2010～2019 年 NDVI 数据集的协方差，结果如图 1-109 所示。

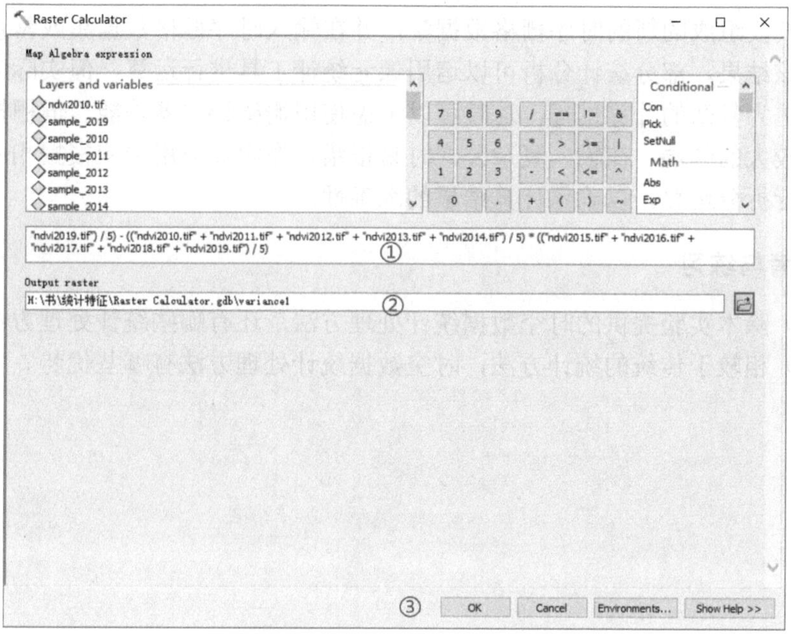

图 1-108　栅格计算参数设置

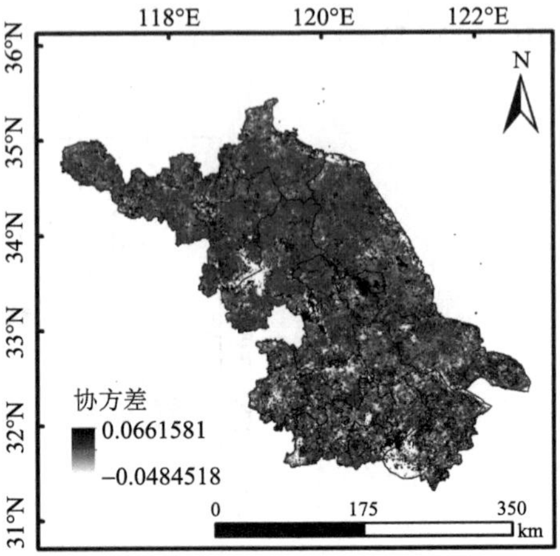

图 1-109　江苏省 2010～2019 年 NDVI 的协方差

五、小结

本实验使用像元统计工具时输入的时序栅格数据的顺序不影响其输出结果。如果我们需要处理多个时序栅格数据时，可以考虑将其用波段合成工具创建由这些特定波段组成的新的时序栅格数据集，并在输入时序栅格数据集或常量值列表中输入该结果。部分统计分析可以运用像元统计工具进行运算，但实际应用中可能需要更为复杂的计算过程，这时可以考虑使用栅格计算器功能。但栅格计算器也存在较大的弊端，在输入复杂公式时易报错，在实际应用中应根据相应的公式合理进行拆分运算，以确保计算结果的准确性。

六、思考与练习

（1）除本实验提供的时空数据统计处理方法，还有哪些统计处理方法？

（2）相较于传统的统计方法，时空数据统计处理方法有哪些优势？

第二章　回 归 分 析

第一节　线性拟合线

一、实验场景

回归分析是一种常见的数学统计方法，可用来确定两种或多种变量间相互依赖的定量关系。在地理学中回归分析也有着广泛的应用，用回归方程可以表达地理数据间的定量关系，如构建自然地理要素间的联系、各种经济指标间的联系等，通过回归分析可以揭示地理要素间的相互关系。按照变量的多少分为一元回归和多元回归，根据自变量和因变量间的关系可以分为线性回归分析和非线性回归分析。

MATLAB 的线性拟合工具箱可以简洁高效地对两组或者多组数据进行拟合，本实验以 2005～2019 年南京市财政收入和地区生产总值为例，分析两者之间的线性关系。在回归分析方法的实验分析中，我们借助 MATLAB 的线性拟合工具箱进行回归分析的实验。实验主要涉及以下核心问题：①熟悉 MATLAB 软件的使用；②通过计算分析南京市财政收入和地区生产总值间是何种关系。

二、实验目标与内容

（一）实验目标与要求

（1）熟悉 MATLAB 的操作界面。
（2）结合实际，学会合理选择和使用曲线拟合工具箱。

（二）实验内容

（1）了解 MATLAB 操作界面。
（2）使用“Curve Fitting Tool”曲线拟合工具箱，进行数据拟合。

三、实验数据

本实验数据采用来自南京市统计局的 2005～2019 年南京市财政收入和地区生产总值资料，数据存放在文件“南京市统计年鉴.xlsx”中（表 2-1）。

表 2-1　数据明细

文件名称	数据类型	描述
南京市统计年鉴.xlsx	xlsx 文件	2005～2019 年南京市统计年鉴

四、实验步骤

（一）打开软件 MATLAB R2020b，了解操作界面，并导入数据

1. MATLAB 的操作界面

打开 MATLAB R2020b 软件，如果用户未自定义界面，会出现图 2-1 的默认界面，从左至右分别是不同职责分工的三个窗口：当前文件夹窗口、命令行窗口和工作区窗口。

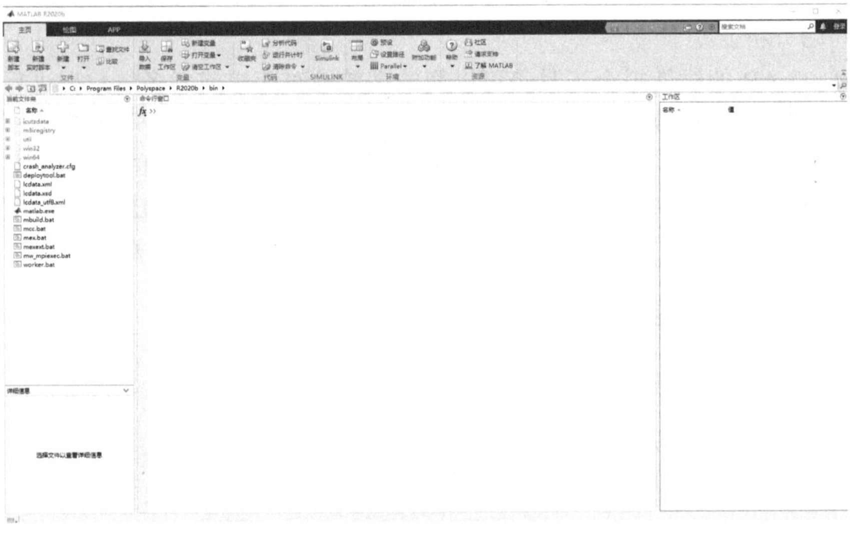

图 2-1　MATLAB 主操作界面默认外观

当前文件夹窗口：如果不特别定义文件路径，MATLAB 的输入输出都会默认在当前文件夹下，该文件夹下自定义的变量和函数也可以直接调用。我们也可以通过主页下的“设置路径”按钮来设置 MATLAB 的搜索路径，该路径下的变量和函数都可以直接调用，不用特别强调路径。

命令行窗口：用以输入语句接受命令的窗口，每行语句前“>>”即命令提示符，在此符号后输入各种语句并按“Enter”键，就会被 MATLAB 接受和执行。但是如果要编辑多行代码往往不在命令行窗口中直接进行，因为这不利于代码的

检查，可以在主页下单击“新建脚本”按钮打开编辑器（快捷键是“Ctrl+N”），在此编辑代码，如果需要执行哪些行的命令，可以选中这些行，右键单击鼠标，选择“执行所选内容”，那么这些命令就会在命令行窗口中被执行。

工作区窗口：在运行过程中，产生的各种变量会出现在命令行窗口中。当鼠标选择某一个变量时，原本灰色的绘图选项就会被点亮，这样就可以直接进行简单绘图（图 2-2）。

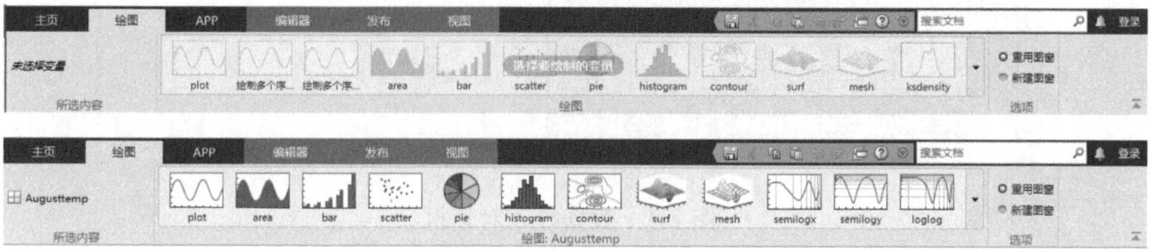

图 2-2　绘图窗口

2. 数据的导入

从.xlsx 格式文件中导入数据有很多方法。在命令行窗口中使用 xlsread 或者 readmatrix 函数读取，readmatrix 会将.xlsx 格式文件中包含的字符读取成 NaN，值得注意的是，readmatrix 函数可以读取的文件格式更多，而且读取速度更快，如果第一行全为字符则结果中不会显示文件中的第一行，但是在 MATLAB R2020b 以前的版本中可能没有这个函数。在命令行窗口中键入以下代码，导入南京市统计年鉴数据，其中居民消费价格指数和商品零售价格指数分别在第 3 列和第 2 列，赋值予变量 x、y。这里设商品零售价格指数为自变量。以下是数据导入的代码：

```
data=readmatrix('E:\实验课\南京市统计年鉴资料.xlsx');
x=data(:,3);y=data(:,2);
```

对于仅一次输入的文件，也可以直接将文件夹中的文件拖入命令行窗口，这时会弹出数据导入对话框（图 2-3），在输出类型中选择数值列表，在文件名称双击编辑文件名，最后导入所选内容，再通过代码定义数据和年份的变量。如果数据量不多，也可以用中括号“[]”构造矩阵的方法，输入数据构造所需变量。

（二）数据线性拟合

打开“APP”选项下的“Curve Fitting”曲线拟合工具箱（图 2-4）。常见的数据拟合和回归分析都可以在此完成，也可以通过 cftool 命令直接打开线性拟合工具箱。

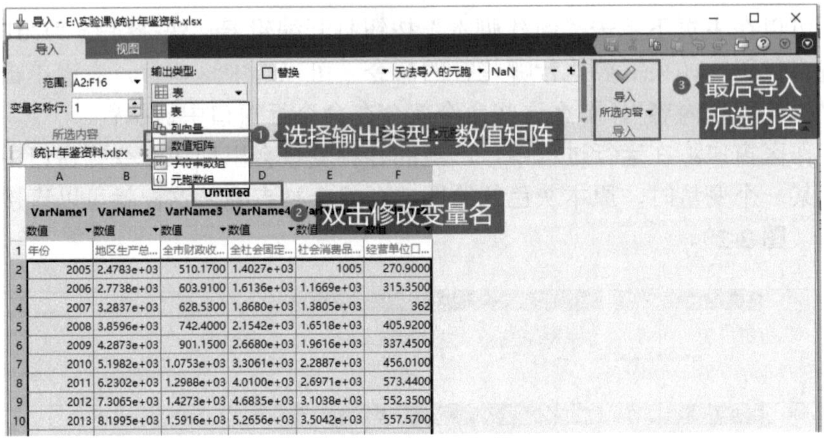

图 2-3 数据导入对话框

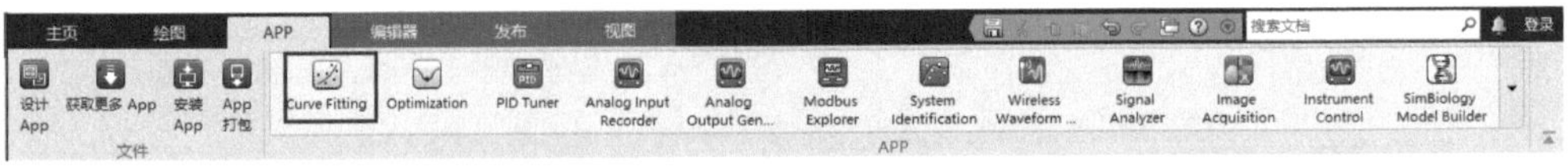

图 2-4 APP 下的曲线拟合工具箱

图 2-5 是曲线拟合工具箱的操作界面。从工作区的变量中选择 X、Y 和 Z 值（三维），在拟合方式选项中有多种选择，其中 Polynomial 为多项式函数，用户

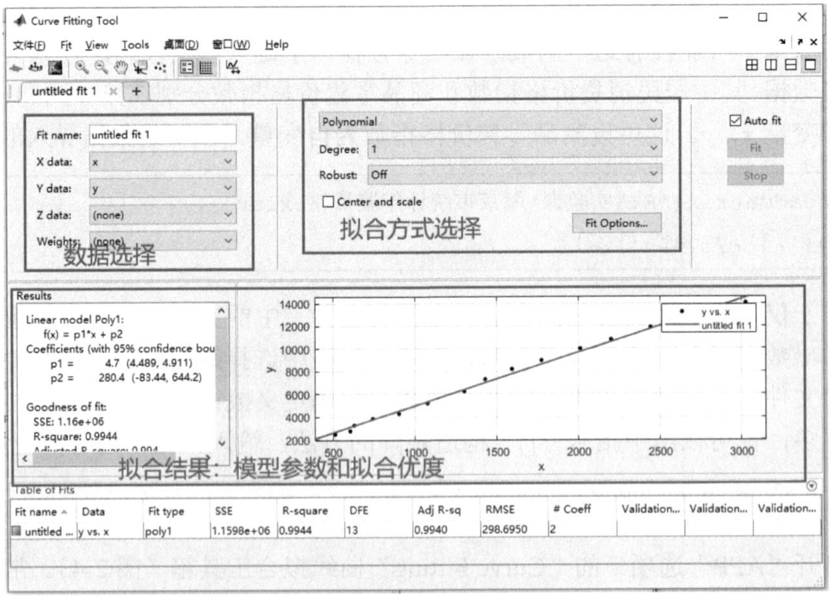

图 2-5 曲线拟合工具箱对话界面

也可以自行选择自己认为合适的拟合方式。拟合结果中左侧是拟合的主要统计信息，包括函数形式、95%置信区间内的拟合函数的参数、SSE（组内误差）、R-square（R^2，拟合优度）、Adjusted R-square（校正后的 R^2）、RMSE（均方根误差）；右侧则是拟合结果的函数图像，如果需要将图像导出，在 Curve Fitting Tool 窗口的 File 菜单下选 Print to Figure，此时弹出一个新的要导出的图像的 figure 窗口，在 figure 窗口中选择“文件”—“保存”或“另存为”，可以将图像保存为想要的图片格式或者 MAT 文件。但是默认图片格式分辨率比较低，可以在“文件”—“导出设置”对话框中设置渲染分辨率为 600dpi，然后再导出。

我们还可以得到残差分析的绘图结果（图 2-6），按照以上同样的方式可以将图像导出。

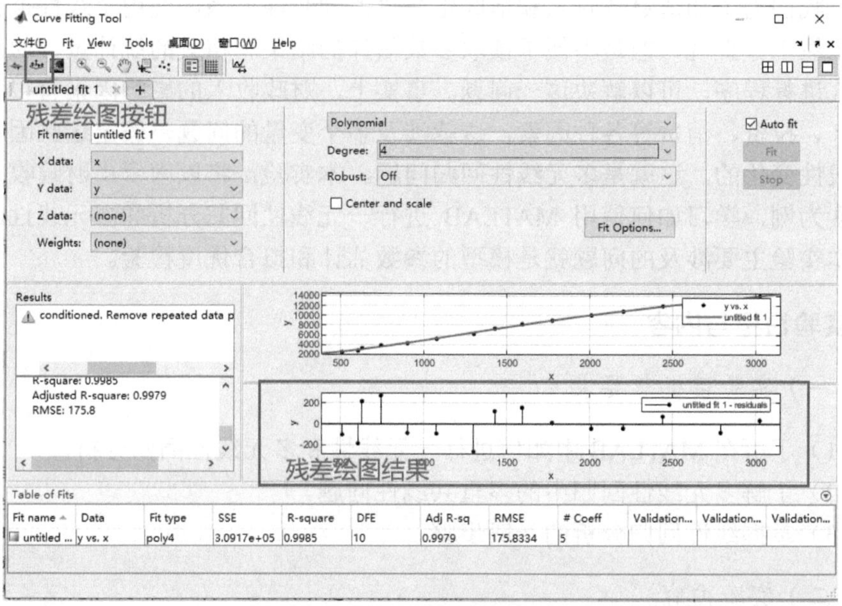

图 2-6 残差绘图

从结果中可以看出，南京市财政收入和地区生产总值之间的线性关系是 y=0.2116x–50.7691，校正后 R^2=0.9979，并通过了 95%的显著性检验。

五、思考与练习

（1）MATLAB 曲线拟合工具箱中拟合方式多种多样，尝试一下修改不同的拟合方式会出现怎样的结果，如何确定更适合的拟合方法？

（2）了解 MATLAB 的数据类型、运算规则、编程原则等基础知识，以及如何进行简单绘图。

第二节　线性回归分析

一、实验场景

线性回归是比较基础但十分重要的数学建模方法，包括一元或多元的线性回归分析。线性函数具有加和性与齐次性，是均匀变化的，在函数图像上表现为一条直线。一元线性回归分析是最常见和基础的回归分析，在了解一元线性回归分析的基本原则和步骤之后，就更容易进行多元线性回归分析，但是当涉及多个变量时，对于多元线性回归分析，还需要注意多重共线性问题和进行逐步回归分析。

在经济地理学中，财政收入和地区生产总值总是密不可分的。本章第一节实验中，我们为了知道财政收入和地区生产总值的线性关系，使用了线性拟合工具箱，虽然十分直观，但是不便于读取参数估计的结果和相关的统计量，通过编码的方式进行程序，可以解决这一问题。事实上，财政收入的影响因素有很多，包括生产、投资、消费等各种因素，这就涉及多个变量的问题，假定这些因素的影响是线性变化的，这就是多元线性回归问题。本实验，将以南京市财政收入的影响因素为例，学习如何使用 MATLAB 进行一元线性回归分析和多元线性回归分析。本实验主要涉及的问题就是模型的参数估计和拟合优度检验。

二、实验目标与内容

（一）实验目标与要求

（1）了解在 MATLAB 中如何进行一元线性和多元线性回归分析。

（2）了解多元线性回归中的多重共线性问题。

（3）掌握线性回归分析的一般步骤。

（二）实验内容

（1）一元线性回归分析的具体操作。

（2）多元线性回归分析的具体操作。

（3）逐步回归问题的解决。

三、实验数据与思路

（一）实验数据

本实验数据中所使用的数据来自南京市统计局的统计年鉴资料，数据形式和明细可参见本章第一节中的表 2-1。

（二）思路与方法

除了线性拟合工具箱，在 MATLAB 中可以通过多种方法进行线性回归分析，如矩阵运算、采用线性回归分析函数 regress，该函数通常只会给出部分统计量，但可以根据数学知识编写代码计算出更多所需的统计量。无论我们以何种方式建立的何种模型，其一般可以分为：初步设定回归方程进行参数估计、回归结果的检验（计算各种统计量）、回归模型的应用（进行预测）等步骤，我们将以此为逻辑来介绍如何使用 MATLAB 进行线性回归分析。最常见的针对回归结果的检验包括：检验拟合优度（相关系数检验，R^2）、检验预测精度（计算标准差）、检验线性关系（F 检验）、检验相关强度（t 检验）和残差序列相关检验（DW 检验）。

1.　一元线性问题

在处理一元线性回归分析问题时，可以使用多项式回归分析函数 polyfit，不难理解当多项式的次数为 1 时就是一般的一元线性回归函数，regress 函数通常用于处理多元线性回归问题，也可以用来处理一元线性回归问题。本实验将以 polyfit 为例，进行一元线性回归分析。值得注意的是，对于一元线性回归分析，F 检验、t 检验和 R^2 是等价的。

2. 多元线性问题以及逐步回归分析

对于多元线性回归问题，首先需要考虑的是自变量与因变量间的简单相关关系并确定选择哪些自变量。同时，偏相关系数的计算也必不可少，偏相关系数可以用来衡量多个变量两两之间剔除其他变量影响的相关程度，也可以用来反映各个自变量对于因变量的直接影响程度和解释能力。此外，对于多个变量间的参数拟合问题，我们使用最小二乘法进行参数估计的一个基本假设就是自变量间是相互独立的，如果自变量间存在很高的线性相关性则称为多重共线性，这会对模型的精度造成影响。由于我们使用的经济数据各变量间往往会有内在联系和共同趋势，因此会出现多重共线性问题，通过方差膨胀系数（VIF）可以简单地衡量每个自变量所受到多重共线性影响的大小。

可以简单地依据以下原则来决定变量的取舍：与因变量间偏相关系数太弱的应该被剔除，自变量间的多重共线性越强的越应该被剔除，最应该引入的自变量是与其他自变量间的相关关系弱，但是与因变量相关关系强的自变量，反之需要被剔除。如果有些变量实在难以取舍，使用 stepwise 函数进行逐步回归分析不失为一种较好的解决方法。

四、实验步骤

（一）一元线性回归分析

在进行回归分析前，绘制数据的散点图，计算变量间的相关关系十分必要，通过散点图可以大致判断数据间是否存在线性关系，或者高次幂的关系，然后用 polyfit 函数进行下一步的处理，并结合数学知识计算相关的统计量值。以下是相关代码：

```
%1.导入数据 观察数据散点图
data=readmatrix('E:\实验课\南京市统计年鉴资料.xlsx');
x=data(:,3);y=data(:,2);
plot(x,y,'Ok')          %绘制散点图，结果如图2-7
lsline                  %添加趋势线
xlabel('地区生产总值')
ylabel('全市财政收入')
title('南京市地区生产总值和全市财政收入变化图')
[R,P]=corrcoef(x,y);
R=R(1,2);               %从相关系数矩阵中提取相关系数R
P=P(1,2);               %从P值矩阵中提取P值

%2.参数拟合
par=polyfit(x,y,1); %如果散点图符合一元二次或一元三次等多项式回归，可根
%据情况选择多项式拟合的阶数。
%计算R方，在带有截距的多元线性回归中R方等于相关系数的平方
R2=R^2;
%还可以根据公式计算R2，如下：
% Y=par(1)*x+par(2);
% R2=sumsqr(Y-mean(y))/sumsqr(y-mean(y));

%3.计算残差和标准差（均方根误差）
Y=par(1)*x+par(2);
r=y-Y;                          %残差结果
[m,n]=size(x);
RMSE=sqrt((sumsqr(r)/(m-n-1)));  %标准差结果
```

```
%4.计算F检验统计值 公式仅限于一元线性回归分析
[m,n]=size(x);
F=R2/((1-R2)/(m-2));
Sig=1-fcdf(F,n,m-n-1);

%5.绘制变量的函数图像 利用估计的参数绘制函数图像 结果如图2-8
lx=linspace(2400,1500);              %趋势线的长度范围
ly=polyval(par,lx);                  %趋势线横坐标对应的纵坐标
plot(lx,ly,'k-')                     %绘图函数，绘制图像
hold on                        %保持图形画布不变
plot(x,y,'ok')                       %在趋势线图上绘制原数据散点
xlabel('商品零售价格指数')
ylabel('居民消费价格指数')
title('南京市居民消费价格指数和商品零售价格指数变化图')
hold off                       %绘图结束

%6.绘制模型预测图
polytool(x,y,1)  %得到图2-8
```

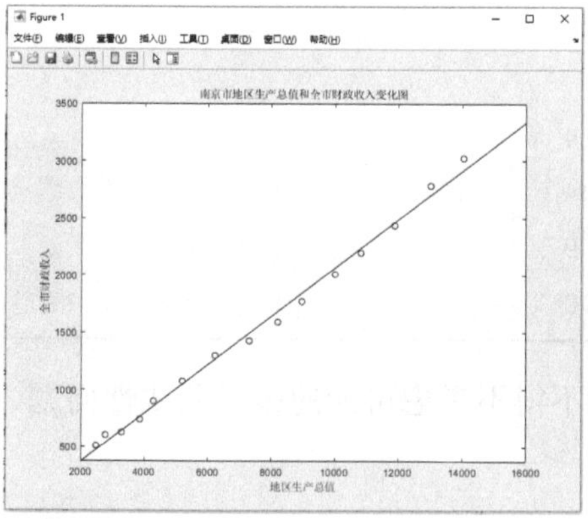

图 2-7　添加趋势线的散点图

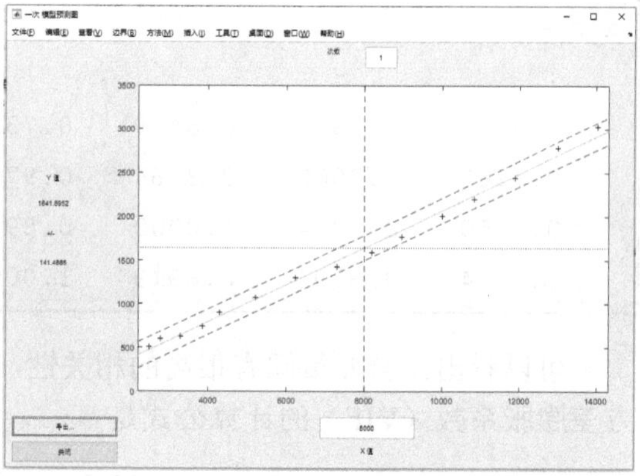

图 2-8　模型拟合预测图

首先在散点图中可以看出，变量间显然存在一元线性关系，并且相关系数 R=0.9972 并通过了 P<0.01 的显著性检验。从最终结果中可以得出，全市财政收入（y）和地区生产总值（x）的一元线性回归模型是 y=0.2116x–50.7691，其中 R^2 是 0.9944，接近于 1，标准差是 63.3757，F 检验统计值是 2318.4，Sig=0.000，通

过了 F 检验。

（二）多元线性回归分析

进一步分析南京市的财政收入和全社会固定资产投资、社会消费品零售总额、经营单位口径的进出口总值和人口之间的关系，考虑这些变量间的多元线性回归问题。首先要选择适合的自变量，通过 corrcoef 函数可以计算出各变量间的相关系数，在命令行窗口输入代码，会得到：

```
%输入数据，定义相关变量
 data=readmatrix('E:\实验课\统计年鉴资料.xlsx');
 x1=data(:,4);
 x2=data(:,5);
 x3=data(:,6);
 x4=data(:,7);
 x=[x1,x2,x3,x4];
%计算因变量间的
 corrcoef(x)
```

得到的相关系数矩阵如下：

```
ans =


   1.0000    0.7960    0.8459    0.7324
   0.7960    1.0000    0.8864    0.9794
   0.8459    0.8864    1.0000    0.8919
   0.7324    0.9794    0.8919    1.0000
```

可以看出，自变量间有很高的相关性，不得不考虑可能的多重共线性问题，方差膨胀系数（VIF）的计算公式是

$$\mathrm{VIF}_i = \frac{1}{1-R_i^2} \tag{2-1}$$

式中，R_i^2 为当 i 个自变量为因变量、剩余自变量为自变量时的多元线性回归模型的 R^2（决定系数）。结合该公式，以上代码可以通过循环结构，依次计算每个变量的 VIF。代码如下：

```
VIF=zeros(1,n);
```

```
for i=1:n
    yi=x(:,i);
    xi=x;
    xi(:,i)=[];
    Xi=[ones(length(yi),1),xi];
    [~,~,~,~,stats_i] = regress(yi,Xi);
    VIF(i,1)=1/(1-stats_i(1));
end
```

然后，我们会得到 $x1$、$x2$、$x3$ 和 $x4$ 的 VIF 分别是 5.832、41.2185、9.0790、42.0184。一般要求 VIF 的值要小于 10，VIF 值越大，它与其他变量的共线性越强，应该剔除这些 VIF 过大的值，从结果中可以看出，社会消费品零售总额（$x2$）和总人口（$x4$）的 VIF 值都超过了阈值 10，但是否剔除 $x2$ 和 $x4$ 还要结合整个变量系统进行综合分析。通过 partialcorr 函数可以计算出变量间的偏相关系数，代码如下：

```
[Rny,Pny]=partialcorr([x1,x2,x3,x4,Y]);
```

在命令行窗口输入“Rny”得到：

```
Rny =

    1.0000   -0.0610    0.5541   -0.5897    0.2571
   -0.0610    1.0000   -0.3585    0.2960    0.9528
    0.5541   -0.3585    1.0000    0.5421    0.2722
   -0.5897    0.2960    0.5421    1.0000   -0.0112
    0.2571    0.9528    0.2722   -0.0112    1.0000
```

所以可知，$x1$、$x2$、$x3$、$x4$ 和 y 间的偏相关系数分别为：0.2571、0.9528、0.2722、–0.0112。$x2$ 对因变量（财政收入）的直接影响最大，即使 VIF 偏高，也是不可缺少的变量，$x4$ 和因变量之间的相关系数很低甚至是负值，说明人口增加会导致财政收入的缩水，这是否符合常识呢？在考虑财政收入的影响因素中，该变量在模型中会显得多余，并可能影响其他因素的可靠性。最终在该问题中我们保留了变量 $x2$，剔除了变量 $x4$。

接下来，就是利用 regress 函数对多元线性回归模型进行参数估计和统计量的计算，以下是相关代码：

```
%进行回归分析
 Y=data(:,3);
 X=[ones(length(Y),1),x(:,1:3)];  %自变量只保留了前三个
 [b,bint,r,rint,stats] = regress(Y,X);  %回归分析计算
 [m,n]=size(x);   %计算自变量的行列数
 s=stats(4)^0.5;   %计算标准差
 DW=sumsqr(r(2:n)-r(1:n-1))/sumsqr(r);   %计算 DW 值
 rcoplot(r,rint)    %绘制残差序列的置信区间图 结果如图 2-9
```

在返回的结果（图 2-9）中，*b* 就是估计的回归系数（模型参数）；bint 是回归系数的置信区间；*r* 是残差序列；rint 是残差序列的变化区间；stats 包括各统计量的数值矩阵，分别是 R^2、*F* 检验的统计量及其 *P* 值，以及均方误差（MSE）。可见通过简单的计算，就可以完成回归系数估计和部分统计量的计算，通过 ttest 函数，结合估计的模型参数可以进行 *t* 检验，所以最终得到的多元线性回归模型方程是

$$y=23.4740+0.0165x1+0.3815x2+0.2456x3 \tag{2-2}$$

式中，*y* 为财政收入；*x*1、*x*2、*x*3 分别为全社会固定资产投资（亿元）、社会消费品零售总额（亿元）、经营单位口径进出口总值（亿美元）。由 stats 的值可知 $R^2=0.9978$，接近 1，拟合优度很高；$F=1670.3$，$P=0.000$，通过了 *F* 检验；MSE=1864.6。此外，经过计算可知，DW=0.2729，DW 接近 0，呈正自相关，未能通过 DW 检验，事实上，本实验样本数比较少，不适合用 DW 检验验证自相关性，但是我们给出了计算的代码供大家学习，因为对于有时序的时空数据 DW 检验往往是必需的。

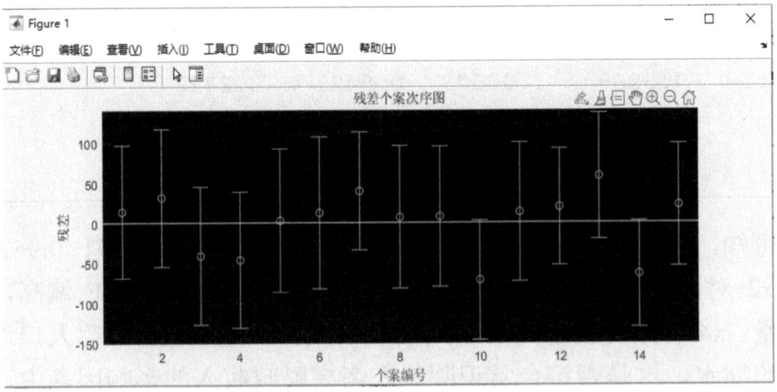

图 2-9　残差次序图

（三）逐步回归分析

实际工作中可能需要处理多个自变量与因变量间的多元线性回归问题，这些自变量可能存在高度的相互依赖关系，通过逐步回归分析可以从许多自变量中选

择部分变量与因变量建立多元线性回归关系。在 MATLAB 中有一整套针对逐步回归分析而设计的交互式环境，通过 stepwise 函数就可以实现逐步回归分析，以下是相关命令：

```
%导入数据
 data=readmatrix('D:\实验课\统计年鉴资料.xlsx');
 Y=data(:,3);
 x1=data(:,4);
 x2=data(:,5);
 x3=data(:,6);
 x4=data(:,7);
 X=[x1,x2,x3,x4];
%调用逐步回归分析函数
 stepwise(X,Y)   %得到逐步回归交互窗口，如图 2-10
```

图 2-10 从上至下依次是回归系数窗口，窗口左边给出了带误差条的系数图，右边列出了回归系数值、t 统计量及其 p 值组成的列表；中间给出了相关的统计量；最下方是模型历史，即均方根误差（RMSE）在模拟过程中的变化。在最上方各变量的回归系数窗口中，红色表示排除在模型外的变量，蓝色表示模型中引入的变量。在刚调出该交互式窗口时，默认未引入任何变量，各变量均为红色，此时单击变量在回归系数窗口中的图形或数值会将该变量引入模型，变量颜色随之变成蓝色。自由组合引入或者排除在外的变量会得到不同的统计量，比较这些统计量就能够选择最优的模型变量来建立该回归模型。如果选定了最适合的自变量，单击中右方的“导出”按钮就可以按需要将模型的系数、置信区间等信息导出到 MATLAB 的工作区窗口中（图 2-11）。

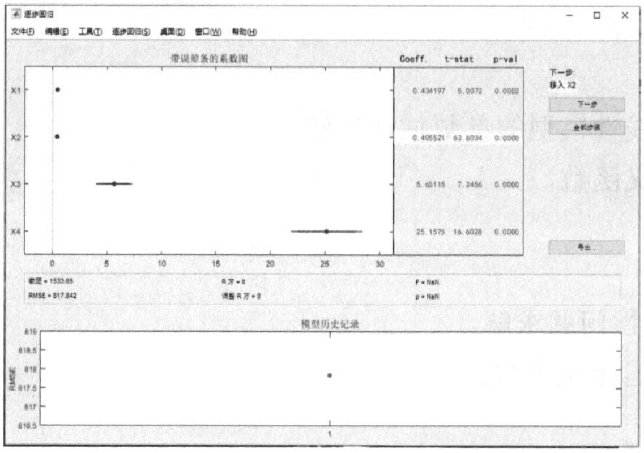

图 2-10　逐步回归交互窗口

图 2-11　导出设置

五、思考与练习

（1）探讨一下，regress 函数如何进行一元线性回归分析，是否要比 polyfit 函数更加方便？

（2）探讨一下，MATLAB 中 ttest 函数是如何进行 t 检验的？

（3）结合统计学的相关知识，说一说多重共线性会对模型造成哪些影响，为什么？

第三节　非线性回归分析

一、实验场景

非线性关系是相对于线性关系来说的，在实际问题中线性回归是很少见的，非线性的问题要更加常见，线性模型常被用来处理线性化的非线性问题。比较常见的非线性模型有指数模型、对数模型、幂指数模型、logistic 模型等，基于最简单的非线性模型也可以组合成更加复杂的非线性模型，通过数学转换可以将非线性模型转换成线性关系，然后利用最小二乘法按照线性关系来进行回归运算。

非线性回归问题在地理学中的应用十分广泛，如人文地理学中，城市人口空间分布密度服从负指数模型，城市化水平和人均产值的关系服从对数模型，以及我们熟知的区域人口增长模型是 logistic 模型。在人文地理学研究中，城市人口比重随时间变化的模型就是一种 logistic 模型，本实验将以江苏省城镇人口比例随时间的变化趋势为例进行非线性回归分析。

二、实验目标与内容

（一）实验目标与要求

（1）掌握 MATLAB 中非线性模型的参数估计方法。

（2）使用 MATLAB 自定义函数。

（二）实验内容

（1）非线性模型转化成线性问题求解。

（2）nlinfit 函数的使用与自定义函数。

三、实验数据与思路

（一）实验数据

实验数据是来自江苏省统计局的江苏省城镇人口比例数据（表 2-2），数据存放在文件“江苏省城镇人口比例.xlsx”中。

表 2-2　数据明细

文件名称	数据类型	描述
江苏省城镇人口比例.xlsx	xlsx 文件	江苏省城镇人口比例

（二）思路与方法

在 MATLAB 中处理非线性回归问题有两种思路：一种是将非线性问题线性化求解，如对于指数模型、对数模型等，两边取对数再根据数学原则进行变换总能得到一个线性模型；另一种是利用 nlinfit 函数，基于非线性回归模型的理论方程直接进行参数拟合。本实验将基于 logistic 模型来分别介绍这两种方法。

四、实验步骤

（一）导入数据，绘制散点图，观察图像

研究表明，城镇人口比例随时间变化的模型是一种 logistic 模型，我们不妨把数据的散点图画出，做一个简单的估计。以下是相关的代码：

```
data=readmatrix('D:\实验课\江苏省城镇人口比例.xlsx');
t=data(:,1);
z=data(:,2)*0.01;
plot(t,z,'.k')  %结果见图 2-12
```

从图 2-12 中可见，江苏省城镇人口比例变化散点图呈现出“S”形曲线，可能存在 logistic 回归的变化趋势。

（二）非线性模型线性化求解

我们知道 logistic 模型的一般表达式是

$$z=\frac{k}{1+me^{-at}} \tag{2-3}$$

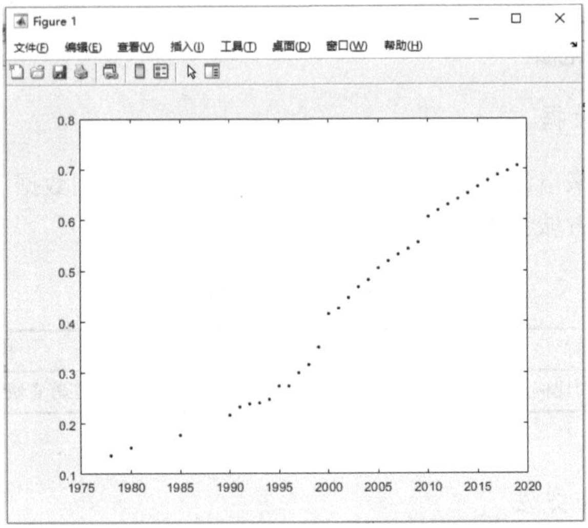

图 2-12　江苏省城镇人口比例变化散点图

在本案例中，z 是城镇人口比例，t 是年份，k 是承载量，城市人口比重的最大值为 100%，所以不妨设 k=1，m 和 a 都是未知参数，对两边取自然对数，可以得到：

$$\ln\left(\frac{1}{z}-1\right)=\ln(m)-at \tag{2-4}$$

此时，原来的非线性问题就变成因变量是 $\ln\left(\frac{1}{z}-1\right)$、自变量是 t 的一元线性回归问题。按照一元线性回归问题的求解方法就可以很容易解决了，以下是相关代码：

```
%使用 regress 函数进行参数拟合
 Y=log(1./z-1);
 x=t-t(1); %便于计算，将数据初始年代设为 0
 X=[ones(length(x),1),x];
 [b,~,~,~,stats]=regress(Y,X);
%计算参数估计值
 m=exp(b(1));
 a=-b(2);
%得到 R2
 R2=stats(1);
%绘制趋势线 结果见图 2-13
```

```
yz=(1+m*exp(-a*x)).^(-1);
plot(t,z,'.k')%此时绘制的 x 轴是年份
hold on
plot(t,yz,'-r') %此时绘制的 x 轴是年份
xlabel('年份')
ylabel('城镇化比例')
title('江苏省城镇化比例变化趋势图')
```

从以上结果中可以得出，城镇化比例变化的 logistic 模型为

$$z=\frac{1}{1+8.1933\mathrm{e}^{-0.0750x}} \tag{2-5}$$

式中，z 为城市化率；x 为 t=1978，也就是从 1978 年开始的年份（1978 是该数据开始的年份）。模型的拟合优度 R^2=0.9775，接近 1，拟合效果较好，根据变量 stats 同样可知，模型通过了 F 检验。图 2-13 是基于 logistic 模型拟合的江苏省城市化比例的点、线匹配图，通过模型可以对江苏省城镇化率进行合理预测。

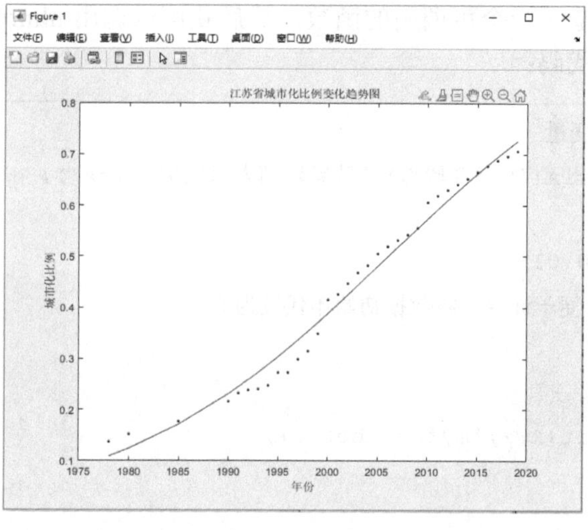

图 2-13　基于 logistic 模型拟合的江苏省城市化比例点、线匹配图

（三）nlinfit 函数的使用

nlinfit 使用的语法是：

$$\text{beta} = \text{nlinfit}(X,Y,\text{modelfun},\text{beta0}) \tag{2-6}$$

式中，X 为自变量；Y 为因变量，可以使用自定义函数 modelfun 来指定所需要的

模型；beta0 为最小二乘估计算法的初始系数值，不同初始值可能得到不同结果，设定须慎重。我们可以构造任意非线性模型来进行参数拟合。MATLAB 中自定义的函数是以 function 开头、end 结尾的代码块，代码 function 后接的就是“函数输出变量=函数名（输入变量或参数）”，函数的代码需要以“函数名.m”来命名，并存储为.m 文件，需要注意的是，函数名必须是英文字母。回到本案例中，首先需要在 MATLAB 中构造函数，在主页下单击“新建脚本”（快捷键“Ctrl+N”），打开编辑器下的新脚本，输入以下代码：

```
function yz=myfun(beta,x) %构造函数
a=beta(1);
m=beta(2);
yz=(1+m*exp(-a*x)).^(-1);
end
```

不难看出，beta 是函数的参数，输入变量是 x，输出变量是 yz。然后在编辑器选项下单击“保存”按钮，将文件存储在当前工作文件下（快捷键“Ctrl+S”）。这时，我们就构造了一个可调用的函数，然后就可以调用 nlinfit 函数对其进行参数估计，以下是代码：

```
%输入数据，构造变量
 data=readmatrix('D:\实验课\江苏省城镇人口比例.xlsx');
 t=data(:,1);
 z=data(:,2)*0.01;
 x=t-t(1);    %便于计算，将数据初始年代设为 0
%非线性拟合
 beta0=[0,1];
 beta = nlinfit(x,z,'myfun',beta0);
 a=beta(1);
 m=beta(2);
%绘制趋势线和散点图
 Y=(1+m*exp(-a*x)).^(-1);
 plot(t,Y,'-r')
 hold on
 plot(t,z,'.k')
 hold off
%计算标准差
```

```
s=sqrt(sumsqr(z-Y)/(length(Y)-2));
```

结果发现，通过该方法计算的城市化比例变化的 logistic 模型为

$$z = \frac{1}{1+9.0251\mathrm{e}^{-0.0788x}} \tag{2-7}$$

模型的标准差为 s=0.0235。基于此计算的 logistic 模型拟合的江苏省城市化比例的点、线匹配图见图 2-14。

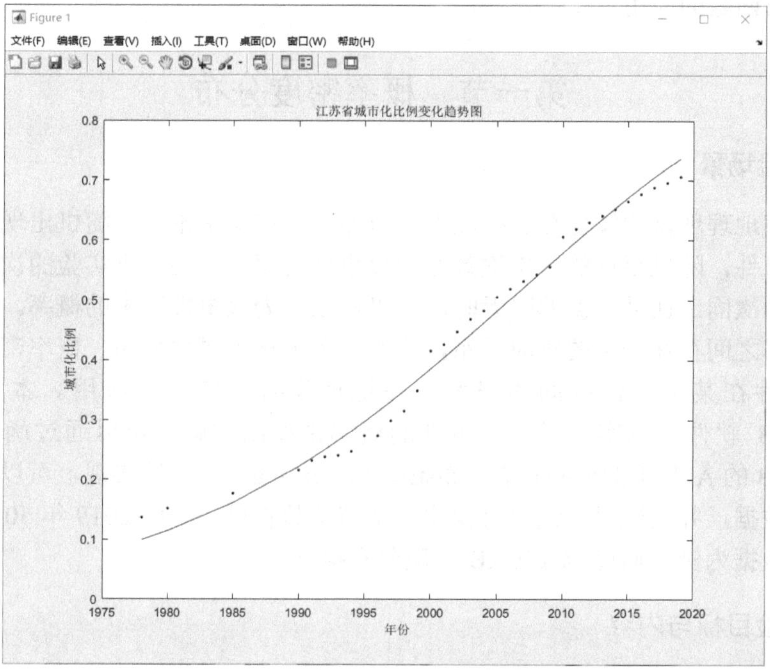

图 2-14 江苏省城市化比例点、线匹配图

五、思考与练习

（1）指数分布的一般公式是：$y=a\mathrm{e}^{bx}$，该如何转换成线性模型来计算呢，是不是所有非线性模型都可以转换成线性的形式呢？这和 nlinfit 函数计算的结果并不完全相同，哪一种方式建立的模型更好呢？你是怎么评价的？

（2）我们在本章第一节介绍了曲线拟合工具箱，试一试使用该工具箱对本节的案例进行 logistic 模型的拟合会得到怎样的结果，和本节介绍的两种拟合方式得到的结果一致吗？

第三章　概率统计分析

在 MATLAB 中列举了多种常见的概率分布，给出了这些概率分布的分布密度函数、分布函数、逆分布函数、随机数发生函数等，本章主要研究的是常用的概率分布函数的应用。

第一节　概率密度分布

一、实验场景

自然地理现象的发生存在必然性和偶然性，在概率论中，随机出现的事件称作随机事件，随机事件的发生次数称为该事件的概率，当随机实验的次数增加，发生的频次固定在某一值的附近时，可以称该值为该事件发生的概率。随机变量和其概率之间存在一定的对应关系，这种关系被称为概率分布，概率密度是反映某一事件在某个取值区间的概率，在地理学有着广泛的应用。本实验借助 MATLAB 软件可以实现对某一事件的概率密度的求解，可以通过函数命令和 MATLAB 的 APP 中的分布拟合（distribution fitting）工具箱实现，可以简洁高效地拟合数据，并实现拟合结果可视化。本节实验将以 1970～2019 年 50 年间南京降水量数据为例，通过 MATLAB 实现分布拟合。

二、实验目标与内容

（一）实验目标与要求

（1）熟悉常用的概率分布函数。

（2）熟练掌握 MATLAB 分布拟合工具箱的使用和概率分布函数命令的调用。

（3）结合实际，学会合理选择和使用概率分布函数。

（二）实验内容

（1）了解 MATLAB 操作界面，导入数据。

（2）使用“Distribution Fitting Tool”分布拟合工具箱，拟合降水数据。

（3）了解 MATLAB 概率密度函数命令的调用，绘制概率密度曲线。

三、实验数据

本实验数据采用根据中国气象局国家气候中心的站点数据整理而来的南京1970～2019年降水量数据，具体明细如表3-1所示。

表3-1　数据明细

文件名称	数据类型	描述
August_temp.csv	csv 文件	1970～2019 年降水量数据

四、实验步骤

利用“Distribution Fitting Tool”分布拟合工具箱，拟合降水数据。

步骤一：了解 MATLAB 操作界面，导入数据。

打开 MATLAB 软件，如果用户未自定义界面，会出现如图3-1的默认界面，从左至右分别是不同职责分工的三个窗口：当前文件夹窗口、命令行窗口和工作区窗口（详情见第二章）。

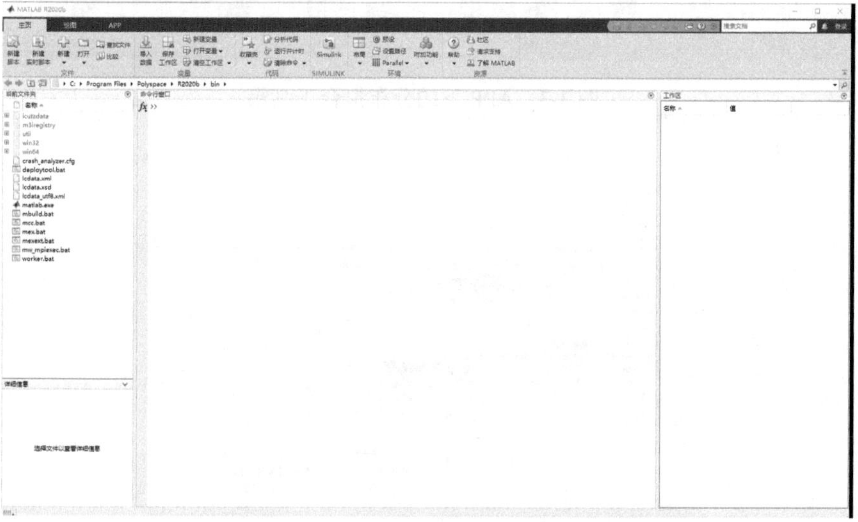

图3-1　MATLAB 主操作界面默认外观

从 csv 文件中导入数据有很多方法。csvread 或者 readmatrix 函数读取 csv 文件，但是需要注意的是，csvread 读取的 csv 文件中不能包含任何字符串，readmatrix 会将 csv 文件中包含的字符串读取成 NaN。实际上，readmatrix 函数可以读取.txt、.dat 或.csv 等适用于带分隔符的文本文件，以及.xls、.xlsb、.xlsm、.xlsx、

.xltm、.xltx 或 .ods 等适用于电子表格格式的文件。

命令调用格式如下：

（1）`M = csvread(filename)`，其中 filename 为文件所在的路径+文件名。

（2）`M = csvread(filename,R1,C1)`，其中 R1 和 C1 分别表示从文件的行偏移量 R1 和列偏移量 C1 开始读取数据。

例如，在命令行窗口中输入图 3-2 的代码，得到包含 1970～2019 年降水数据的变量 *a*。

图 3-2　通过代码导入数据

步骤二：打开“APP”选项下的“Distribution Fitting”线性拟合工具箱（图 3-3）。常见的数据分布拟合分析都可以在此完成（图 3-4 和图 3-5）。

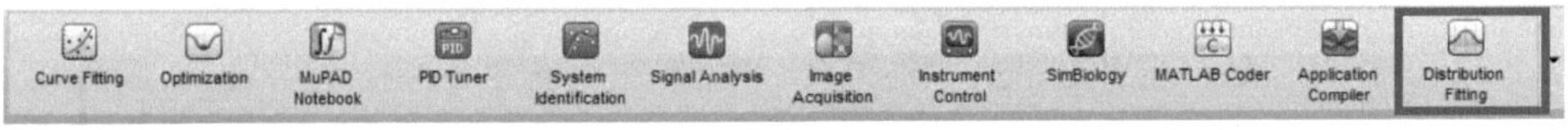

图 3-3　APP 下的分布拟合工具箱

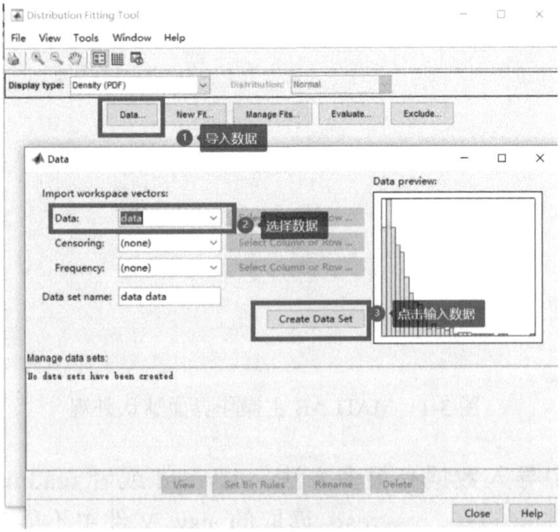

图 3-4　导入数据进入 APP

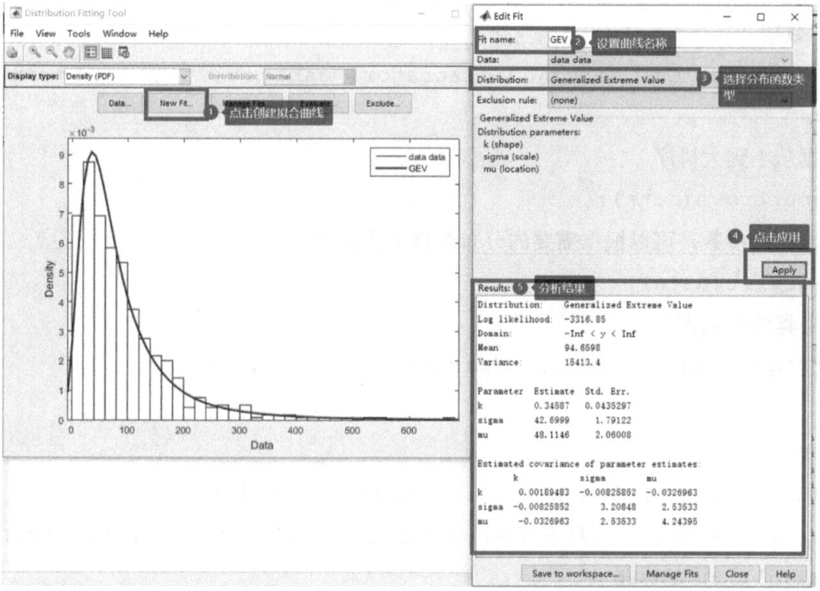

图 3-5 分布拟合工具箱对话界面

步骤三：选择数据和曲线拟合方式。

在数据选取中，可以通过 New Fitting 在同一个图片上添加多个不同的拟合曲线，Results 中根据极大似然值（log likelihood）可以评判一组数据的拟合优度，评判标准是拟合值越大说明模型拟合得越好，拟合曲线的参数在 Parameter 中。如果需要可将图像导出，在 Curve Fitting Tool 窗口的 File 菜单下选 Print to Figure，此时弹出一个新的要导出的图像的 figure 窗口，在 figure 窗口中选择“文件”—“保存”或“另存为”，可以将图像保存为想要的图片格式或者 MAT 文件。但是默认图片格式分辨率比较低，可以在“文件”—“导出设置”中导出对话框的属性选项，在属性选项改变渲染分辨率为 600dpi，然后输出图像。

步骤四：通过调用函数命令，绘制降水数据的概率密度分布图。

调用函数命令如下：`y=pdf('name',x,A,B,C)`；其中 name 指函数名称，x 表示输入数据，A、B、C 指调用函数的参数。函数中的 name 包括‘Beta’‘Binomial’‘BirnbaumSaunders’‘Burr’‘Exponential’‘Extreme Value’‘F’‘Gamma’‘Generalized Extreme Value’‘Generalized Pareto’‘Geometric’‘Hypergeometric’‘InverseGaussian’‘Logistic’‘LogLogistic’‘Lognormal’‘Nakagami’‘Negative Binomial’‘Normal’‘Poisson’‘Rician’‘Weibull’等变量，它们分别表示不同的分布函数。

以 1970～2019 年的南京市降水量为例，代码如下：

```
%%读取数据
data=csvread('C:\Users\Administrator\Desktop\实验报告\58238.csv',
1,9);
%将数据从小到大排序
data=sortrows(data);
%拟合数据的参数，可以根据需要的分布选择拟合的参数
para=gevfit(data);
%获取数据的概率密度
y=pdf('gev',data,para(1,1),para(1,2),para(1,3));
%画图
figure
plot(data,y,'-k','LineWidth',2)%设置线宽颜色和样式
title('1970-2019 年南京市降水的概率密度分布','fontsize',16,'fontname',
'Bookman');%添加标题
xlabel('降水量/mm','fontsize',16,'fontname','Bookman','FontWeight',
'bold')%添加 x 轴
ylabel('概率密度','fontsize',16,'fontname','Bookman','FontWeight',
'bold')%添加 y 轴
set(gca,'FontName','Times New Roman','FontSize',16,'FontWeight',
'bold');%设置坐标轴的字体格式
```

结果如图 3-6 所示。

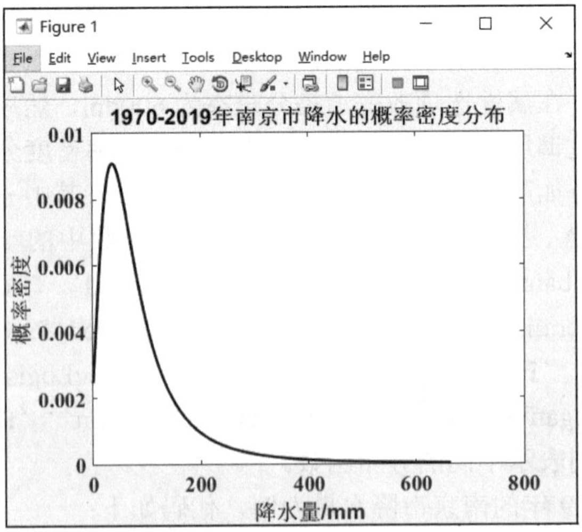

图 3-6　概率密度分布图结果

导出图片设置见图 3-7。

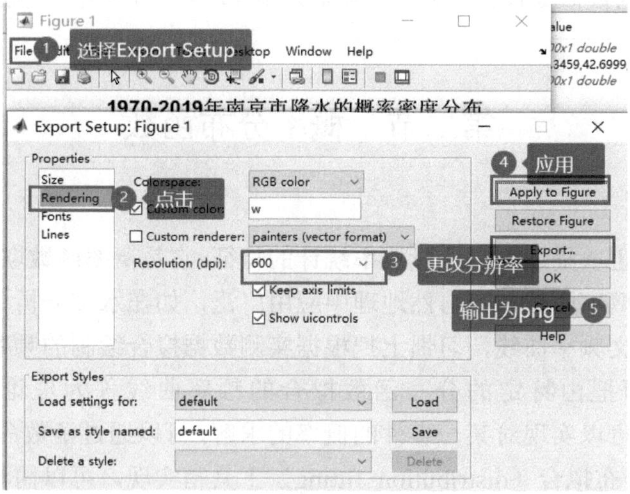

图 3-7　导出设置界面

输出结果（图 3-8）也可以选择储存为 fig 格式，方便下次在 MATLAB 中进行编辑。

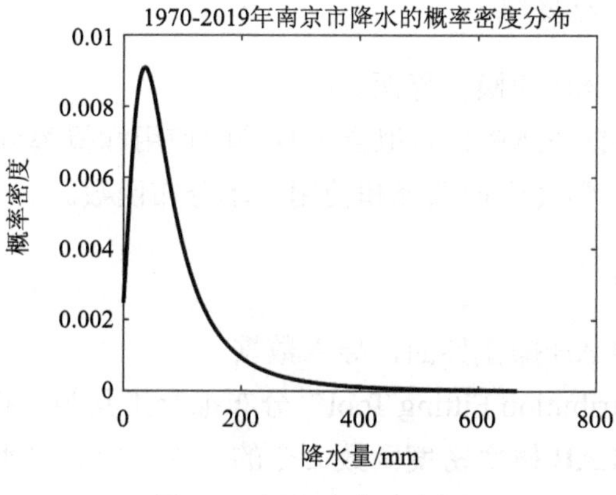

图 3-8　概率密度分布图

五、思考与练习

（1）什么是概率密度分析？都有哪些分类？不同的概率密度分析都有哪些区别，如何在实践中选择合适的分布函数？

（2）运用 MATLAB 分布拟合工具箱中分布函数，绘制南京市 1970～2019 年降水量的正态概率密度分布图。

（3）运用函数命令设计代码，绘制南京市 1970～2019 年降水量的正态概率密度分布图。

第二节　概率分布函数

一、实验场景

分布函数主要描述随机变量概率统计的特征，它是概率函数取值的累加结果，又被称为累积概率函数，在自然地理中应用广泛，如在水文分析中使用的概率分布曲线又称水文频率曲线，习惯上把根据实测数据拟合绘制的频率曲线称为经验频率曲线，而把由特定的分布函数拟合的频率曲线称为理论频率曲线。在 MATLAB 中，可以实现对某一事件的概率的求解，可以通过函数命令和 MATLAB 的 APP 中的分布拟合（distribution fitting）工具箱实现，可以简洁高效地拟合数据，并实现拟合结果可视化，本节实验将以 1970～2019 年 50 年间南京降水量数据为例，通过 MATLAB 实现分布拟合。

二、实验目标与内容

（一）实验目标与要求

（1）熟悉 MATLAB 的操作界面。

（2）熟练掌握 MATLAB 分布拟合工具箱的使用和概率分布函数命令的调用。

（3）结合实际，学会合理选择和使用概率分布函数。

（二）实验内容

（1）了解 MATLAB 操作界面，导入数据。

（2）使用“Distribution Fitting Tool”分布拟合工具箱，拟合降水数据。

（3）了解 MATLAB 概率密度函数命令的调用，绘制降水频率曲线。

三、实验数据

本实验数据采用根据中国气象局国家气候中心的站点数据整理而来的南京 1970～2019 年降水量数据，具体明细如表 3-1 所示。

四、实验步骤

利用“Distribution Fitting Tool”分布拟合工具箱，拟合降水曲线。

步骤一：导入数据（图 3-9）。

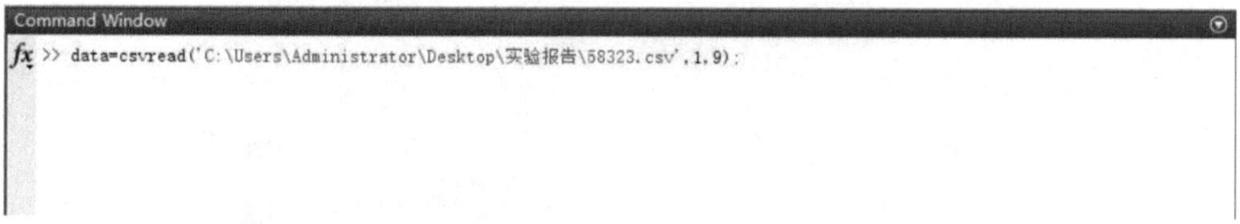

图 3-9　通过代码导入数据

步骤二：打开“APP”选项下的“Distribution Fitting”线性拟合工具箱。常见的数据分布拟合分析都可以在此完成（图 3-10～图 3-12）。

图 3-10　分布拟合工具箱

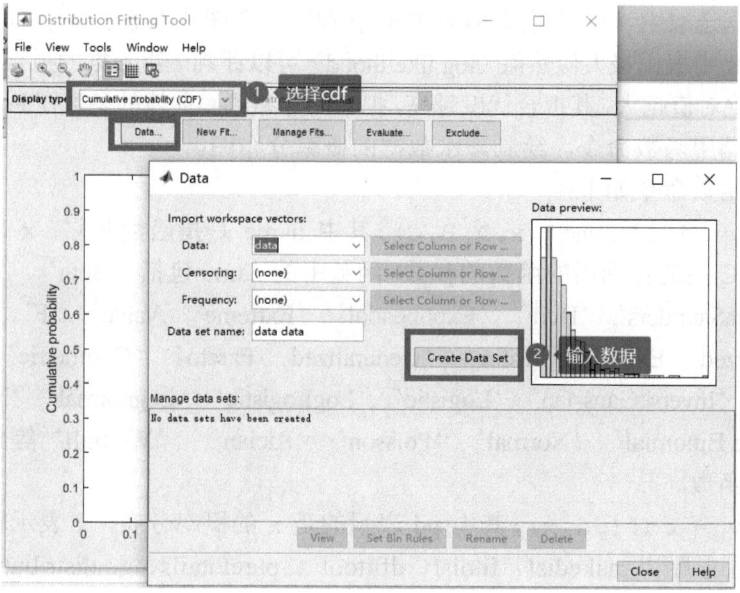

图 3-11　分布拟合界面

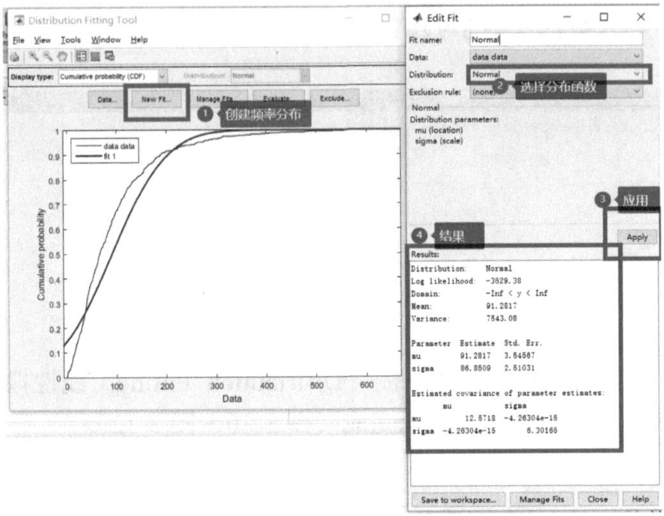

图 3-12　分布拟合工具箱对话界面

步骤三：选择数据和曲线拟合方式。

在数据选取中，可以通过 New Fitting 在同一个图片上添加多个不同的拟合曲线，Results 中根据极大似然值（log likelihood）可以评判一组数据的拟合优度，极大似然值的绝对值越大，其拟合优度越高，拟合的分布频率曲线的参数在 Parameter 中。

通过调用函数命令，绘制降水数据的概率分布图。

调用函数命令如下：

（1）`y=cdf('name',x,A,B,C);`其中 name 是指函数名称，x 表示输入数据，A、B、C 指的是调用的函数的参数。函数中的 name 包括‘Beta’ ‘Binomial’ ‘BirnbaumSaunders’ ‘Burr’ ‘Exponential’ ‘Extreme Value’ ‘F’ ‘Gamma’ ‘Generalized Extreme Value’ ‘Generalized Pareto’ ‘Geometric’ ‘Hypergeometric’ ‘InverseGaussian’ ‘Logistic’ ‘LogLogistic’ ‘Lognormal’ ‘Nakagami’ ‘Negative Binomial’ ‘Normal’ ‘Poisson’ ‘Rician’ ‘Weibull’等分别表示不同的分布函数。

（2）`y = cdf(pd,x);`其中 pd 表示的是 x 的概率分布，x 表示输入数据。Pd 可以通过调用 makedist、fitdist、dfittool 、paretotails、gmdistribution 函数命令求解。

（3）`pd = fitdist(x,'functoin');`其中 x 是变量，function 包括各种分布函数：‘t’ ‘binomial’ ‘binomial’ ‘negative binomial’ ‘beta’ ‘birnbaumsaunders’ ‘exponential’ ‘extreme value’ ‘gamma’ ‘generalized extreme value’ ‘generalized pareto’ ‘inversegaussian’ ‘logistic’ ‘loglogistic’ ‘lognormal’ ‘nakagami’ ‘normal’ ‘Rayleigh’ ‘Rician’ ‘tlocationscale’ ‘Weibull’。

由分布拟合工具箱中的极大似然值可以评判一组数据的拟合优度，但是需要不断更换和记录才可以选择出最优分布函数，有一定的烦琐性，评判一个模型的拟合优度，即进行模型选择时，常常使用的是极大似然值和 AIC 准则（赤池信息准则）、BIC 准则（贝叶斯信息准则）：

$$\mathrm{AIC}=2k-2\ln(L) \tag{3-1}$$

式中，k 为模型参数个数；L 为似然函数。

$$\mathrm{BIC}=k\ln(n)-2\ln(L) \tag{3-2}$$

式中，k 为模型参数个数；n 为样本数量；L 为似然函数。

在 MATLAB 中代码表示如下：

```
%读取数据
data=csvread('C:\Users\Administrator\Desktop\实验报告\58238_yc.csv');
%干旱历时
DD=data(:,2);
num=1;
pd = fitdist(DD,' generalized extreme value ');%拟合广义极值分布得到干旱历时的各种参数
NLL=pd.NLogL;%极大似然值
n=numel(DD);%数据长度
k=pd.NumParameter;%模型参数数量
D(num).DistName=pd.DistName;
D(num).NLogL=NLL;%极大似然值
D(num).BIC=-2*(NLL)+k*log(n);%BIC 值
D(num).AIC=-2*(-NLL)+2*k;%AIC 值
D(num).AICc=(D(num).AIC)+((2*k*(k+1))/(n-k-1));%AICc 值
```

实例：以绘制 1970～2019 年南京市降水量的经验分布函数、估计分布函数和理论分布函数图为例，通过核密度函数对分布函数进行对比分析。

代码如下：

```
%%读取数据
data=csvread('C:\Users\Administrator\Desktop\实验报告\58328.csv',1,9);
```

```
%将数据从小到大排序
data=sortrows(data);
figure
%绘制经验分布曲线
[h, stats]=cdfplot(data);
h.Color = 'red';

h.LineWidth=2;
hold on
%%绘制理论正态分布曲线和广义极值分布曲线
%拟合数据的参数，可以根据需要的分布选择拟合的参数
[muhat,sigmahat] = normfit(data);
%获取数据的分布概率
y=cdf('norm',data,muhat,sigmahat);
plot(data,y,'-k','LineWidth',2)%设置线宽颜色和样式
para=gevfit(data);
y1=cdf('gev',data,para(1,1),para(1,2),para(1,3));
plot(data,y1,':k','LineWidth',2)%设置线宽颜色和样式
%核密度估计分布曲线
[y2, x2] = ksdensity(data,'function','cdf');
plot(x2,y2,'--b','LineWidth',2)
title('1970-2019 年南京市降水的概率分布图','fontsize',16, 'fontname',
'Bookman');%添加题目
xlabel('降水量/mm','fontsize',16,'fontname','Bookman','FontWeight',
'bold')%添加 x 轴
ylabel(' 概 率 (P)','fontsize',16,'fontname','Bookman','FontWeight',
'bold')%添加 y 轴
set(gca,'FontName','Times  New  Roman','FontSize',16,'FontWeight',
'bold');%设置坐标轴的字体格式
L=legend('经验分布曲线','理论正态分布曲线','理论广义极值分布曲线','估计分布
曲线');
set(L,'FontName','Bookman','FontSize',11,'FontWeight','bold')
```

结果如图 3-13。

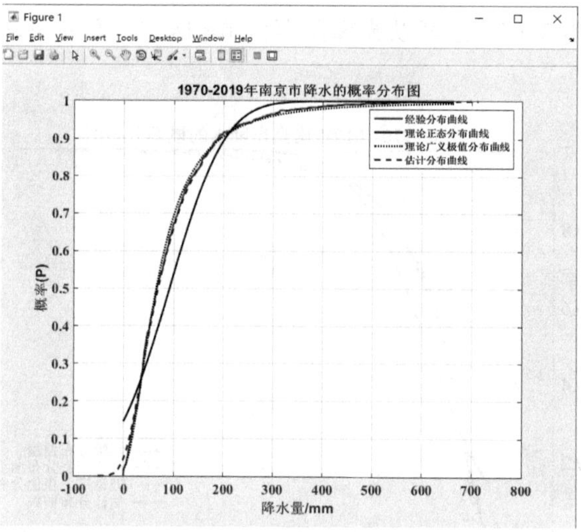

图 3-13 概率分布图结果

利用 Fig 编辑器对图片进行美化（图 3-14）。

在属性编辑器中可以对坐标轴进行格式的变换，Grid off 命令或者去掉对号可以删去图片中的网格，也可以对图例中的外框进行编辑(图 3-15、图 3-16)。

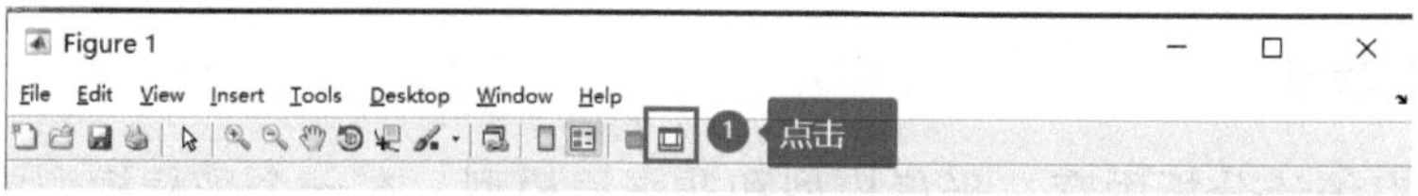

图 3-14 Fig 编辑器图标

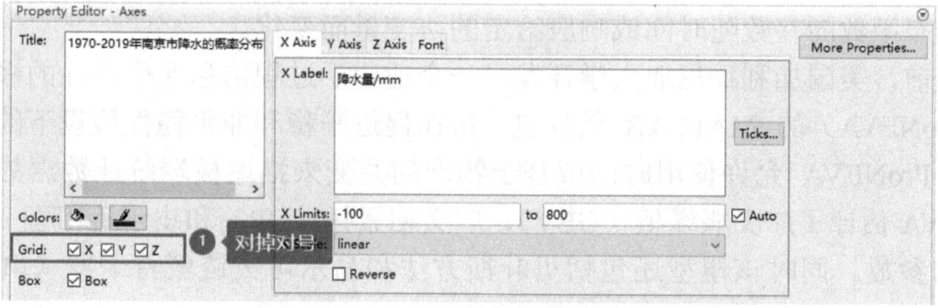

图 3-15 网格线编辑图标

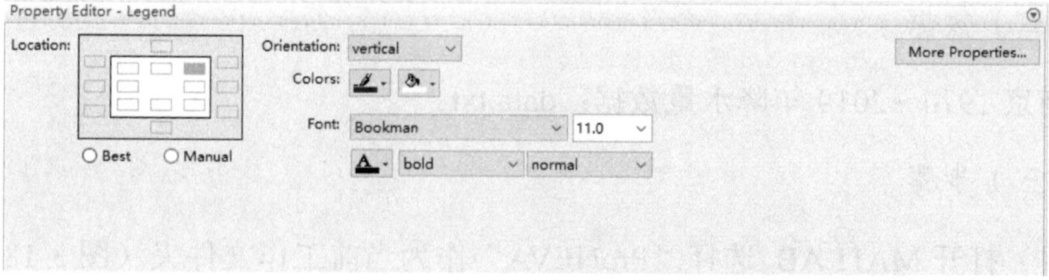

图 3-16 坐标轴编辑图标

输出结果如图 3-17，也可以选择储存为 fig 格式，方便下次在 MATLAB 中进行编辑。

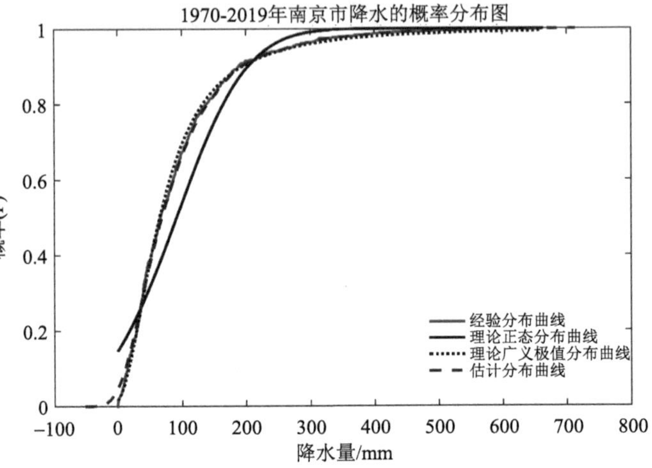

图 3-17　概率分布图

五、拓展

（一）场景

在概率统计分析中存在平稳模型和非平稳模型，在一个平稳模型中，观测值被假定是从一个具有常数参数的概率分布函数中得出的，在非平稳模型中，潜在概率分布函数的参数随时间或响应给定的协变量而变化。

目前，美国加利福尼亚大学开发了一个适应于过程信息非平稳性的极端值分析（ProNEVA）的 MATLAB 软件包，旨在促进平稳和非平稳性假设下的极端值分析。ProNEVA 允许使用时间或基于物理的共变来描述极端统计数据的变化。ProNEVA 估计了广义极端值（GEV）、广义帕累托（GP）和皮尔逊III型（P-III）分布的参数。同时该模型还包括贝叶斯方法和马尔可夫链蒙特卡罗（MCMC）方法。

（二）数据

南京 1970～2019 年降水量数据：data.txt。

（三）步骤

（1）打开 MATLAB 选择“ProNEVA”作为当前工作文件夹（图 3-18）。

（2）打开“RUN_GUI_for_ProNEVA.m”运行代码。

（3）如图 3-19，输入数据，单击“BROWSE”选择“data.text”文件；选择分布方式，本实验数据选择 GEV，选择非平稳型模型，选择时间类型，或者在“Browse”中采用“User Defined”定义数据类型，然后单击继续。

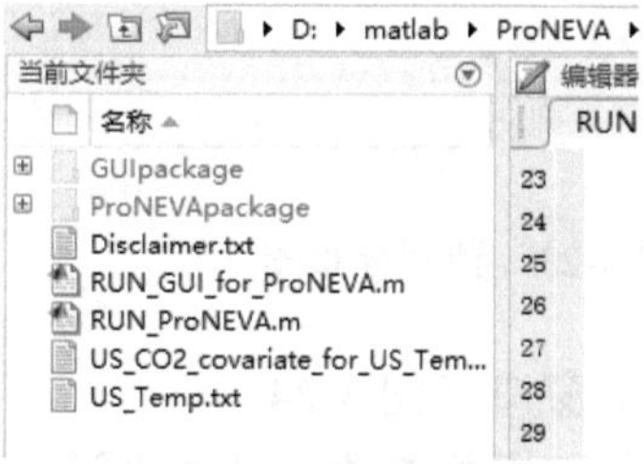

图 3-18　文件夹 ProNEVA

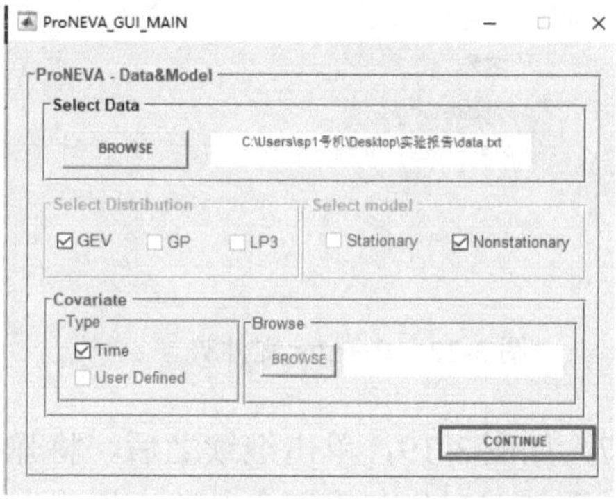

图 3-19　ProNEVA_GUI_MAIN 界面及选择结果

（4）如图 3-20，单击继续之后，将弹出以下窗口。

（5）如图 3-21，单击继续之后，将弹出以下窗口。

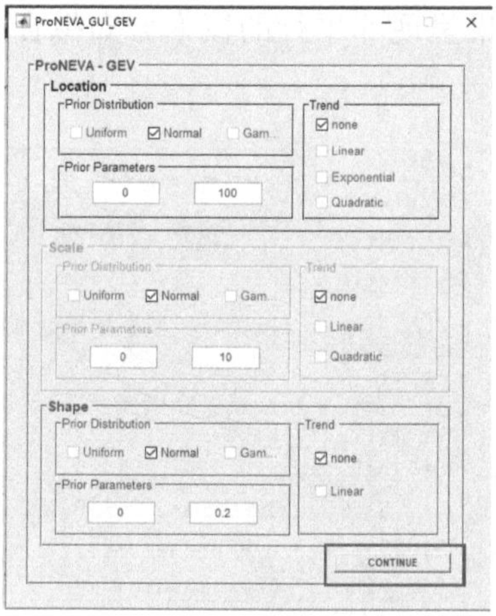

图 3-20　ProNEVA_GUI_GEV 界面及选择结果

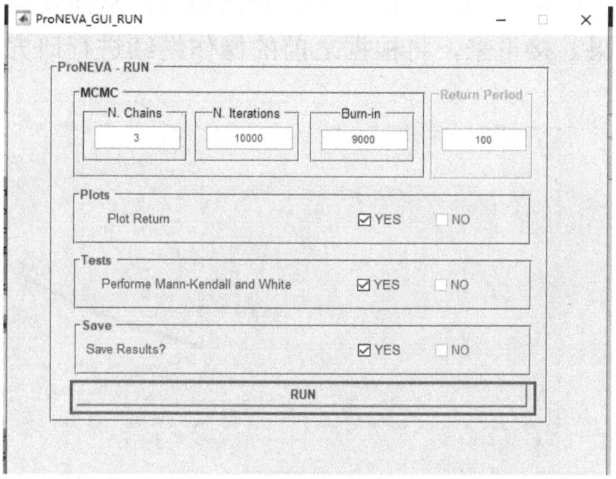

图 3-21　ProNEVA_GUI_RUN 界面及选择结果

（6）运行之后会存储结果，得到的结果变量保存在 Results 文件夹（图 3-22），包括一个变量和绘制的一组图（包括分位数图、概率图、回归周期概率密度分布图和预测分布图），由图 3-23 可以看出，结果和本章第一节实验的预测概率分布图相同。

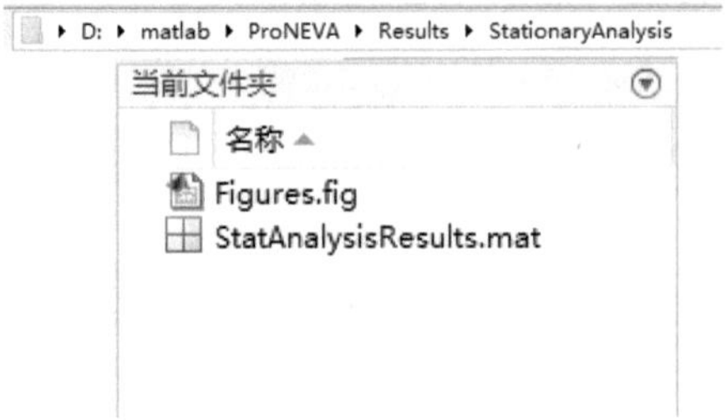

图 3-22　Results 文件夹

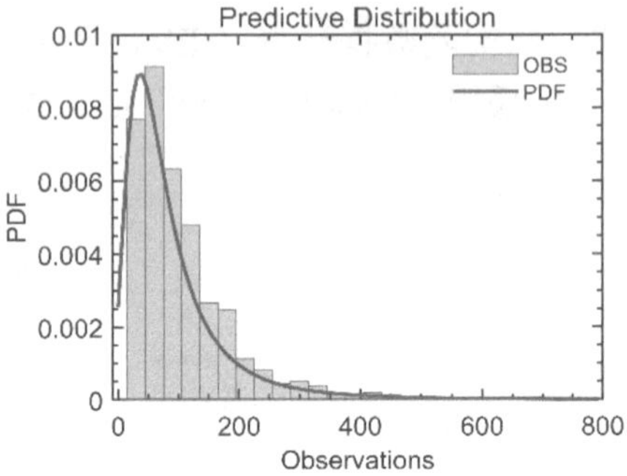

图 3-23　预测分布图

（7）如图 3-19，单击继续之后，将弹出以下窗口（图 3-24）。

对于 GEV 分布的每个参数，指定先验分布和相关参数。具体来说，均匀分布的上下限；正态分布的均值和标准差；伽马分布的形状和比例。在非平稳分析的情况下，趋势部分将处于活动状态。选择趋势类型：“无”是指一个常量参数。如果所有参数均选择“无”，则将执行平稳分析。本研究首先选择 NONE 作为对比对象，分析本实验之前的结果，同时，选择变化位置、形状或比例参数中的任意一项，因其存在一定的变化趋势，从而使得结果呈现非平行的概率分布拟合结果。接下来，将根据之前的操作继续进行研究。

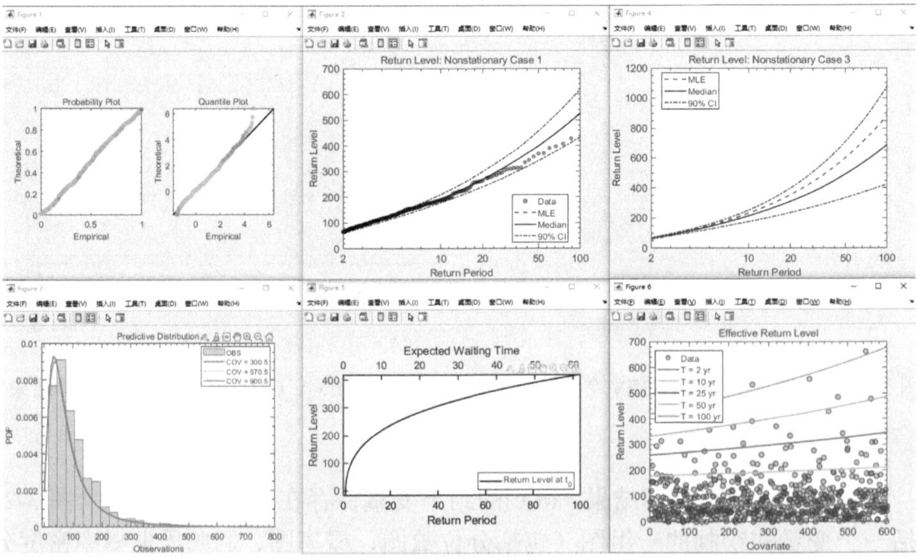

图 3-24　绘图结果

（8）运行之后会存储结果（图 3-24），得到结果变量保存在 Results 文件夹，包括一个变量和绘制的一组七张图（包括经验分位数图、概率图、非平稳性回归周期拟合分布图和预测分布图等），以及结果变量[包括 Mk、Wt 拟合检验的结果和不同的回归周期（重现期）下非平稳性的降水量的拟合结果等]，具体见文件下的 ProNEVA_User_Manual.pdf 参考文献。

六、思考与练习

（1）什么是分布函数分析？都有哪些分类？不同的分布函数都有哪些区别，怎样通过一组数据评价分布函数的拟合优度？

（2）运用 MATLAB 分布拟合工具箱中分布函数，绘制南京市 1970～2019 年降水量的正态概率分布图。

（3）运用函数命令设计代码，绘制南京市 1970～2019 年降水量的概率分布图。

第三节　一元分布随机数

一、实验场景

现实生活中往往存在大量的随机事件，随机数就是在物理现象中产生的，如掷色子、钱币、核爆裂等。随机数是指在一定范围产生的数，并且在这个范围中任何数出现的概率相同。计算机目前根据一定的数学方法找到其中的周期性，从而产生随机数，又被称为伪随机数，其在实际科学研究中有着广泛的应用，可以通过模拟实验产生的随机数去进行预测和预判断，减少实验的次数和更好地提出假设问题，进而代替做更多的重复性的实验等。本章第一节已经明确了随机变量求解边缘分布函数，本节主要介绍的是根据 MATLAB 中的一元分布函数命令生成随机数。

二、实验目标与内容

（一）实验目标与要求

（1）熟练掌握 MATLAB 中建立一元分布随机数的函数命令。

（2）结合实际，学会合理选择和使用一元分布随机数。

（二）实验内容

（1）熟练掌握 MATLAB 中各种建立随机数函数命令的调用。

（2）建立特定分布的随机数，并绘制频数分布直方图。

三、实验数据

（1）采用 MATLAB 函数命令生成一元分布随机数。

（2）本实验数据采用根据中国气象局国家气候中心的站点数据整理而来的南京 1970～2019 年降水量数据，具体明细如表 3-1 所示。

四、实验步骤

了解 MATLAB 中常用的一元分布随机数建立的函数命令。

（1）MATLAB 中 rand()函数生成[0,1]的均匀随机数，其调用格式为 rand([M,N,P ...])，其中 M,N 为维度。

（2）MATLAB 中 randn()函数生成[0,1]的正态随机数，其调用格式为 randn([M,N,P ...])，其中 M,N 为维度。

（3）MATLAB 中生成指定的分布函数的随机数，包括 betarndc 命令生成贝塔分布的随机数、binornd 命令生成二项分布的随机数，chi2rnd 命令生成卡方分布的随机数、exprnd 命令生成指数分布的随机数 、frnd 命令生成 *f* 分布的随机数、gamrnd 命令生成伽马分布的随机数、geornd 命令生成几何分布的随机数、hygernd 命令生成超几何分布的随机数、lognrnd 命令生成对数正态分布的随机数、nbinrnd 命令生成负二项分布的随机数、ncfrnd 命令生成非中心 *f* 分布的随机数、nctrnd 命令生成非中心 *t* 分布的随机数、ncx2rnd 命令生成非中心卡方分布的随机数、normrnd 命令生成正态（高斯）分布的随机数、poissrnd 命令生成泊松分布的随机数、raylrnd 命令生成瑞利分布的随机数、trnd 命令生成 *t* 分布的随机数、unidrnd 命令生成离散均匀分布的随机数、 unifrnd 命令生成连续均匀分布的随机数、weibrnd 命令生成韦布尔分布的随机数。其调用格式为：以 normrnd 为例，*Y*=normrnd (mu,sigma,[*M*,*N*,*P*,⋯])，其中 mu 为均值，sigma 为标准差，*M*,*N*,*P*⋯为排列，其他的函数调用可以通过 doc 查找。

例如，在命令窗口输入 doc trnd（图 3-25）。

图 3-25　通过代码查询函数

结果会出现 Help 可以查找到其调用的格式和例子（图 3-26）。

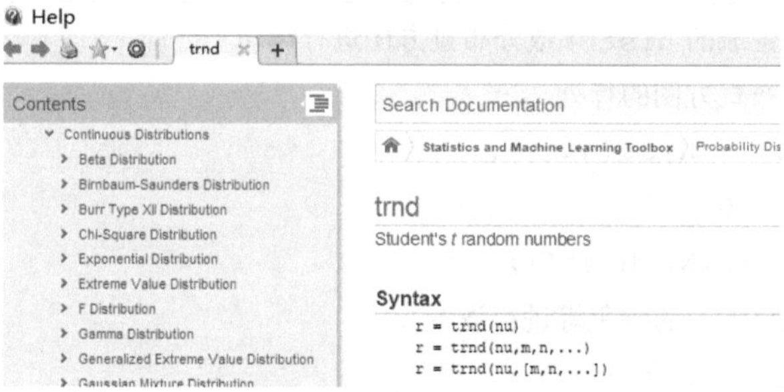

图 3-26　函数查询界面

建立特定分布的随机数，并绘制频数分布直方图。

设计代码：

```
%导入数据
data=csvread('C:\Users\Administrator\Desktop\实验报告\58238.csv',
1,9);
%对数据进行拟合得到参数
para=gevfit(data);
%根据参数拟合出一组随机数
simdata=gevrnd(para(1,1),para(1,2),para(1,3),600,1);
%将生成的随机数和实测数据合并在同一变量中
h=[data,simdata]
%绘图频数分布直方图
hist(h)
%添加标题
title('频数分布直方图','fontsize',16,'fontname','Bookman');
%为 x 轴添加标签
xlabel('随机数和实测数据','fontsize',16,'fontname','Bookman',
'FontWeight','bold')
%为 y 轴添加标签
ylabel('频数','fontsize',16,'fontname','Bookman','FontWeight',
'bold')
%添加图例
legend('实测数','随机数')
set(gca,'FontName','Bookman','FontSize',16,'FontWeight','bold');%
设置坐标轴的字体格式
```

```
%若想通过代码对生成的 hist 频数分布直方图进行编辑
%需要计算频数分布直方图的行列
[N,binCenters] = hist(data);
%绘制频数分布直方图
h=bar(binCenters,N,'hist');
%这样可以对频数直方图的颜色等进行设置
h.FaceColor=[0,0,1];
```

运行后结果如图 3-27。

设置图片分辨率为 600dpi（图 3-28），将实测数设为红色，随机数设为蓝色，导出图 3-29。

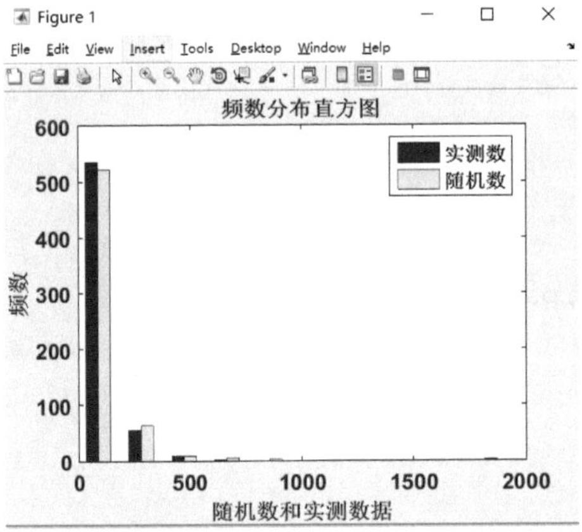

图 3-27　频数分布直方图结果

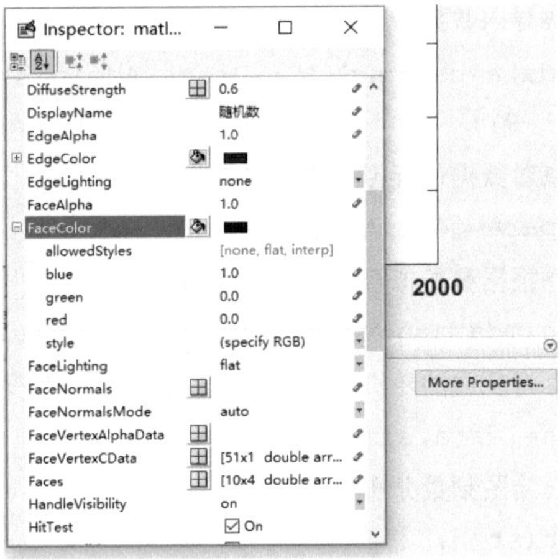

图 3-28　图片设置

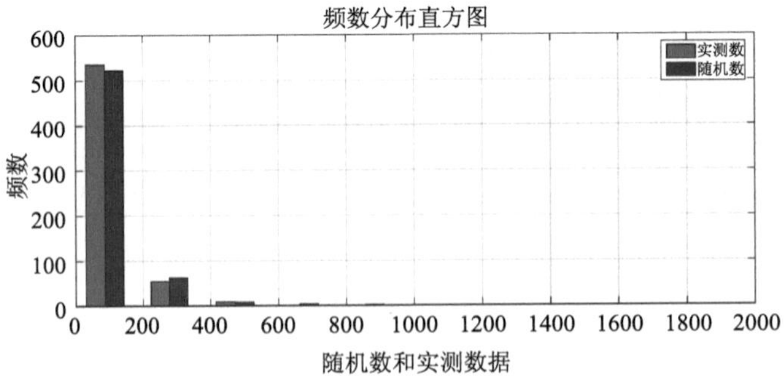

图 3-29　频数分布直方图

五、思考与练习

（1）什么是随机数？有哪些一元分布随机数？怎样建立一元分布随机数？不同的分布函数都有哪些区别，怎样通过一组数据评价分布函数的拟合优度？

（2）运用函数命令设计代码，绘制随机频数分布直方图。

第四节　经验累积分布函数

一、实验场景

直方图（histogram）与核密度估计（kernel density estimates）可以很好地表示各个数据值的概率分布，但是无法表示数据的累积分布。数据的累积分布，也即表示大于等于和小于等于或者在某一区间的数据的累积概率。由于本章第一节已经明确了随机变量求解边缘分布函数，本节主要介绍的是经验累积分布函数，利用 MATLAB 中的函数命令在 MATLAB 中实现累积分布。

二、实验目标与内容

（一）实验目标与要求

（1）熟练掌握 MATLAB 中经验累积分布函数的绘制。

（2）了解经验累积分布函数的使用，学会结合实际，合理选择和使用经验累积分布函数。

（二）实验内容

熟练掌握 MATLAB 中的累积分布函数命令的调用，绘制经验累积分布图。

三、实验数据

本实验数据采用根据中国气象局国家气候中心的站点数据整理而来的南京 1970～2019 年降水量数据，具体明细如表 3-1 所示。

四、实验步骤

了解 MATLAB 中绘制累积分布函数的函数命令：`p = capaplot(data,specs)`，其中输出的变量表示区间范围内的累积概率，specs 为设定区间。

绘制累积概率分布图，代码如下：

```
%导入数据
data=csvread('C:\Users\Administrator\Desktop\实验报告\58238.csv', 1,9);
specs=[10 300];%设置区间
p=capaplot(data,specs);%调用命令
title('1970-2019 年南京市降水的累积概率密度分布','fontsize',16,
'fontname', 'Bookman'); %添加标题
xlabel('降水量/mm','fontsize',16,'fontname','Bookman','FontWeight',
'bold')%添加 x 轴
ylabel('概率密度','fontsize',16,'fontname','Bookman','FontWeight',
'bold')%添加 y 轴
set(gca,'FontName','Times New Roman','FontSize',16,'FontWeight',
'bold');%设置坐标轴的字体格式
```

结果表示如下：

P=0.82 表示降水量[10,300]的累积概率为 82%，打开图片编辑器，设置曲线的颜色为黑色，宽度为 1，导出图片设置分辨率为 600dpi，其概率密度分布图如图 3-30。

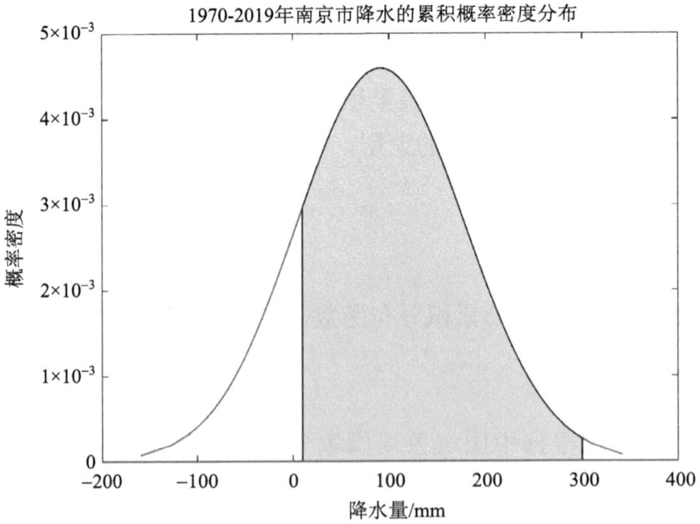

图 3-30　累积概率密度分布图

五、思考与练习

（1）什么是累积概率密度分布？如何分析和利用累积概率密度分布函数分析

的结果？累积概率密度图在哪些领域可以应用？

（2）运用函数命令设计代码，绘制累积概率密度分布图。

第五节　联合分布函数

一、实验场景

根据变量的联合分布可以确定各变量的边缘分布，但根据边缘分布很难确定联合分布，Copula 函数和将边缘分布函数连接起来的函数一开始被应用于金融领域，以预估不同金融资产收益率之间的相互关系，随着理论的不断改进，其逐渐在各个领域被应用，尤其在工程和水文干旱等方面被广泛应用。由本章第一节已经明确了随机变量求解边缘分布函数，本节主要介绍的是根据边缘分布函数实现 Copula 函数，利用 MATLAB 中的函数命令实现 Copula 函数。

二、实验目标与内容

（一）实验目标与要求

（1）熟练掌握 MATLAB 中的 Copula 函数关于 copulafit、copulastat、copulaparam、copulapdf、copulacdf、copularnd 函数命令的调用。

（2）结合实际，学会合理选择和使用各种 Copula 函数。

（二）实验内容

（1）熟练掌握 MATLAB 中各种 Copula 函数命令的调用，理解边缘分布函数和联合分布函数的关系。

（2）设计联合分布的求解步骤，运用命令设计代码，绘制南京市 1980～2019 年干旱特征的联合概率分布图和联合概率密度分布图。

三、实验数据

本实验数据采用根据中国气象局国家气候中心的站点数据整理而来的南京站 1980～2019 年干旱特征数据，具体明细如表 3-2 所示。

表 3-2　数据明细

文件名称	数据类型	描述
August_temp.csv	csv 文件	1980～2019 年干旱特征数据

四、实验步骤

介绍 Copula 函数种类：MATLAB 的函数命令数据库中包括三类 Copula 函数，分别是 Gaussian-Copula、t-Copula、阿基米德 Copula('Clayton'、'Frank'、'Gumbel')。

求解 Copula 函数的步骤：第一步确定随机变量的边缘分布，选择一定的 Copula 函数计算联合分布。

MATLAB 中 Copula 函数命令：

copulafit 函数用于拟合一组数据特定的 Copula 函数的参数，调用格式如下：

（1）`[RHOHAT] = copulafit ('Gaussian',U)`，其中 RHOHAT 是高斯 Copula 的参数，U 是输入的边缘分布。

（2）`[RHOHAT,nuhat]=copulafit('t',U)`，其中 RHOHAT 是高斯 Copula 的参数，nuhat 为 t -Copula 自由度，U 是输入的边缘分布。

（3）`paramhat=copulafit(family,U)`，U 是输入的边缘分布，paramhat 是阿基米德 Copula（'Clayton'、'Frank'、'Gumbel'）的参数。

copulastat 函数是用于计算 Copula 函数的秩相关性的函数，其调用命令如下：

（1）`R = copulastat('Gaussian',rho)`，其中 R 表示是高斯 Copula 的 Kendall 秩相关系数 r，rho 为从 Copula 拟合的参数。

（2）`R = copulastat ('t',rho,NU)`，其中 R 表示都是相关系数，rho 为 t-Copula 的参数，NU 是 t -Copula 的自由度。

（3）`R = copulastat(family,alpha)`，其中的 R 表示都是相关系数，alpha 为阿基米德 Copula 的参数。

copulaparam 函数是根据相关系数求解对应 Copula 函数的参数，其调用命令如下：

（1）`rho = copulaparam('Gaussian',R)`，其中 rho 为 Copula 函数的参数，R 为相关系数。

（2）`rho = copulaparam ('t',R,NU)`，其中 rho 为 Copula 函数的参数，R 为相关系数，NU 为 t-Copula 的自由度。

（3）`alpha = copulaparam(family,R)`，其中 alpha 为 Copula 函数的参数，R 为相关系数。

copulapdf 函数用于求解 Copula 函数的概率密度分布，其调用格式如下：

（1）`Y = copulapdf('Gaussian',U,rho)`，其中 U 为输入变量，rho 为高斯 Copula 的参数。

（2）`Y=copulapdf('t',U,rho,NU)`，其中 U 为输入变量，rho 为 t-Copula 的参数，NU 是 t -Copula 的自由度。

（3）`Y = copulapdf(family,U,alpha)`，其中 U 为输入变量，alpha 为

阿基米德 Copula 的参数。

copulacdf 函数用于求解 Copula 函数的概率分布，其调用格式如下：

（1）Y = copulacdf('Gaussian',U,rho)，其中 U 为输入变量，rho 为高斯 Copula 的参数。

（2）Y = copulacdf('t',U,rho,NU)，其中 U 为输入变量，rho 为 t-Copula 的参数，NU 是 t -Copula 的自由度。

（3）Y = copulacdf(family,U,alpha)，其中 U 为输入变量，alpha 为阿基米德 Copula 的参数。

绘制 1980～2019 年南京市干旱特征之间的联合分布，代码如下：

```
%读取数据
data=csvread('C:\Users\Administrator\Desktop\ 实 验 报 告 \58238_yc.
csv');
%干旱历时
D=data(:,2);
%干旱烈度
S=data(:,3)*(-1);
%为绘图指定网格数据，设置情景
u=linspace(0.01, 0.98, 20);
[u1,u2]=meshgrid(u,u);
%估计干旱历时和干旱烈度的边缘分布
u=ksdensity(D,D,'function','cdf');
v=ksdensity(S,S,'function','cdf');
%拟合高斯 copula 的参数
rho=copulafit('Gaussian',[u v]);
%求解联合概率分布
Y=copulacdf('Gaussian',[u1(:),u2(:)],rho);
%求解联合概率密度分布
Y1=copulapdf('Gaussian',[u1(:),u2(:)],rho);
%绘图
figure
subplot(1,2,1)
surfc(u1,u2,reshape(Y,size(u1)))
title('1980-2019 年 南 京 市 干 旱 特 征 的 联 合 概 率 分 布 ','fontsize',16,
'fontname', 'Bookman');
```

```
xlabel('干旱历时/月','Fontname','Bookman','FontSize',16,
'FontWeight','bold')
ylabel('干旱烈度','Fontname','Bookman','FontSize',16,'FontWeight',
'bold')
zlabel('联合概率 P','Fontname','Bookman','FontSize',16,'FontWeight',
'bold')
set(gca,'FontName','Times New Roman','FontSize',16,'FontWeight',
'bold');
subplot(1,2,2)
surfc(u1,u2,reshape(Y1,size(u1)))
title('1980-2019 年南京市干旱特征的联合概率密度分布','fontsize',
16,'fontname', 'Bookman');
xlabel('干旱历时/月','Fontname','Bookman','FontSize',16,
'FontWeight','bold')
ylabel('干旱烈度','Fontname','Bookman','FontSize',16,'FontWeight',
'bold')
zlabel('联合概率密度','Fontname','Bookman','FontSize',16,
'FontWeight','bold')
set(gca,'FontName','Times New Roman','FontSize',16,'FontWeight',
'bold');
```

运行结果如图 3-31 所示。

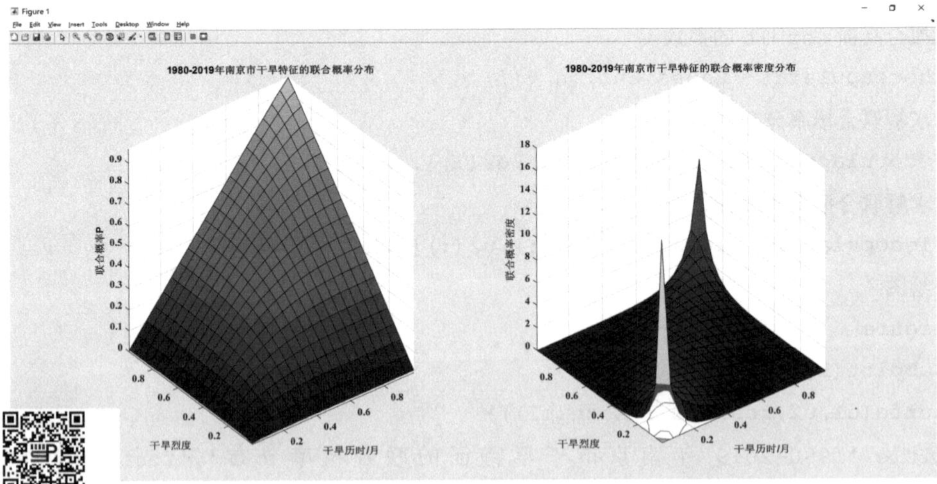

扫一扫，看彩图

图 3-31　联合概率分布图、联合概率密度分布图结果

打开属性编辑器适当修改并输出 fig 或 png 等格式的图片（图 3-22）。

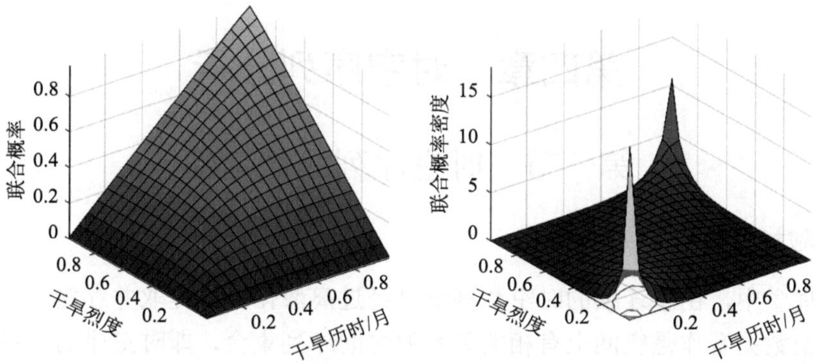

图 3-32　联合概率分布图、联合概率密度分布图

扫一扫，看彩图

五、思考与练习

（1）什么是联合分布函数？怎样根据边缘分布求解联合分布？什么是 Copula 函数？MATLAB 中包括哪些 Copula 函数命令？

（2）运用 MATLAB 中的函数命令绘制南京市 1980～2019 年干旱特征的联合概率分布图和联合概率密度分布图。

（3）根据已有的命令和数据，绘制设计在不同重现期下的南京市 1980～2019 年干旱特征的联合概率分布图和联合概率密度分布图。

第四章　时空序列分析

第一节　时空序列的稳定性

一、实验场景

地理学中，由于连续的时空数据都是经过离散化抽样提取并存储的，因而能够将时空数据看作是空间上有相关关系的时间序列集合，即时空序列。对时空序列数据的分析、建模及预测称为时空序列分析。变异系数又称为标准差率，通常用来衡量数据中各种观测值变异程度，当进行两个或多个资料变异程度的比较时，如果度量单位与平均数相同，可以直接利用标准差来比较，如果单位或平均数不同时，比较其变异程度就不能采用标准差，而需采用标准差与平均数的相对值来比较（梁宏等，2014）。

本实验提供的 MATLAB 时序栅格遥感分析–变异系数可以实现对连续一组时空数据的稳定性进行分析，本实验以 2010～2019 年江苏省的归一化植被指数（NDVI）为例来计算其变异系数，尝试对江苏省的 NDVI 变化的稳定性进行分析。

二、实验目标与内容

（一）实验目标与要求

（1）熟练掌握 MATLAB 读取栅格数据的方法。
（2）熟练掌握 MATLAB 时序栅格遥感分析–变异系数（CV）的计算方法。
（3）结合实际情况，学会利用变异系数分析方法来解决空间分析问题。

（二）实验内容

（1）MATLAB 栅格数据信息的读取。
（2）MATLAB 时序变异系数计算。
（3）利用变异系数解决空间分析问题。

三、实验数据与思路

（一）实验数据

本实验数据采用 2010～2019 年的江苏省归一化植被指数（NDVI），数据来源于中国科学院资源环境科学与数据中心，也可以参考第一章 MODIS 和 Landsat 数据处理来反演多期的 NDVI，从而实现变异系数的计算，具体使用的数据明细如表 1-4 所示。

（二）思路与方法

本实验通过运用变异系数法来衡量 NDVI 在空间上的稳定性，从而说明江苏省 2010～2019 年植被生长状态的稳定程度。其计算公式为

$$CV_E = \frac{NDVI_\sigma}{\overline{NDVI}} \tag{4-1}$$

式中，CV_E 为 2010～2019 年 NDVI 的变异系数；$NDVI_\sigma$ 为 2010～2019 年 NDVI 的标准差；$\overline{NDVI}$ 为 2010～2019 年 NDVI 的平均值。通常来说，CV_E 值越大，表示 2010～2019 年旱情越不稳定；反之，旱情越稳定。为了更直观地揭示江苏省植被生长状况的稳定程度，本实验选择“自然间断点”把 CV 划分为 4 个等级，即非常稳定、稳定、不稳定、很不稳定，其优点在于自然间断法是基于数据中固有的自然分组，可对分类间隔进行更好的识别，并且对相似值进行最恰当的分组，使得各类别之间的差异最大化。

具体步骤如图 4-1 所示。

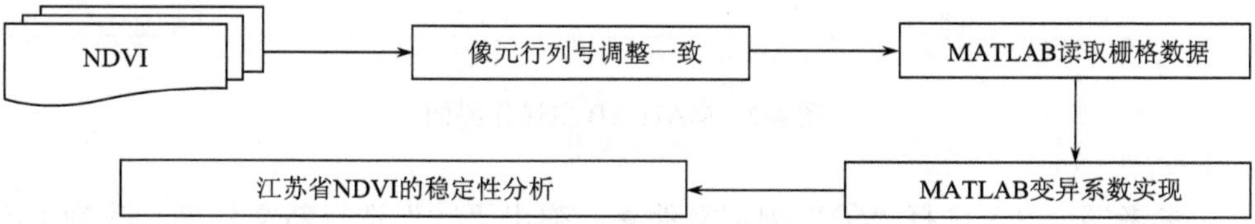

图 4-1 时空序列的稳定性分析流程图

四、实验步骤

（一）软件准备

ArcGIS、MATLAB R2018b 及以上版本。

（二）数据准备

江苏省的市级矢量边界、2010～2019 年 NDVI。

（三）打开软件 MATLAB R2018b，并导入栅格数据

首先，打开“MATLAB R2018b”（图 4-2）。其中，①为 MATLAB R2018b 菜单栏，包括主页、绘图和 APP；②为当前文件夹，即工作的文件夹；③为工作区，可以显示在计算过程中的各种变量，然后鼠标右击工作区列项名称，可以选择查看变量的相关内容，如值、大小、类型、字节等；④为命令窗口，可以在命令窗口中输入相应的函数，调用自己需要的函数。

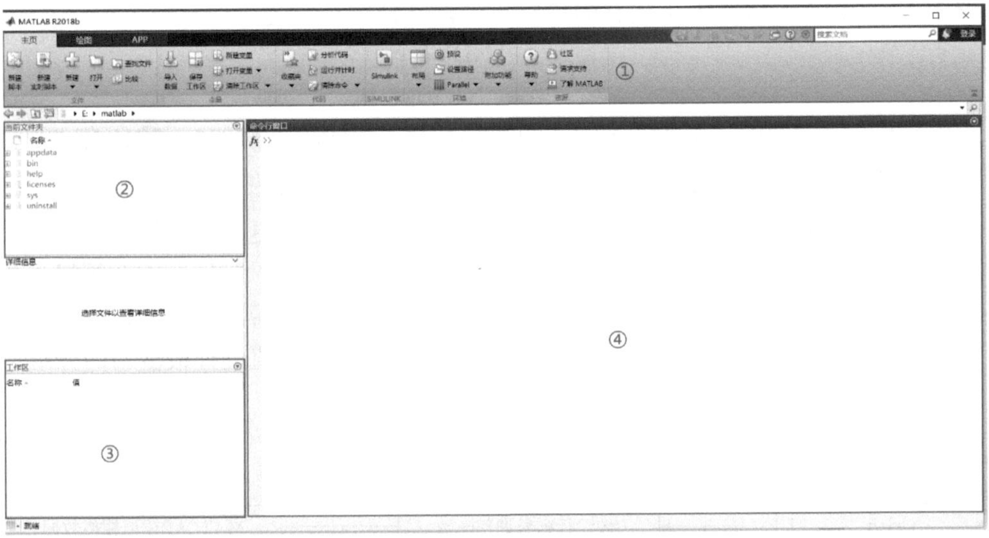

图 4-2　MATLAB 主操作界面

参考图 4-3，选择“①”浏览文件夹，弹出“②”选择新文件夹，改为本实验的工作文件夹，结果见“③”所示，当前文件夹包括 2010～2019 年 NDVI。

（四）MATLAB 时序栅格遥感分析——变异系数方法的实现

在栅格数据计算过程中，首先需要获取栅格数据的投影信息，这里使用的函数为 geotiffread 和 geotiffinfo。[*a*,*R*]=geotiffread(filename)，可以将 GeoTIFF 文件中的地理参考灰度值、多光谱图像或栅格数据读取到 MATLAB 中，并创建空间参考对象 *R*；info=geotiffinfo(filename)，保存 GeoTIFF 并使用原始数据空间坐标、图像属性和制图等基本信息。

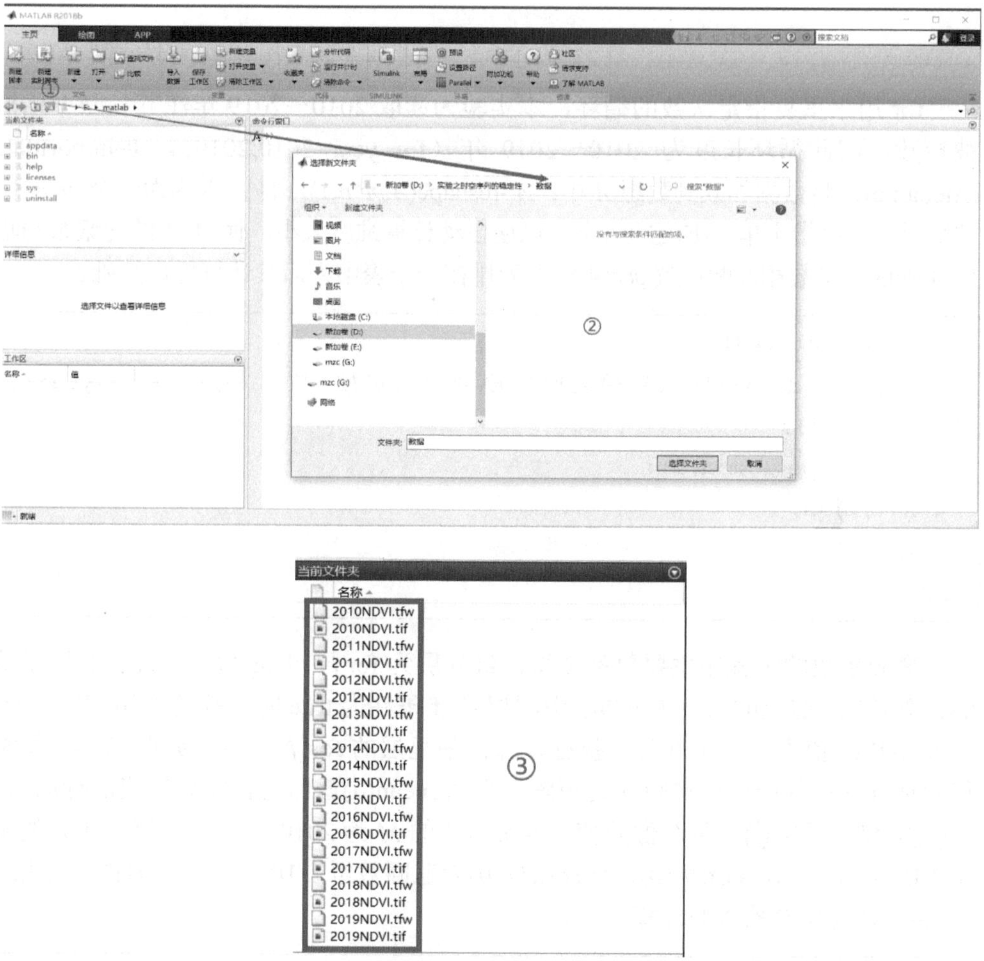

图 4-3　MATLAB 调整为当前工作文件夹

```
[a,R]=geotiffread('D:\实验之时空序列的稳定性\数据\2010NDVI.tif');
info=geotiffinfo('D:\实验之时空序列的稳定性\数据\2010NDVI.tif');
```

栅格数据可以看作是矩阵，在计算前需要读取矩阵的大小，即行数和列数。MATLAB 中当 a 是矩阵时，$[m,n]=\text{size}(a)$可以返回行数和列数，即读取 2010NDVI 的行数和列数。本实验的栅格数据行数是 m、列数是 n、年份是 10 年，因此 X=zeros(m*n, 10)返回由零组成的 m*n×10 的数组。例如，zeros(2,3) 将返回一个 2×3 的矩阵。

```
[m,n]=size(a);
X=zeros(m*n,10)+NAN;
```

```
K=1
```

for 用来重复指定次数的循环，本实验为读取 2010～2019 年江苏省归一化植被指数，因此循环长度为 2010～2019 年（for year=2010:2019）。*A*=importdata (filename)，将数据加载到数组 *A* 中；*A*=reshape(*A*,*m***n*,1)，将 *A* 重构为一个 *m***n*×1 的数组，可以指定单个维度的大小，以便自动计算维度大小，使 *A* 中的元素数与输出 *A* 中的元素数相匹配；*X*(:,*k*)=*A* 将多列排在一个表中为后续计算提供基础。

```
for year=2010:2019
    A=importdata(['D:\实验之时空序列的稳定性\数据\',int2str(year),
'NDVI.tif']);
    A=reshape(A,m*n,1);
    X(:,k)=A;
    k=k+1
end
```

变异系数的主程序主要包括 3 层，最外层为 for *i*=1:length(*X*)，代表变异系数的计算长度，这里的长度为 *m***n*；中间层是 if 条件为 true 时执行的语句，if min(*a*) ≥0，NDVI 值大于等于 0 时才执行计算；最里层的 for *j*=1:10 是判断循环计算每年的标准差；其中，此实验 *a* 为矩阵，那么 mean(*a*)返回包含每列均值的行向量；$c=(a(j)-M)^2$，即 *a*(*j*)为每个像元值，本实验中的 *M* 为 2010～2019 年每个像元的多年 NDVI 均值；*b*=sqrt(*b*/10)，*b*=sqrt(*b*/10)为返回数组 *b*/10 的每个元素的平方根。cv(*i*)=*b*/*M* 为变异系数的计算公式。

```
for i=1:length(X)
    a=X(i,:);
    if min(a)>=0
        M=mean(a);
        b=0;
        for j=1:10
            c=(a(j)-M)^2;
            b=b+c;


        end
        b=sqrt(b/10);
        cv(i)=b/M;
```

```
    end
end
```

最后，需要输出变异系数影像，在输出影像前，需要将其转换为矩阵 cv=reshape(cv,*m*,*n*)，即将计算出来的 cv 转换成 *m*n* 的矩阵；再利用 geotiffwrite (filename,*A*,*R*)，将由 *R* 在空间上引用的地理参考图像或栅格数据写入输出文件 filename 文件夹中。

```
cv=reshape(cv,m,n);
geotiffwrite('D:\实验之时空序列的稳定性\数据\NDVI 变异系数.tif',cv,R,
'GeoKeyDirectoryTag',info.GeoTIFFTags.GeoKeyDirectoryTag);
```

（五）变异系数解决空间分析问题

计算后的变异系数可以在 ArcGIS 中进行裁剪以消除背景值，第一章已经对裁剪进行了多次讲解，因此在这部分不再进行过多讲解，直接在 ArcGIS 里面采用自然间断法进行分类并且制图，如图 4-4 所示。另外，也可以通过 ArcGIS 的图层属性查看该变异系数计算结果的一些统计信息（图 4-5），进而更客观地分析江苏省近 10 年来 NDVI 的变异程度。由图 4-4 和图 4-5 可知，整个江苏省的 NDVI 的变异系数范围为 0.0044～3，均值为 0.1308，整体来看 NDVI 变化稳定。从空间分布来看，江苏省年 NDVI 变化整体上大部分区域表现较为稳定，仅有部分地区变异程度较大，如洪泽湖和太湖附近植被变化较不稳定。

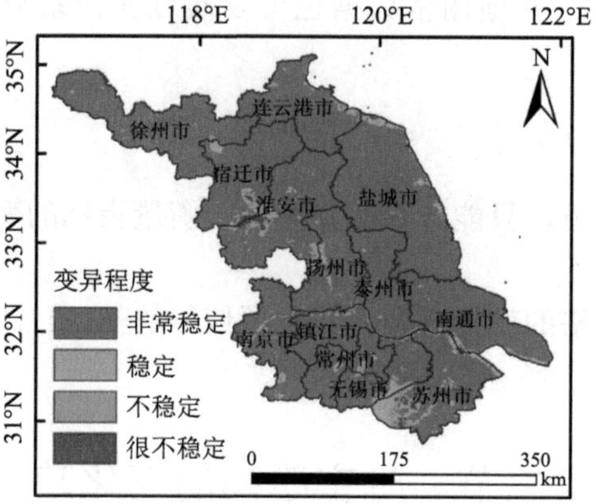

扫一扫，看彩图

图 4-4　2010～2019 年江苏省 NDVI 变异程度

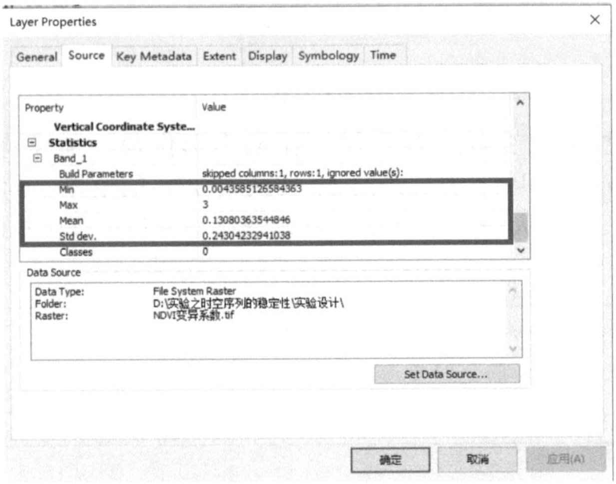

图 4-5　2010～2019 年江苏省 NDVI 变异系数图层属性信息

五、小结

平均指标描述的是总体的集中趋势，而变异系数可以描述的是总体的离散趋势。它们从两方面来反映总体的分布特征。其作用首先是衡量平均指标反映总体的分布特征，并且是衡量平均指标代表性大小的一种尺度；其次还可以反映指标活动过程的均衡性和协调性。因此，变异系数常应用于地理学来分析时空数据在空间和时间上的变异程度。本实验借助 MATLAB 实现时序栅格遥感变异系数的计算，以 2010～2019 年江苏省 NDVI 为例，分析近 10 年来 NDVI 的变异程度。事实上，对于其他栅格数据也可以通过变异系数衡量其稳定性，如气温和降水。

六、思考与练习

（1）在何种情况下，只能选择变异系数来衡量指标的变异程度，而不能选择标准差来进行计算？

（2）基于时序栅格的变异系数，其主要依赖的 MATLAB 函数有哪些，作用分别是什么？

第二节　时空序列的变化趋势

一、实验场景

在地理学中，由于连续的时空数据都是经过离散化抽样提取并存储的，因而能够将时空数据看作是空间上有相关关系的时序栅格数据，即时空序列。对时空序列数据的分析、建模及预测称为时空序列分析。Sen 趋势度又被称为 Theil-Sen Median，是一种稳健的非参数统计的趋势计算方法。该方法计算效率高，对于测量误差和离群数据不敏感，常被用于长时间序列数据的趋势分析中（Sen, 1968; Alcaraz-Segura et al., 2010; 蔡博峰和于嵘，2009）。Mann-Kendall 检验是一种非参数统计检验方法，最初由 Mann 在 1945 年提出，后由 Kendall 和 Sneyers 进一步完善，其优点是不需要测量值服从正态分布，也不要求趋势是线性的，并且不受缺失值和异常值的影响，在长时间序列数据的趋势显著检验中得到了十分广泛的应用（Daufresne et al., 2009; Hamed and Rao, 1998; Zhang et al., 2012）。

本实验提供 MATLAB 时序栅格遥感分析——Sen 趋势度和 Mann-Kendall 检验方法，以 2010～2019 年江苏省的归一化植被指数（NDVI）为例来计算其 Sen 趋势度，并利用 Mann-Kendall 检验判断其变化趋势的显著性，尝试对江苏省的 NDVI 变化的趋势和显著性进行分析，旨在为当地的社会经济可持续发展和植物保护等提供依据。

二、实验目标与内容

（一）实验目标与要求

（1）熟练掌握 MATLAB 读取栅格数据。

（2）熟练掌握 MATLAB 时序栅格遥感分析——Sen 趋势度和 Mann-Kendall 检验的计算方法。

（3）结合实际情况，学会运用 Sen 趋势度和 Mann-Kendall 检验分析方法解决空间分析问题。

（二）实验内容

（1）MATLAB 栅格数据信息的读取。

（2）MATLAB 时序栅格遥感分析——Sen 趋势度和 Mann-Kendall 检验方法的实现。

（3）使用 Sen 趋势度和 Mann-Kendall 检验方法解决空间分析问题。

三、实验数据与思路

（一）实验数据

本实验数据采用 2010～2019 年的江苏省 NDVI，数据来源于中国科学院资源环境科学与数据中心，也可以参考第一章 MODIS 和 Landsat 数据处理来反演多期的 NDVI，以实现 Sen 趋势度和 Mann-Kendall 检验的计算，具体使用的数据明细如表 1-4 所示。

（二）思路与方法

本实验运用 Sen 趋势度和 Mann-Kendall 检验相结合的方法，基于像元尺度分析遥感影像时间序列的变化趋势及其显著性来衡量 NDVI 在空间上的变化趋势，从而说明江苏省 2010～2019 年植被生长状态的变化情况。

Sen 趋势度计算如下：

$$\beta=\text{Median}\left(\frac{x_j-x_i}{j-i}\right) \qquad (\forall j>i) \tag{4-2}$$

式中，i 和 j 分别表示第 i 年和第 j 年；x_i 和 x_j 分别表示第 i 年的 NDVI 值和第 j 年的 NDVI 值；β 表示趋势度，用 β 值来判断时序植被趋势的升降，当 $\beta>0$ 时，时序呈上升趋势，反之呈下降趋势。

Mann-Kendall（M-K）趋势检验如下：

对于序列 $X=(x_1,x_2,\cdots,x_n)$，先确定所有对偶值（$x_i,x_j,j>i$）中 x_i 与 x_j 的大小关系（设为 Z）。检验统计量 Z 由式（4-3）～式（4-6）计算：

$$Z=\begin{cases}\dfrac{s-1}{\sqrt{\text{VAR}(s)}} & (s>0)\\ 0 & (s=0)\\ \dfrac{s+1}{\sqrt{\text{VAR}(s)}} & (s<0)\end{cases} \tag{4-3}$$

$$s=\sum_{i=1}^{n-1}\sum_{j=i+1}^{n}\text{sgn}(x_j-x_i) \tag{4-4}$$

$$\text{sgn}(x_j-x_i)=\begin{cases}+1 & (x_j-x_i>0)\\ 0 & (x_j-x_i=0)\\ -1 & (x_j-x_i<0)\end{cases} \tag{4-5}$$

$$\text{VAR}(s)=[n(n-1)\times(2n+5)-\sum_{1}^{m}t_i(t_i-1)(2t_i+5)]/10 \tag{4-6}$$

式中，Z 为标准化后的检验统计量；s 为检验统计量；n 为序列样本数；m 为序列中重复出现的数据组的个数；t_i 为第 i 组重复数据组中的重复数据个数。在给定

显著性水平 α 下，在正态分布表中查得临界值 $Z_{1-\alpha/2}$，当 $|Z| \leqslant Z_{1-\alpha/2}$ 时，趋势不显著；当 $|Z| > Z_{1-\alpha/2}$ 时，趋势显著。本节检验中选取的显著水平 α=0.05，$Z_{1-\alpha/2} = Z_{0.975}$ =1.96。对未通过显著性检验的像元点，变化趋势为不明显，若像元点通过显著性检验，根据趋势度 β 值的大小分析其变化趋势。

具体步骤如图 4-6 所示。

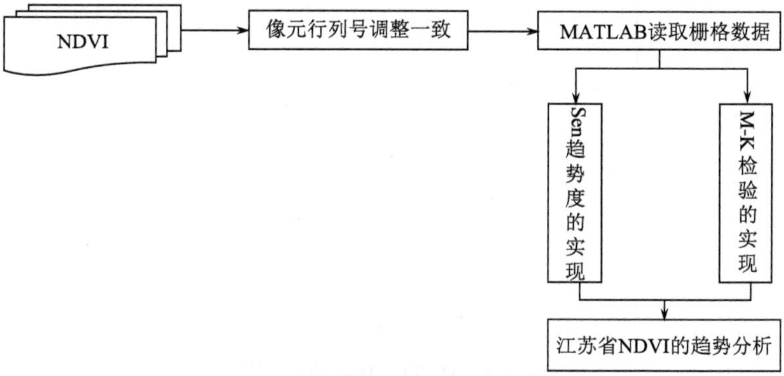

图 4-6　时空序列的变化趋势分析流程图

四、实验步骤

（一）软件准备

ArcGIS、MATLAB R2018b 及以上版本。

（二）数据准备

江苏省的市级矢量边界、2010～2019 年 NDVI。

（三）打开软件 MATLAB R2018b，并导入栅格数据

首先，打开“MATLAB R2018b”。其中，①为 MATLAB R2018b 菜单栏，包括主页、绘图和 APP；②为当前文件夹，即工作的文件夹；③为工作区，可以显示在计算过程中的各种变量，然后鼠标右击工作区列项名称，可以选择查看变量的相关内容，如值、大小、类型、字节等；④为命令窗口，可以在命令窗口中输入相应的函数，调用自己需要的函数（图 4-7）。

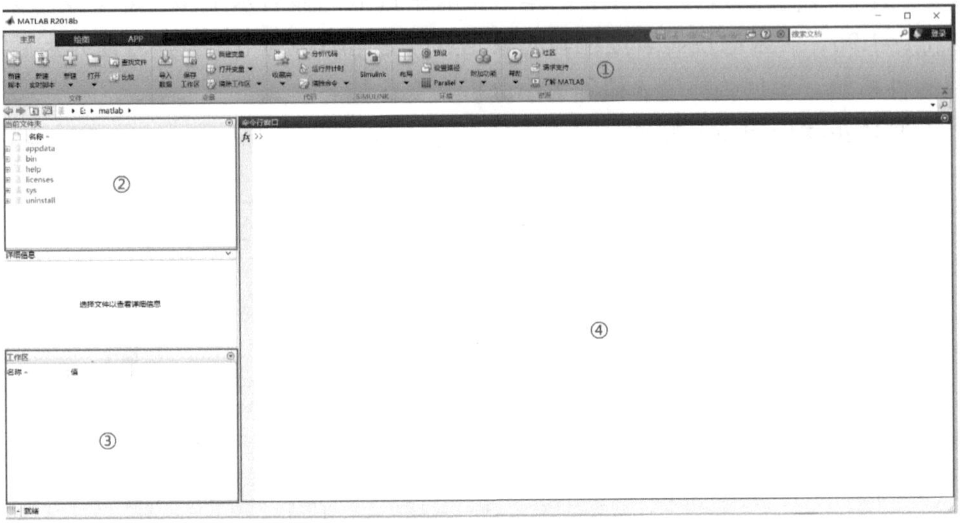

图 4-7 MATLAB 主操作界面

选择“①”浏览文件夹，弹出“②”选择新文件夹，改为本实验的工作文件夹，结果见“③”所示，当前文件夹包括 2010～2019 年 NDVI（图 4-8）。

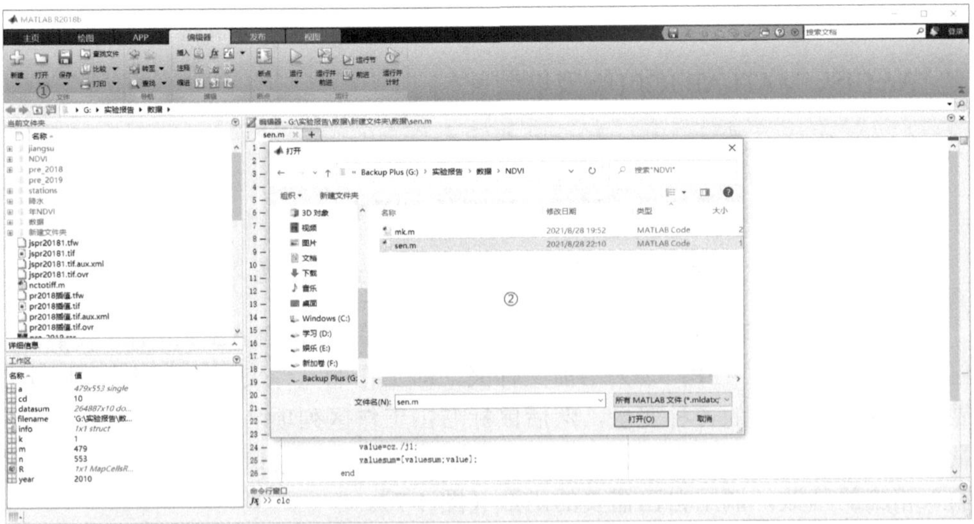

图 4-8　MATLAB 调整为当前工作文件夹

（四）MATLAB 时序栅格遥感分析——Sen 趋势度方法的实现

在栅格数据计算过程中，首先需要获取栅格数据的投影信息，这里使用的函数为 geotiffread 和 geotiffinfo。[*a*,*R*]=geotiffread(filename)，可以将 GeoTIFF 文件中的地理参考灰度值、多光谱图像或栅格数据读取到 MATLAB 中，并创建空间参考对象 *R*；info=geotiffinfo(filename) 保存 GeoTIFF 格式并使用原始数据空间坐标、图像属性和制图等基本信息。

```
[a,R]=geotiffread('G:\实验报告\数据\NDVI\2010NDVI.tif');
info=geotiffinfo('G:\实验报告\数据\NDVI\2010NDVI.tif');
```

栅格数据可以看作是矩阵，在计算前需要读取矩阵的大小，即行数和列数。MATLAB 中当 *a* 是矩阵时，[*m*,*n*] = size(*a*)可以返回行数和列数，即读取 2010 年 NDVI 的行数和列数。本实验的栅格数据行数是 *m*、列数是 *n*、年份 cd 是 10 年，因此 datasum =zeros(*m***n*, 10)返回由零组成的 *m***n*×10 的数组。例如，zeros(2,3)将返回一个 2×3 的矩阵。

```
[m,n]=size(a);
cd=10;
datasum=zeros(m*n,cd);
k=1;
```

for 用来重复指定次数的循环，本实验为读取 2010～2019 年江苏省 NDVI，因此循环长度为 2010～2019 年（for year=2010:2019）。filename 将数据加载到数组 data 中；data=reshape(data,*m***n*,1)，将 data 重构为一个 *m***n*×1 的数组，可以指定单个维度大小，以便自动计算维度大小，使 data 中的元素数与输出 data 中的元素数相匹配；datasum(:,*k*)=data 将多列排在一个表中为后续计算提供基础。

```
for year=2010:2019
    filename=['G:\实验报告\数据\NDVI\',int2str(year),'NDVI.tif'];
    data=importdata(filename);
    data=reshape(data,m*n,1);
    datasum(:,k)=data;
    k=k+1;
end
```

参考式（4-2）Sen 趋势度计算如下。

```
invalid_value=datasum(1);
result=zeros(m,n)+NaN;
for i=1:size(datasum,1)
    data=datasum(i,:);
    if max(data)>invalid_value
        valuesum=[];
        for k1=2:cd
            for k2=1:(k1-1)
                cz=data(k1)-data(k2);
                jl=k1-k2;
                value=cz./jl;
                valuesum=[valuesum;value];
            end
        end
        value=median(valuesum);
        result(i)=value;
    end
end
```

最后，输出 Sen 趋势度影像，利用 geotiffwrite(filename,result,*R*)，将由 *R* 在

空间上引用的地理参考图像或栅格数据写入输出文件 filename 文件夹中。

```
filename=('G:\实验报告\数据\NDVI\2010～2019年NDVI的SEN趋势分析.tif');
geotiffwrite(filename,result,R,'GeoKeyDirectoryTag',info.GeoTIFFTags.GeoKeyDirectoryTag)
```

（五）MATLAB 时序栅格遥感分析——M-K 检验方法的实现

选择“①”浏览文件夹，弹出“②”选择新文件夹，改为本实验的工作文件夹，结果见“③”所示，当前文件夹包括 2010～2019 年 NDVI（图 4-9）。

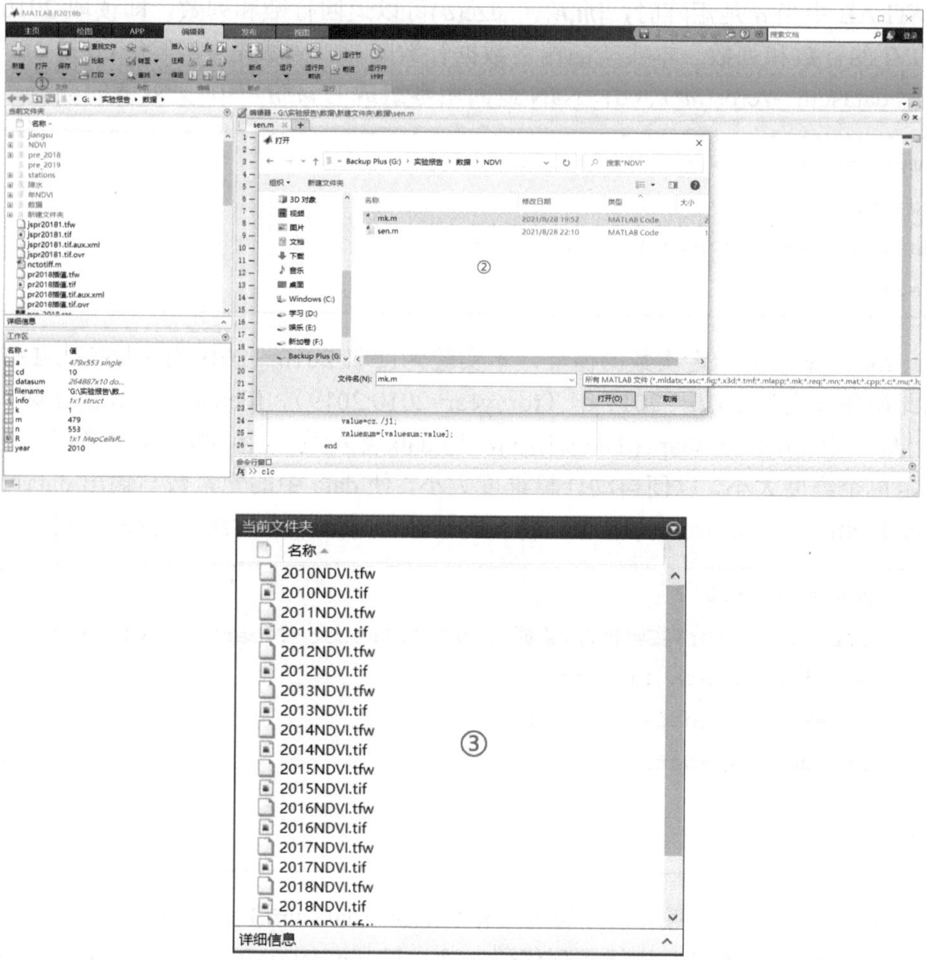

图 4-9　MATLAB 调整为当前工作文件夹

在栅格数据计算过程中，首先需要获取栅格数据的投影信息，这里使用的函数为 geotiffread 和 geotiffinfo。[*a*,*R*]=geotiffread(filename)，可以将 GeoTIFF 文件中的地理参考灰度值、多光谱图像或栅格数据读取到 MATLAB 中，并创建空间参考对象 *R*；info=geotiffinfo(filename) 保存 GeoTIFF 格式并使用原始数据空间坐标、图像属性和制图等基本信息。

```
[a,R]=geotiffread('G:\实验报告\数据\NDVI\2010NDVI.tif');
info=geotiffinfo('G:\实验报告\数据\NDVI\2010NDVI.tif');
```

栅格数据可以看作是矩阵，在计算前需要读取矩阵的大小，即行数和列数。MATLAB 中当 *a* 是矩阵时，[*m*,*n*] = size(*a*)可以返回行数和列数，即读取 2010 年 NDVI 的行数和列数。本实验的栅格数据行数是 *m*、列数是 *n*、年份 cd 是 10 年，因此 datasum =zeros(*m***n*, cd) +NaN 返回由零组成的 *m***n*×10+无效值的数组。

```
[m,n]=size(a);
cd=10;
datasum=zeros(m*n,cd)+NaN;
k=1;
```

for 用来重复指定次数的循环，本实验为读取 2010～2019 年江苏省 NDVI，因此循环长度为 2010～2019 年（for year=2010:2019）。filename 将数据加载到数组 data 中；data=reshape(data,*m***n*,1)，将 data 重构为一个 *m***n*×1 的数组，可以指定单个维度大小，以便自动计算维度大小，使 data 中的元素数与输出 data 中的元素数相匹配；datasum(:,*k*)=data 将多列排在一个表中为后续计算提供基础。

```
for year=2010:2019
     filename=['G:\实验报告\数据\NDVI\',int2str(year),'NDVI.tif'];
    data=importdata(filename);
    data=reshape(data,m*n,1);
    datasum(:,k)=data;
    k=k+1;
end
```

这里的程序包括两层，外层为 for *i*=1:size(datasum,1)，表示循环操作，把 *i* 从 1 加到 col，每加 1，执行下列代码一次。if min(data)>0，为有效格点的判断，由于 NDVI 小于 0 被认为是水体或者建筑物，因此当 NDVI 值大于 0 时，则认为是有效格点，这里可以根据自己需求对有效格点的值进行修改。然后参考式（4-5）

设计代码，如下所示。

```
for i=1:size(datasum,1)
    data=datasum(i,:);
    if min(data)>0
      sgnsum=[];
      for k=2:cd
          for j=1:(k-1)
              sgn=data(k)-data(j);
              if sgn>0
                  sgn=1;
              else
                  if sgn<0
                      sgn=-1;
                  else
                      sgn=0;
                  end
              end
              sgnsum=[sgnsum;sgn];
          end
      end
      add=sum(sgnsum);
      sresult(i)=add;
  end
end
```

根据式（4-6）设计代码，如下所示。

```
vars=cd*(cd-1)*(2*cd+5)/7;
zc=zeros(m,n);
sy=find(sresult==0);
zc(sy)=0;
sy=find(sresult>0);
zc(sy)=(sresult(sy)-1)./sqrt(vars);
sy=find(sresult<0);
zc(sy)=(sresult(sy)+1)./sqrt(vars);
```

最后，输出 Mann-Kendall 检验影像，利用 geotiffwrite(filename,result,*R*)将由 *R* 在空间上引用的地理参考图像或栅格数据写入输出文件 filename 文件夹中。

```
filename=('G:\实验报告\数据\NDVI\2010～2019 年 NDVI 的 MK 检验.tif');
geotiffwrite(filename,zc,R,'GeoKeyDirectoryTag',info.GeoTIFFTags.G
eoKeyDirectoryTag)
```

（六）Sen 趋势度和 Mann-Kendall 检验解决空间分析问题

计算后的 2010～2019 年 NDVI 的 Sen 趋势度及其显著性，可以在 ArcGIS 中进行裁剪以消除背景值，第一章已经对裁剪进行了多次讲解，因此在这部分不再进行过多讲解，在 ArcGIS 中制成的图如图 4-10 所示。也可以通过 ArcGIS 的图层属性查看计算结果的一些统计信息，进而更客观地分析江苏省近 10 年来 NDVI 的变化情况。

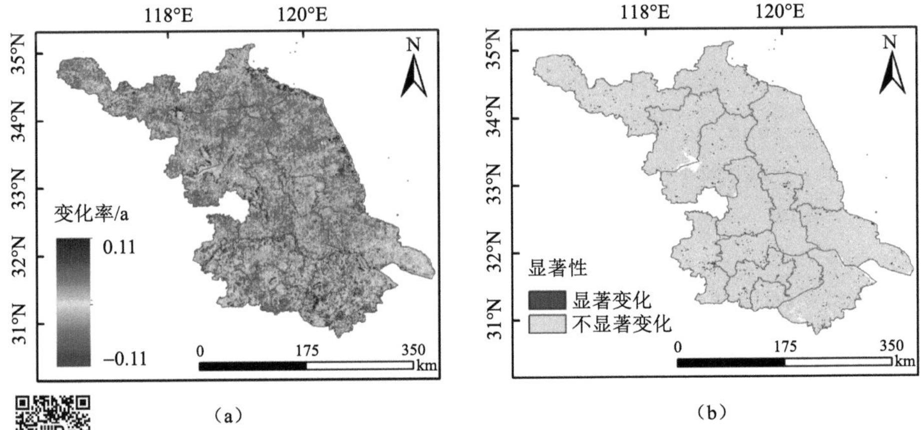

扫一扫，看彩图

图 4-10　2010～2019 年江苏省 NDVI 变化趋势及显著性

由图 4-10 可知，整个江苏省的 NDVI Sen 趋势度范围为−0.11～0.11，均值为−0.0028，整体来看，近年来江苏省 NDVI 变化较小，但植被生长呈现下降的趋势。从空间分布来看，江苏省年 NDVI 变化整体上大部分区域变化较小，减小的地区集中在沿江沿湖等地区。

五、小结

Sen 趋势度和 Mann-Kendall 检验被广泛应用于气象、水文和植被时序变化特征分析中（Jong et al., 2011; Alcaraz-Segura et al., 2010; 袁丽华等，2013）。Sen 趋势度是通过计算序列的中值获得 Sen 值，但其本身不能实现序列趋势显著性判断，需通过 Mann-Kendall 对 Sen 值进行检验。该方法适用于缺失数据的分析，能够减少异常值的干扰，对离群数据和测量误差有良好的规避能力，且对数据分布无要求。因此，Sen 趋势度和 Mann-Kendall 检验常应用于地理学来分析时空数据在空间和时间上的变化情况。本实验借助 MATLAB 实现时序栅格遥感 Sen 趋势度和 Mann-Kendall 检验的计算，以 2010～2019 年江苏省 NDVI 为例，分析近 10 年来 NDVI 的变化趋势及显著性。事实上，对于其他栅格数据也可以通过 Sen 趋势度和 Mann-Kendall 检验来衡量其变化情况，如气温和降水。

六、思考与练习

（1）本实验选择 NDVI 数据作为基础数据来计算其变化趋势和显著性，能否选择其他数据如气温、降水等来计算 Sen 趋势度和 Mann-Kendall 检验，以揭示江苏省近 10 年来的气候变化趋势？

（2）基于时序栅格的 Sen 趋势度和 Mann-Kendall 检验，与其他的趋势分析相比有哪些优点？

第三节　时空序列的可持续性

一、实验场景

地理学中，由于连续的时空数据都是经过离散化抽样提取并存储的，因而能够将时空数据看作是空间上有相关关系的时间序列集合，即时序栅格数据。对时序栅格数据进行分析、建模和预测统称为时空序列分析。R/S 分析又叫重标极差分析，基于 R/S 分析方法的 Hurst 指数是由英国水文学家 Hurst（1951）在研究尼罗河水库水流量的储存能力时发现的，R/S 分析方法的 Hurst 指数是一种基于长程相关思想的时间序列分析方法，能够定量描述时间序列信息的长期依赖性，也能够预测时间序列变化的可持续性。R/S 分析方法可用于分析时间序列的分形特征和长期记忆过程，尤其反映了序列中隐藏的长期趋势，目前常被用于判断时间序列变化趋势的持续性和反持续性强度。R/S 分析方法可用于定量描述时间序列信息长期记忆过程 。

本实验提供的 MATLAB 时序栅格遥感分析——R/S 分析实验能够对连续一组时空数据进行遍历栅格计算，从而有效地估算 Hurst 指数，进而揭示未来时空数据变化的可持续性。本实验以 2010～2019 年江苏省的 NDVI 为例来计算其 Hurst 指数，尝试对江苏省的 NDVI 未来变化的可持续性进行分析。

二、实验目标与内容

（一）实验目标与要求

（1）熟练掌握 MATLAB 读取栅格数据。
（2）熟练掌握 MATLAB 时序栅格遥感分析——R/S 分析方法。
（3）结合实际情况，学会运用 R/S 分析方法解决空间分析问题。

（二）实验内容

（1）MATLAB 栅格数据信息的读取。
（2）MATLAB 时序栅格遥感分析——R/S 分析方法的实现。
（3）R/S 分析方法解决空间分析问题。

三、实验数据与思路

（一）实验数据

本实验采用 2010～2019 年的江苏省 NDVI 数据，数据来源于中国科学院资源环境科学与数据中心，也可以参考第一章 MODIS 和 Landsat 数据处理来反演多期 NDVI 影像，从而实现 R/S 分析的计算，具体使用的数据明细如表 1-4 所示。

（二）思路与方法

本实验运用基于 R/S 分析方法的 Hurst 指数来衡量 NDVI 在空间上未来的持续性，从而说明江苏省未来一段时间内植被生长状态的持续程度。

NDVI 时间序列为 NDVI_i，i=1,2,3,⋯,n，对于任意正整数 m，定义该时间序列的均值序列：

$$\overline{\mathrm{NDVI}_{(m)}}=\frac{1}{m}\sum_{i=1}^{m}\mathrm{NDVI}_i \qquad (i=1,2,3,\cdots,n) \tag{4-7}$$

累计离差：

$$X(t)=\sum_{i=1}^{m}(\mathrm{NDVI}_i-\overline{\mathrm{NDVI}_{(m)}}) \qquad (1\leqslant t\leqslant m) \tag{4-8}$$

极差：

$$R_{(m)}=\frac{\max X_{(t)}}{1\leqslant m\leqslant n}-\frac{\min X_{(t)}}{1\leqslant m\leqslant n} \qquad (m=1,2,3,\cdots,n) \tag{4-9}$$

标准差：

$$S_{(m)}=\sqrt{\frac{1}{m}\sum_{i=1}^{m}\left(\mathrm{NDVI}_i-\overline{\mathrm{NDVI}_{(m)}}\right)^2}\qquad (m=1,2,3,\cdots,n) \tag{4-10}$$

若满足 $R_{(m)}/S_{(m)}=cm^H$，则说明所分析的时间序列存在 Hurst 现象，按照式（4-10），以 $\ln(m)$ 序列为自变量，对应的 $\ln(R/S)_m$ 序列为因变量，采用最小二乘法拟合，得到 Hurst 指数。

$$\ln(R/S)_m=\ln(c)+H\cdot\ln(m) \tag{4-11}$$

Hurst 指数范围在 0～1，当 $0<H<0.5$ 时，表明时间序列具有长期相关的特征，呈反持续性，即未来的变化情况与过去相反；当 $0.5<H<1$ 时，表明时间序列具有长期相关的特征，呈持续性，即未来的变化情况与过去相同；当 $H=0.5$ 时，表明时间序列无任何相关性。

具体步骤如图 4-11 所示。

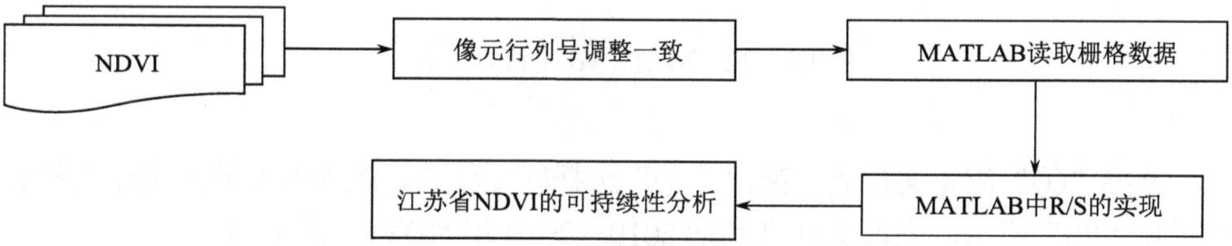

图 4-11　时空序列的可持续性分析流程图

四、实验步骤

（一）软件准备

ArcGIS、MATLAB R2018b 及以上版本。

（二）数据准备

江苏省的市级矢量边界、2010～2019 年 NDVI。

（三）打开软件 MATLAB R2018b，并导入栅格数据

首先，打开“MATLAB R2018b”。其中，①为 MATLAB R2018b 菜单栏，包括主页、绘图和 APP；②为当前文件夹，即工作的文件夹；③为工作区，可以显示在计算过程中的各种变量，然后鼠标右击工作区列项名称，可以选择查看变量的相关内容，如值、大小、类型、字节等；④为命令窗口，可以在命令窗口中

输入相应的函数，调用自己需要的函数（图 4-12）。

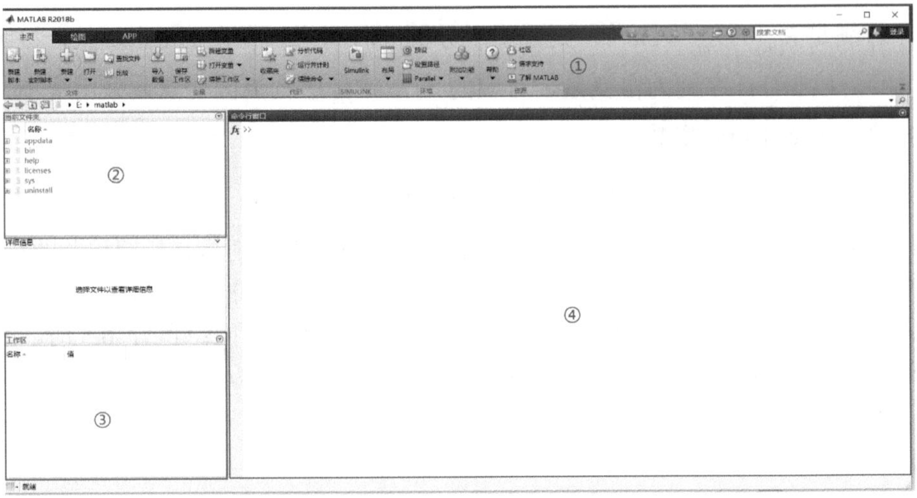

图 4-12　MATLAB 主操作界面

选择“①”浏览文件夹，弹出“②”选择新文件夹，改为本实验的工作文件夹，结果见“③”所示，当前文件夹包括 2010～2019 年 NDVI（图 4-13）。

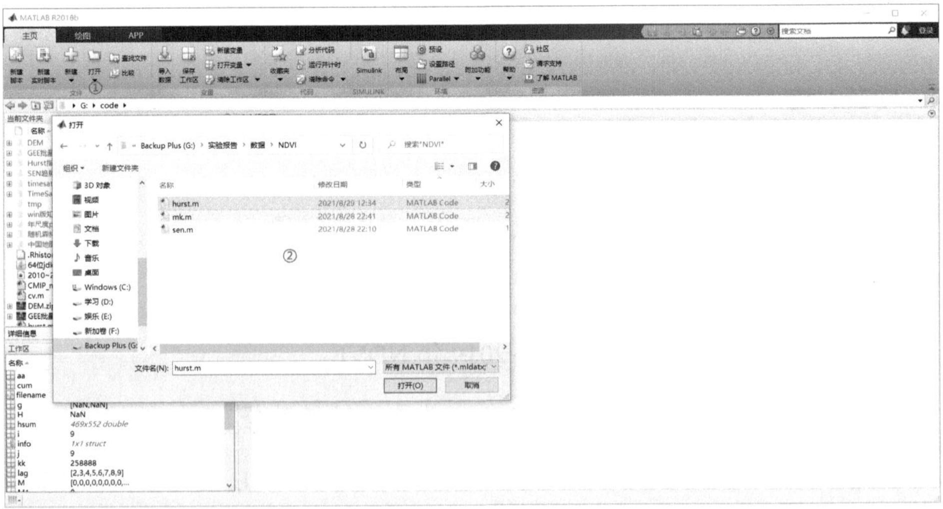

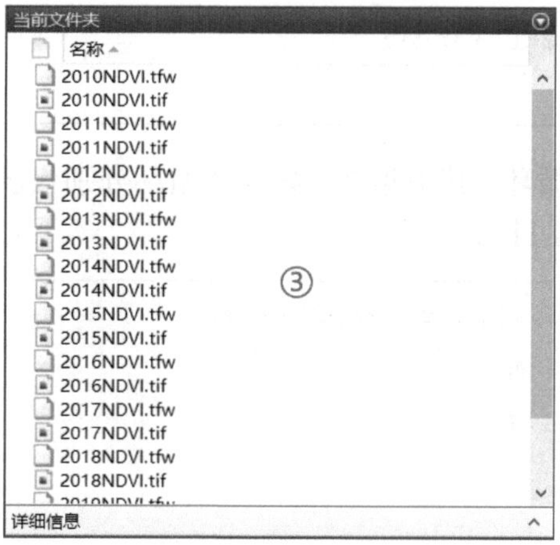

图 4-13　MATLAB 调整为当前工作文件夹

（四）MATLAB 时序栅格遥感分析——R/S 分析方法的实现

在栅格数据计算过程中，首先需要获取栅格数据的投影信息，这里使用的函数为 geotiffread 和 geotiffinfo。[*aa*,*R*]=geotiffread(filename)，可以将 GeoTIFF 文件中的地理参考灰度值、多光谱图像或栅格数据读取到 MATLAB 中，并创建空间参考对象 *R*；info=geotiffinfo(filename) 保存 GeoTIFF 格式并使用原始数据空间坐标、图像属性和制图等基本信息。

```
[aa,R]=geotiffread('G:\实验报告\数据\NDVI\2010NDVI.tif');%先导入投影信息
info=geotiffinfo('G:\实验报告\数据\NDVI\2010NDVI.tif');%先导入投影信息
pcisum=zeros(size(aa,1)*size(aa,2),10);%10 期数据
```

for 用来重复指定次数的循环，本实验为提取 2010～2019 年江苏省 NDVI，因此循环长度为 2010～2019 年（for year=2010:2019）。将 filename 按照路径提取出来并命名为 pci，pci=importdata(filename)。pci=reshape(pci,size(pci,1)* size(pci,2),1)，将 pci 重构为一个(pci,1)*size(pci,2)×1 的数组，可以指定单个维度大小，使 pci 中的元素数与输出 pci 中的元素数相匹配；pcisum(:,year-2009)=pci 将多列排在一个表中为后续计算提供基础。

```
for year=2010:2019
    filename=strcat('G:\实验报告\数据\NDVI\',int2str(year), 'NDVI.tif');
    pci=importdata(filename);
    pci=reshape(pci,size(pci,1)*size(pci,2),1);
```

```
    pcisum(:,year-2009)=pci;
end
```

这里一共有 6 个循环，其中第 2～第 4 个循环分别代表式（4-7）～式（4-10），第 5 个循环代表式（4-11）。

```
hsum=zeros(size(aa,1),size(aa,2))+NaN;
for kk=1:size(pcisum,1)
    pci=pcisum(kk,:);
    if min(pci)>-1
        pci_cf=[];
        for i=1:length(pci)-1
            pci_cf1=pci(i+1)-pci(i);
            pci_cf=[pci_cf,pci_cf1];
        end
        M=[];
        for i=1:size(pci_cf,2)
            M1=mean(pci_cf(1:i));
            M=[M,M1];
        end
        S=[];

        for i=1:size(pci_cf,2)
            S1=std(pci_cf(1:i))*sqrt((i-1)/i);
            S=[S,S1];
        end

        for i=1:size(pci_cf,2)
            for j=1:i
                der(j)=pci_cf(1,j)-M(1,i);
                cum=cumsum(der);
                RR(i)=max(cum)-min(cum);
            end
        end
```

```
        RS=S(2:size(pci_cf,2)).\RR(2:size(pci_cf,2));
        T=[];
        for i=1:size(pci_cf,2)
            T1=i;
            T=[T,T1];
        end
        lag=T(2:size(pci_cf,2));
        g=polyfit(log(lag/2),log(RS),1);
        H=g(1);
        hsum(kk)=H;
        clear der
    end
end
```

最后利用 geotiffwrite(filename,*A*,*R*)，将由 *R* 在空间上引用的地理参考图像或栅格数据写入输出文件 filename 文件夹中。

```
geotiffwrite('2010～2019 年 NDVI 的 Hurst 指数.tif', hsum, R, 'GeoKey
DirectoryTag', info. GeoTIFFTags. GeoKeyDirectoryTag);
```

（五）R/S 分析解决空间分析问题

计算后的 Hurst 指数可以在 ArcGIS 中进行裁剪以消除背景值，第一章已经对裁剪进行了多次讲解，因此在此部分不再进行过多讲解，在 ArcGIS 里面进行分类并且制图，如图 4-14 所示。也可以通过 ArcGIS 的图层属性查看 Hurst 指数计

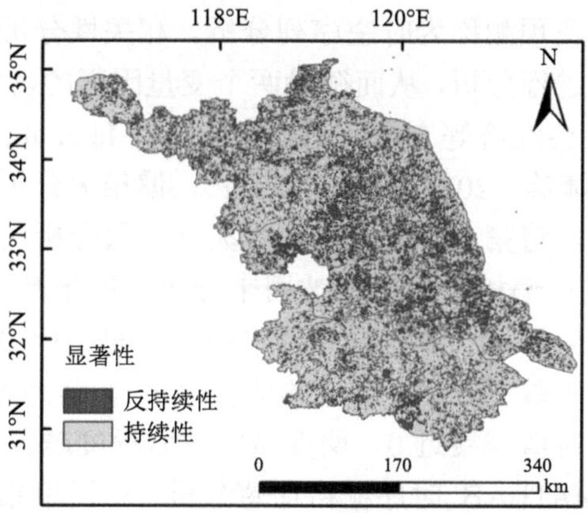

图 4-14　2010～2019 年江苏省 NDVI Hurst 指数

算结果的一些统计信息，进而更客观地分析江苏省近 10 年来 NDVI 变化的可持续性。整个江苏省 NDVI 的 Hurst 指数范围为 0.07～1，均值为 0.58，整体来看，NDVI 以可持续性为主。从空间分布来看，江苏省年 NDVI 呈反持续性地区主要分布在江苏省东部，持续性地区主要分布在江苏省南部。

五、小结

基于 R/S 分析方法的 Hurst 指数能够反映未来一段时间内的可持续性和反持续性特征，并能够通过过去的变化趋势预测未来的变化趋势，在水文、气候等领域运用广泛。因此，R/S 分析方法常应用于地理学来分析时空数据在空间和时间上的可持续性特征。本实验借助 MATLAB 实现时序栅格遥感 R/S 分析的计算，以 2010～2019 年江苏省 NDVI 为例，分析未来一段时间内 NDVI 的可持续性。事实上，对于其他栅格数据也可以通过 R/S 分析来衡量其可持续性，如气温和降水。

六、思考与练习

（1）本章选择 NDVI 数据，能否选择其他数据，如气温、降水等来计算 R/S？

（2）思考如何利用趋势分析来揭示江苏省 NDVI 的变化趋势，并结合 R/S 分析方法来分析未来江苏省 NDVI 的变化趋势？

第四节　时空序列的相关性分析

一、实验场景

地理学中，由于连续的时空数据都是经过离散化抽样提取并存储的，因而能够将时空数据看作是空间上有相关关系的时间序列集合，即时空序列。对时空序列数据的分析、建模及预测称为时空序列分析。相关性分析是指对两个或多个具备相关性的变量元素进行分析，从而衡量两个变量因素的密切程度，其在工农业、水文、气象、生态、社会经济等方面应用较为广泛（Ma et al., 2021；黄星等，2021；邹逸凡等，2021；杨婕等，2021；王松，2021）。偏相关分析适用于当两个变量都与第三个变量相关时，将第三个变量的影响剔除，只分析另外两个变量之间的相关程度。在地学领域，偏相关分析常被用来分析生态参数（NDVI、LAI、ET、GPP、NPP 等）与气候指标（如气温和降水等）之间的相关性。两个变量之间的相关程度通过偏相关系数 R 来表示。R 的值在–1～1，其绝对值越接近 1，两变量的关联程度越强；绝对值越接近 0，两变量的关联程度越弱。

本实验提供的 MATLAB 时序栅格遥感分析——简单相关性分析和偏相关分

析是可以实现对两个或两个以上处于同等地位的随机变量间的相关关系进行计算的统计分析方法，可用于描述客观事物间关系的密切程度，本实验以 2010～2019 年江苏省的归一化植被指数（NDVI）、2010～2019 年江苏省的年降水量、2010～2019 年江苏省的年平均气温数据为基础，采用遍历像元计算其简单相关系数和偏相关系数，从而探索“江苏省的降水和气温对植被生长的影响”，旨在为当地的社会经济可持续发展和植物保护等提供依据。

二、实验目标与内容

（一）实验目标与要求

（1）熟练掌握 MATLAB 读取栅格数据。

（2）熟练掌握 MATLAB 时序栅格遥感分析——简单相关性以及偏相关性的计算方法。

（3）结合实际情况，掌握利用相关性分析方法解决空间分析问题的能力。

（二）实验内容

（1）MATLAB 栅格数据信息的读取。

（2）MATLAB 时序栅格遥感分析——简单相关性以及偏相关性方法的实现。

（3）相关性分析解决空间分析问题。

三、实验数据与思路

（一）实验数据

本实验数据采用 2010～2019 年的江苏省 NDVI，数据来源于中国科学院资源环境科学与数据中心，也可以参考第一章 MODIS 和 Landsat 数据处理来反演多期的 NDVI，气温和降水数据来源于国家地球系统科学数据中心，具体使用的数据明细如表 4-1 所示。

表 4-1　数据明细

数据名称	类型	描述
NDVI	栅格	反映农作物长势和营养信息的重要参数之一
降水	栅格	大气中的水汽凝结后以液态水或固态水降落到地面的现象
气温	栅格	表示空气冷热程度的物理量

（二）思路与方法

本实验运用简单相关性来衡量 NDVI 与气温和降水的相关性，从而说明江苏省 2010～2019 年植被生长状态与气温和降水的相关程度。其计算公式为

$$r_{ij} = \frac{\sum_{i=1}^{n}\left[\left(x_{ij}^{t} - \overline{x_{ij}}\right)\left(y_{ij}^{t} - \overline{y_{ij}}\right)\right]}{\sqrt{\sum_{i=1}^{n}\left(x_{ij}^{t} - \overline{x_{ij}}\right)^2 \sum_{i=0}^{n}\left(y_{ij}^{t} - \overline{y_{ij}}\right)^2}} \tag{4-12}$$

式中，r_{ij} 代表第 i 行、第 j 列的相关系数；x_{ij}^{t}、y_{ij}^{t} 分别为两个变量栅格 t 时间段第 i 行、第 j 列的像元值；$\overline{x_{ij}}$、$\overline{y_{ij}}$ 代表多年的均值栅格图像。相关系数是可以反映变量之间相关关系密切程度的统计指标，本章采用相关系数来计算江苏省每个像元的 NDVI 与气象要素中气温和降水之间的相关性。

偏相关分析是在简单相关系数的基础上，排除其他影响因素的干扰，计算某两个影响因素之间的相关性，如 NDVI 与气温和降水的相关性，在计算 NDVI 与气温的相关性时排除降水的影响。其计算公式如下：

$$r_{12(3)} = \frac{r_{12} - r_{13}r_{23}}{\sqrt{\left(1 - r_{13}^2\right)}\sqrt{\left(1 - r_{23}^2\right)}} \tag{4-13}$$

式中，$r_{12(3)}$ 为控制第三个变量，第一个变量和第二个变量的偏相关系数；r_{12} 为第一个变量和第二个变量的简单相关系数；r_{13} 为第一个变量和第三个变量的简单相关系数；r_{23} 为第二个变量和第三个变量的简单相关系数，并利用 t 检验进行显著性检验。

具体步骤如图 4-15 所示。

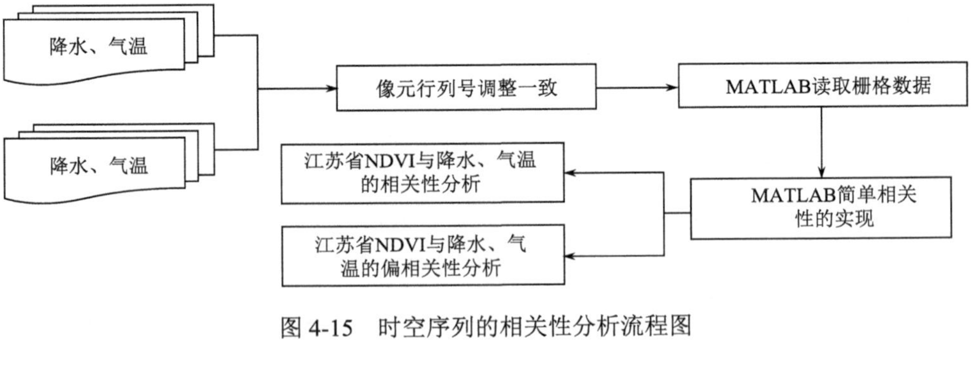

图 4-15　时空序列的相关性分析流程图

四、实验步骤

（一）软件准备

ArcGIS、MATLAB R2018b 及以上版本。

（二）数据准备

江苏省的市级矢量边界、2010～2019 年 NDVI、2010～2019 年江苏省年降水量、2010～2019 年江苏省年平均气温。

（三）打开软件 MATLAB R2018b，并导入栅格数据

首先，打开"MATLAB R2018b"。其中，①为 MATLAB R2018b 菜单栏，包括主页、绘图和 APP；②为当前文件夹，即工作的文件夹；③为工作区，可以显示在计算过程中的各种变量，然后鼠标右击工作区列项名称，可以选择查看变量的相关内容，如值、大小、类型、字节等；④为命令窗口，可以在命令窗口中输入相应的函数，调用自己需要的函数。

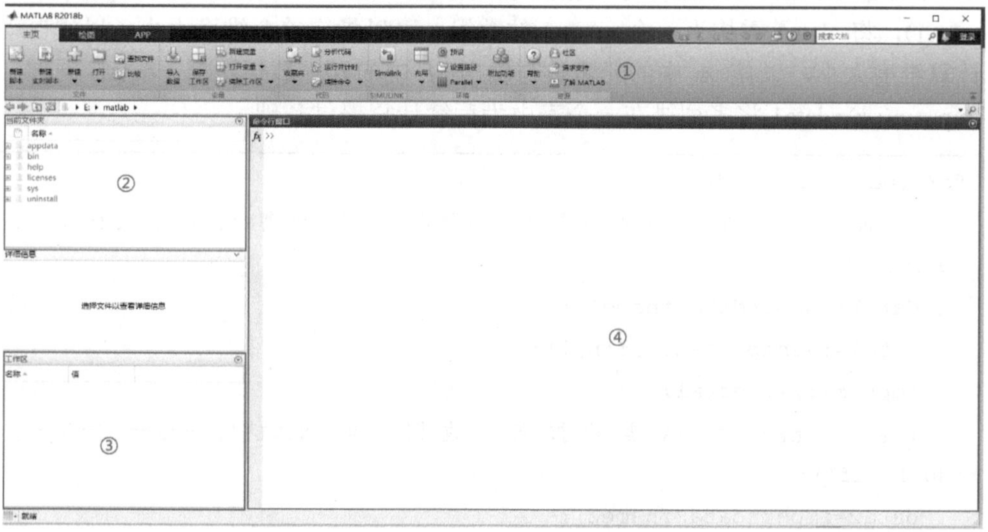

图 4-16 MATLAB 主操作界面

（四）MATLAB 时序栅格遥感分析——简单相关性方法的实现

在栅格数据计算过程中，首先需要获取栅格数据的投影信息，这里使用的函数为 geotiffread 和 geotiffinfo。[*a*,*R*]=geotiffread(filename)，可以将 GeoTIFF 文件

中的地理参考灰度值、多光谱图像或栅格数据读取到 MATLAB 中，并创建空间参考对象 *R*；info=geotiffinfo(filename) 保存 GeoTIFF 格式并使用原始数据空间坐标、图像属性和制图等基本信息。栅格数据可以看作是矩阵，在计算前需要读取矩阵的大小，即行数和列数。MATLAB 中当 *a* 是矩阵时，[*m*,*n*] = size(*a*)可以返回行数和列数，即读取 2010 年 NDVI 的行数和列数。本实验的栅格数据行数是 *m*、列数是 *n*、年份是 10 年，因此 zeros(*m***n*, 10)返回由零组成的 *m***n*×10 的数组。

```
[a,R]=geotiffread('G:\实验报告\数据\年NDVI\2010NDVI.tif');
info=geotiffinfo('G:\实验报告\数据\年NDVI\2010NDVI.tif');
[m,n]=size(a);
temsum=zeros(m*n,10);
ndvisum=zeros(m*n,10);
k=1;
```

for year=2010:2019 为 for 循环，本实验提取为 2010～2019 年江苏省 NDVI 和降水（气温），因此循环长度为 2010～2019 年（for year=2010:2019）。Data1=importdata(filename) 将数据加载到数组 data1 中；data1=reshape (data1, *m***n*,1)，将 data1 重构为一个 *m***n*×1 的数组，可以指定单个维度大小，以便自动计算维度大小，以使 *A* 中的元素数与输出 *A* 中的元素数相匹配，data2 同理；tmpsum(:,*k*)=data1 将多列排在一个表中为后续计算提供基础。

```
for year=2010:2019
    fname1=strcat('G:\实验报告\数据\降水\新建文件夹\',int2str(year),
'pr.tif');
    data1=importdata(fname1);
    data1=reshape(data1,m*n,1);
    tmpsum(:,k)=data1;
    fname2=strcat('G:\实验报告\数据\年 NDVI\',int2str(year),
'NDVI.tif');
    data2=importdata(fname2);
    data2=reshape(data2,m*n,1);
    ndvisum(:,k)=data2;
    k=k+1;
end
```

接下来设置 *r* 为相关性，*P* 为显著性。通过 corrcoef 函数进行相关性计算，

corrcoef 函数可以返回相关系数的矩阵和 P 值矩阵，用于测试观测到的现象之间没有关系的假设（原假设）。如果 P 的非对角线元素小于显著性水平（默认值为 0.05），则 R 中的相应相关性被视为显著。如果 R 包含复数元素，则此函数无效。最后利用 geotiffwrite(filename,*A*,*R*)将由 R 在空间上引用的地理参考图像或栅格数据写入输出文件在 filename 文件夹中，本实验简单系数的输出结果主要包括 NDVI 与降水的相关性、NDVI 与降水相关性的显著性检验以及通过 $P<0.05$ 的显著性检验结果。

```
r=zeros(m,n)+nan;
p=zeros(m,n)+nan;
for i=1:m*n
     ndvidata=ndvisum(i,:)';
     tmpdata=tmpsum(i,:)';
     [r1,p1]=corrcoef(temdata,ndvidata);
     r(i)=r1(2);
     p(i)=p1(2);
end
outname1='G:\实验报告\数据\NDVI\与降水相关性.tif';
outname2='G:\实验报告\数据\NDVI\与降水显著性.tif';
outname3='G:\实验报告\数据\NDVI\与降水通过 0.05 显著性检验的相关性.tif';
r0=r;
r0(p>0.05)=NaN;
geotiffwrite(outname1,r,R,'GeoKeyDirectoryTag',info.GeoTIFFTags.Ge
oKeyDirectoryTag);
geotiffwrite(outname2,p,R,'GeoKeyDirectoryTag',info.GeoTIFFTags.Ge
oKeyDirectoryTag);
geotiffwrite(outname3,r0,R,'GeoKeyDirectoryTag',info.GeoTIFFTags.G
eoKeyDirectoryTag);
```

（五）MATLAB 时序栅格遥感分析——偏相关分析方法的实现

在栅格数据计算过程中，首先需要获取栅格数据的投影信息，这里使用的函数为 geotiffread 和 geotiffinfo。[*a*,*R*]=geotiffread(filename)，可以将 GeoTIFF 文件中的地理参考灰度值、多光谱图像或栅格数据读取到 MATLAB 中，并创建空间参考对象 R；info=geotiffinfo(filename) 保存 GeoTIFF 格式并使用原始数据空间坐标、图像属性和制图等基本信息。栅格数据可以看作是矩阵，在计算前需要读取矩阵的大小，即行数和列数。MATLAB 中当 a 是矩阵时，$[m,n]$ = size(a)可以返回行数和列数，即读取 2010 年 NDVI 的行数和列数。本实验的栅格数据行数是 m、列数是 n、年份是 10 年，因此 ndvisum=zeros($m*n$, cd)返回由零组成的 $m*n$×cd 的数组。

```
[a,R]=geotiffread('G:\实验报告\数据\年 NDVI\2010NDVI.tif');%先导入投影
信息
info=geotiffinfo('G:\实验报告\数据\年 NDVI\2010NDVI.tif');
[m,n]=size(a);
begin_year=2010;
end_year=2019;
cd=end_year-begin_year+1;
ndvisum=zeros(m*n,cd);
kk=1;
```

接下来设置三个循环，分别用来循环读取 2010～2019 年的 NDVI、气温和降水栅格数据。

```
ndvisum=zeros(m*n,cd);
kk=1;
for year=begin_year:end_year
   filename=strcat('G:\ 实 验 报 告 \ 数 据 \ 年  NDVI\',int2str(year),
'NDVI.tif');
   data=importdata(filename);
   data=reshape(data,m*n,1);
   ndvisum(:,kk)=data;
   kk=kk+1;
end
tmpsum=zeros(m*n,cd);
kk=1;
for year=begin_year:end_year
   filename=strcat('G:\ 实 验 报 告 \ 数 据 \ 气 温 \',int2str(year),
'tmp.tif');
   data=importdata(filename);
   data=reshape(data,size(a,1)*size(a,2),1);
```

```
    tmpsum(:,kk)=data;
    kk=kk+1;
end
prsum=zeros(m*n,cd);
kk=1;
for year=begin_year:end_year
    filename=strcat('G:\实验报告\数据\降水\新建文件夹\',int2str(year),
'pr.tif');
    data=importdata(filename);
    data=reshape(data,m*n,1);
    prsum(:,kk)=data;
    kk=kk+1;
end
```

与简单相关系数类似，接下来需要返回每个定义变量的数组，然后对 NDVI、气温和降水的有效值进行判断，这里主要用到的 if 语句为 if min(prdata)>0 && min(ndvidata)≥0 && min(tmpdata)>–100，即降水量最小值大于 0、NDVI 最小值也大于 0，而气温最小值大于–100。然后通过 partialcorr 函数进行偏相关系数的计算。例如，[rho,*p*]=partialcorr(prdata,ndvidata,tmpdata)，这里返回的是降水和 NDVI 两个变量的偏相关系数，控制变量为气温。

```
pc_pr_ndvi=zeros(m,n)+nan;
pc_pr_ndvi_p=zeros(m,n)+nan;
pc_tmp_ndvi=zeros(m,n)+nan;
pc_tmp_ndvi_p=zeros(m,n)+nan;
for i=1:m*n
     prdata=prsum(i,:)';
     ndvidata=ndvisum(i,:)';
     tmpdata=tmpsum(i,:)';
     if min(prdata)>0 && min(ndvidata)>=0 && min(tmpdata)>-100
          [rho,p]=partialcorr(prdata,ndvidata,tmpdata);
          pc_pr_ndvi(i)=rho;
          pc_pr_ndvi_p(i)=p;
          [rho1,p1]=partialcorr(tmpdata,ndvidata,prdata);
          pc_tmp_ndvi(i)=rho1;
```

```
            pc_tmp_ndvi_p(i)=p1;
        end
end
```

最后一部分为偏相关结果的分类与输出，输出方式与前面介绍的简单相关系数较为一致。但这里我们对偏相关系数进行了分类，共划分成 4 类。例如，sy1=pc_pr_ndvi_p<0.05 & pc_pr_ndvi>0; sy2=pc_pr_ndvi_p>0.05 & pc_pr_ndvi>0; sy3=pc_pr_ndvi_p<0.05 & pc_pr_ndvi<0; sy4=pc_pr_ndvi_p>0.05 & pc_pr_ndvi<0。

re=zeros(size(pc_pr_ndvi_p)); re(sy1)=1; re(sy2)=2; re(sy3)=3; re(sy4)=4; 表示将偏相关系数划分为 4 类，1 表示降水与 NDVI 的偏相关系数通过显著性检验 $P<0.05$ 且两者的偏相关系数大于 0，即 NDVI 与降水量呈现显著的偏正相关；2 表示降水与 NDVI 的偏相关系数未通过显著性检验 $P<0.05$ 且两者的偏相关系数大于 0，即降水与 NDVI 呈现不显著的偏正相关；3 表示降水与 NDVI 的偏相关系数通过显著性检验 $P<0.05$ 且两者的偏相关系数小于 0，即 NDVI 与降水量呈现显著的偏负相关；4 表示降水与 NDVI 的偏相关系数未通过显著性检验 $P<0.05$ 且两者的偏相关系数小于 0，即降水与 NDVI 呈现不显著的偏负相关。

```
[a,R]=geotiffread('G:\实验报告\数据\年 NDVI\2010NDVI.tif');%先导入投影信息
info=geotiffinfo('G:\实验报告\数据\年 NDVI\2010NDVI.tif');
[m,n]=size(a);
begin_year=2010;
end_year=2019;
cd=end_year-begin_year+1;
ndvisum=zeros(m*n,cd);
kk=1;
result_mulu='G:\实验报告\数据\NDVI\';
filename1=[result_mulu,'降水和 NDVI 的偏相关系数_控制温度.tif'];
geotiffwrite(filename1,pc_pr_ndvi,R,'GeoKeyDirectoryTag',info.GeoTIFFTags.GeoKeyDirectoryTag);
filename2=[result_mulu,'降水和 NDVI 的偏相关系数显著性 p 值_控制温度.tif'];
geotiffwrite(filename2,pc_pr_ndvi_p,R,'GeoKeyDirectoryTag',info.GeoTIFFTags.GeoKeyDirectoryTag);
sy1=pc_pr_ndvi_p<0.05 & pc_pr_ndvi>0;
```

```
sy2=pc_pr_ndvi_p>0.05 & pc_pr_ndvi>0;
sy3=pc_pr_ndvi_p<0.05 & pc_pr_ndvi<0;
sy4=pc_pr_ndvi_p>0.05 & pc_pr_ndvi<0;
re=zeros(size(pc_pr_ndvi_p));
re(sy1)=1;
re(sy2)=2;
re(sy3)=3;
re(sy4)=4;
re=int8(re);
filename21=[result_mulu,'分类_降水和NDVI的偏相关系数_控制温度.tif'];
geotiffwrite(filename21,re,R,'GeoKeyDirectoryTag',info.GeoTIFFTags
.GeoKeyDirectoryTag);
filename3=[result_mulu,'通过显著性0.05检验的降水和NDVI的偏相关系数_控制
温度.tif'];
pc_pr_ndvi(pc_pr_ndvi_p>0.05)=NaN;
geotiffwrite(filename3,pc_pr_ndvi,R,'GeoKeyDirectoryTag',info.GeoT
IFFTags.GeoKeyDirectoryTag);
filename4=[result_mulu,'温度和NDVI的偏相关系数_控制降水.tif'];
geotiffwrite(filename4,pc_tmp_ndvi,R,'GeoKeyDirectoryTag',info.Geo
TIFFTags.GeoKeyDirectoryTag);
filename5=[result_mulu,'温度和 NDVI 的偏相关系数显著性 p 值_控制降
水.tif'];
geotiffwrite(filename5,pc_tmp_ndvi_p,R,'GeoKeyDirectoryTag',info.G
eoTIFFTags.GeoKeyDirectoryTag);

sy1=find(pc_tmp_ndvi_p<0.05 & pc_tmp_ndvi>0); %显著正相关
sy2=find(pc_tmp_ndvi_p>0.05 & pc_tmp_ndvi>0);% 不显著正相关
sy3=find(pc_tmp_ndvi_p<0.05 & pc_tmp_ndvi<0);% 显著负相关
sy4=find(pc_tmp_ndvi_p>0.05 & pc_tmp_ndvi<0);% 不显著负相关
re=zeros(size(pc_pr_ndvi_p));
re(sy1)=1;
re(sy2)=2;
re(sy3)=3;
re(sy4)=4;
re=int8(re);
```

```
filename22=[result_mulu,'分类_温度和NDVI的偏相关系数_控制降水.tif'];
geotiffwrite(filename22,re,R,'GeoKeyDirectoryTag',info.GeoTIFFTags
.GeoKeyDirectoryTag);
filename6=[result_mulu,'通过显著性0.05检验的温度和NDVI的偏相关系数_控制
降水.tif'];
pc_tmp_ndvi(pc_tmp_ndvi_p>0.05)=NaN;
geotiffwrite(filename6,pc_tmp_ndvi,R,'GeoKeyDirectoryTag',info.Geo
TIFFTags.GeoKeyDirectoryTag);
```

（六）相关性解决空间分析问题

计算相关性和偏相关性后，可以在 ArcGIS 中进行裁剪以消除背景值，第一章已经对裁剪进行了多次讲解，因此这部分不再进行过多讲解，在 ArcGIS 中制图，也可以通过 ArcGIS 的图层属性查看简单相关系数和偏相关系数的计算结果的一些统计信息，进而更客观地分析江苏省近 10 年来 NDVI 与气温、降水的相关性。由图 4-17 和图 4-18 可知，整个江苏省的 NDVI 与气温和降水的平均相关系数分别为 0.01、–0.05，表明近 10 年江苏省 NDVI 与气温成正比、与降水成反比。从空间分布来看，NDVI 与降水和气温呈显著正相关的地区主要集中在江苏省北部，呈显著负相关的地区主要集中在江苏省南部。由图 4-19 和图 4-20 可知，整个江苏省 NDVI 与气温和降水的平均偏相关系数分别为 0.02、–0.06，与简单相关性相比有所提高，但空间分布与简单相关系数较为类似。

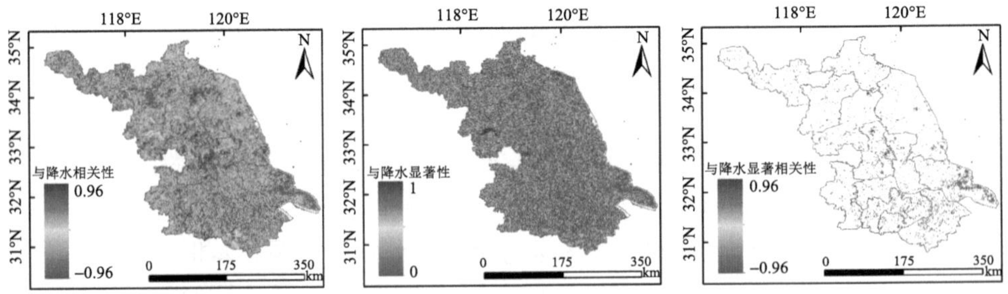

（a）　（b）　（c）

图 4-17　2010～2019 年 NDVI 与降水的相关性及显著性

扫一扫，看彩图

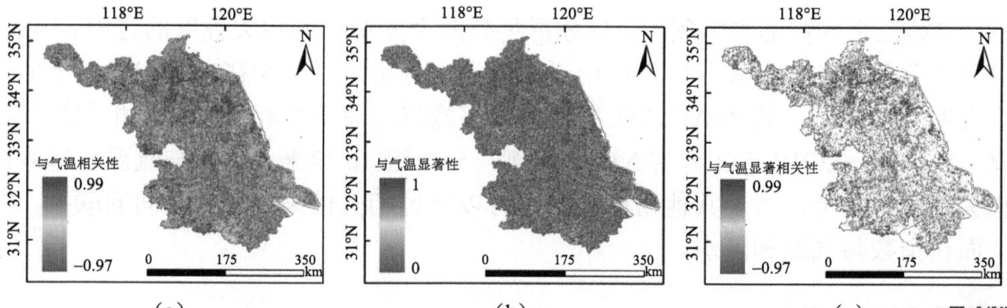

（a）　　　　　　　　（b）　　　　　　　　（c）

图 4-18　2010～2019 年 NDVI 与气温的相关性及显著性

扫一扫，看彩图

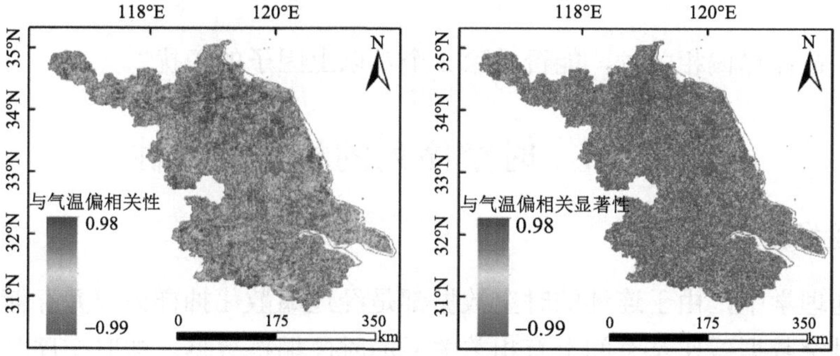

（a）　　　　　　　　（b）

图 4-19　2010～2019 年 NDVI 与气温的偏相关性及显著性

扫一扫，看彩图

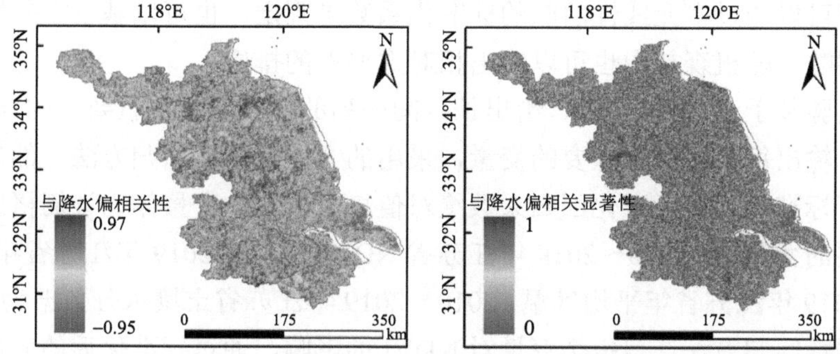

（a）　　　　　　　　（b）

图 4-20　2010～2019 年 NDVI 与降水的偏相关性及显著性

扫一扫，看彩图

五、小结

相关性分析是指对两个或多个具备相关性的变量元素进行分析，从而衡量两个变量因素的相关密切程度。偏相关分析是指当两个变量同时与第三个变量相关时，将第三个变量的影响剔除，只分析另外两个变量之间相关程度的过程。因此，简单相关分析和偏相关分析常应用于地理学来分析时空数据在空间和时间上的关联程度。本实验借助 MATLAB 实现对时序栅格遥感简单相关性和偏相关性的计算，以 2010～2019 年江苏省 NDVI 为例，分析近 10 年来 NDVI 与气温、降水的相关性。事实上，对于其他栅格数据也可以通过相关性来衡量其之间的联系，如叶面积指数与气温和降水。

六、思考与练习

（1）通过简单相关系数和偏相关系数，是否可以计算其他变量对 NDVI 的影响？

（2）在计算偏相关时，能否排除 2 个及以上因子的干扰？

第五节　时空序列的相对重要性

一、实验场景

在地理学中，由于连续的时空数据都是经过离散化抽样提取并存储的，因而能够将时空数据看作是空间上有相关关系的时序栅格数据，即时空序列。对时空序列数据的分析、建模及预测称为时空序列分析。在地理学中分析多个要素对单个要素的影响时，各个要素的相对重要性常常是我们重点关注的问题。相对重要性的计算可以通过多元线性回归的标准化系数来判定，也可以基于方差解释进行分析，同时在随机森林中也可以给出相对重要性的排序。

本实验基于遍历像元方法，给出长时间序列的多变量相对重要性的计算方法，并逐像元输出每个栅格最重要的变量，采用的方法是多元回归方法，然后对回归系数进行标准化，取标准化回归系数绝对值最大的那个变量作为该栅格影像因变量最重要的变量。以 2010～2019 年江苏省 NDVI、2010～2019 年江苏省年降水量、2010～2019 年江苏省年平均气温、2010～2019 年江苏省土壤水分数据为基础，采用多元线性回归方法计算每个变量对 NDVI 的影响，通过标准化后的回归系数来判断对 NDVI 影响最为严重的变量，从而探索“江苏省降水、气温和土壤水分对植被生长的相对重要性”，旨在为当地的社会经济可持续发展和植物保护等提供依据。

二、实验目标与内容

（一）实验目标与要求

（1）熟练掌握 MATLAB 读取栅格数据。
（2）熟练掌握 MATLAB 时序栅格遥感分析——相对重要性的计算方法。
（3）结合实际情况，学会运用相对重要性方法解决空间分析问题。

（二）实验内容

（1）MATLAB 栅格数据信息的读取。
（2）MATLAB 时序栅格遥感分析——相对重要性的实现。
（3）相对重要性解决空间分析问题。

三、实验数据与思路

（一）实验数据

本实验数据为 2010～2019 年江苏省 NDVI，数据来源于中国科学院资源环境科学与数据中心，也可以参考第一章 MODIS 和 Landsat 数据反演的 NDVI，气温和降水量数据来源于国家地球系统科学数据中心，土壤水分数据来源于欧洲航天局。具体使用的数据明细如表 4-2 所示。

表 4-2　数据明细

数据名称	类型	描述
NDVI	栅格	反映农作物长势和营养信息的重要参数之一
降水量	栅格	大气中的水汽凝结后以液态水或固态水降落到地面的现象
气温	栅格	表示空气冷热程度的物理量
土壤水分	栅格	指土粒表面靠分子引力从空气中吸附的气态水并保持在土粒表面的水分

（二）思路与方法

本实验基于多元线性回归系数来评判影响江苏省 NDVI 的相对重要变量。在地理学中，一种现象常常是与多个因素相联系的，由多个自变量的最优组合共同来预测或估计因变量，比只用一个自变量进行预测或估计更有效，更符合实际。因此，多元线性回归比一元线性回归在判断实际影响因素方面更具有意义。

但由于各个自变量的单位可能不一样，如本实验使用到的气温与降水量、土壤水分单位不一致，这些影响因素（自变量）的单位显然是不同的，因此自变量系数的大小并不能说明该因素的重要程度，所以需要采用一定方法将各个自变量量化到统一的单位上来。将所有变量包括因变量都先进行标准化，再进行线性回归，此时得到的回归系数就能反映对应自变量的重要程度。这时的回归方程称为标准回归方程，回归系数称为标准回归系数，公式如下：

$$Z_y = \beta_1 Z_1 + \beta_2 Z_2 + \beta_2 Z_3 \tag{4-14}$$

式中，Z_y 为标准化后的 2010～2019 年江苏省 NDVI；Z_1 为标准化后的 2010～2019 年江苏省年降水量；Z_2 为标准化后的 2010～2019 年江苏省年平均气温；Z_3 为标准化后的 2010～2019 年江苏省年土壤水分；β_1 为年降水量对应的标准化回归系数；β_2 为年平均气温对应的标准化回归系数；β_3 为年土壤水分对应的标准化回归系数。

$$M=\mathrm{MAX}(\beta_1,\beta_2,\beta_3) \tag{4-15}$$

最后取年降水量、年平均气温和年土壤水分的标准化回归系数的最大值作为影响 NDVI 最重要的变量。

具体步骤如图 4-21 所示。

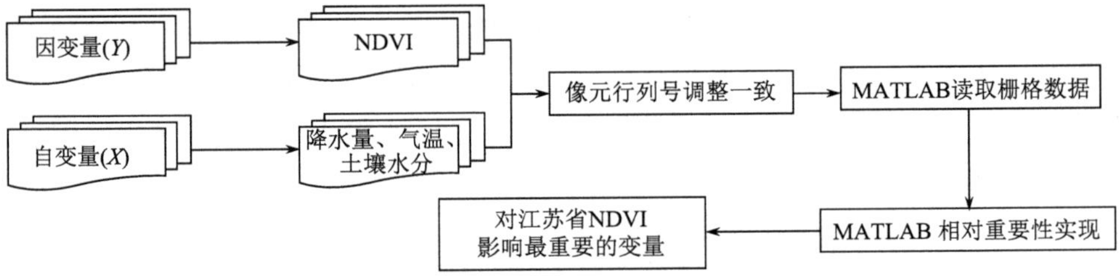

图 4-21　时空序列的相关性分析流程图

四、实验步骤

（一）软件准备

ArcGIS、MATLAB R2018b 及以上版本。

（二）数据准备

江苏省的市级矢量边界、2010～2019 年 NDVI、2010～2019 年江苏省年降水量、2010～2019 年江苏省年平均气温、2010～2019 年江苏省年土壤水分数据。

（三）打开软件 MATLAB R2018b，并导入栅格数据

首先，打开“MATLAB R2018b”。其中，①为 MATLAB R2018b 菜单栏，

包括主页、绘图和 APP；②为当前文件夹，即工作的文件夹；③为工作区，可以显示在计算过程中的各种变量，然后鼠标右击工作区列项名称，可以选择查看变量的相关内容，如值、大小、类型、字节等；④为命令窗口，可以在命令窗口中输入相应的函数，调用自己需要的函数（图 4-22）。

（四）MATLAB 时序栅格遥感分析——相对重要性的计算方法

在栅格数据计算过程中，首先需要获取栅格数据的投影信息，这里使用的函数为 geotiffread 和 geotiffinfo。[*a*,*R*]=geotiffread(filename)，可以将 GeoTIFF 文件中的地理参考灰度值、多光谱图像或栅格数据读取到 MATLAB 中，并创建空间参考对象 *R*；info=geotiffinfo(filename) 保存 GeoTIFF 格式并使用原始数据空间坐标、图像属性和制图等基本信息。栅格数据可以看作是矩阵，在计算前需要读取矩阵的大小，即行数和列数。MATLAB 中当 *a* 是矩阵时，[*m*,*n*] = size(*a*)可以返回行数和列数，即读取 2010NDVI 的行数和列数。

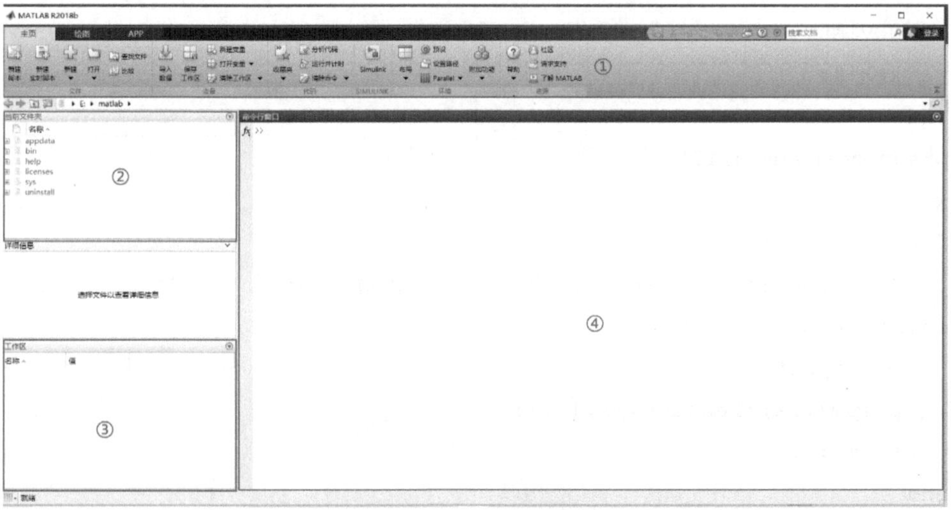

图 4-22　MATLAB 主操作界面

```
[a,R]=geotiffread('D:\实验之时空序列的相对重要性\实验数据\NDVI\2010NDVI.tif');
info=geotiffinfo('D:\实验之时空序列的相对重要性\实验数据\NDVI\2010NDVI.tif');
[m,n]=size(a);
```

本实验涉及四组时序栅格数据（2010～2019 年 NDVI、2010～2019 年降水量、2010～2019 年平均气温和 2010～2019 年平均土壤水分），因此本实验需要设计四个 for 循环来分别读取四组时序栅格数据，然后通过 NDVI=importdata(filename)、pr=importdata(filename)、tmp=importdata(filename)和 SW=importdata(filename)分别将数据加载到数组 NDVI、pr、tmp 和 SW 中；然后通过 reshape(A, [], 1)将 NDVI、pr、tmp 和 SW 重构为一个 $m*n\times1$ 的数组，可以指定单个维度大小，以便自动计算维度大小，使 A 中的元素数与输出 A 中的元素数相匹配；NDVIsum(:,k) = reshape(NDVI,[],1)、prsum(:,k) = reshape(pr,[],1)、tmpsum(:,k) = reshape(tmp,[],1)和 SWsum(:,k)=reshape(SW,[],1)，将多列变量排在一个表中为后续计算提供基础。

```
NDVIsum=zeros(m*n,10);
k=1;
for year=2010:2019
   filename=['D:\实验之时空序列的相对重要性\实验数据\NDVI\',
int2str(year), 'NDVI.tif'];
   NDVI=importdata(filename);
   NDVIsum(:,k)=reshape(NDVI,[],1);
   k=k+1;
end
prsum=zeros(m*n,10);
k=1;
for year=2010:2019
   filename=['D:\实验之时空序列的相对重要性\实验数据\pr\',
int2str(year),'pr.tif'];
   pr=importdata(filename);
   prsum(:,k)=reshape(pr,[],1);
   k=k+1;
end
tmpsum=zeros(m*n,10);
k=1;
for year=2010:2019
   filename=['D:\实验之时空序列的相对重要性\实验数据\tmp\',
int2str(year), 'tmp.tif'];
   tmp=importdata(filename);
   tmpsum(:,k)=reshape(tmp,[],1);
   k=k+1;
end
```

```
SWsum=zeros(m*n,10);
k=1;
for year=2010:2019
    filename=['D:\实验之时空序列的相对重要性\实验数据\SW\',
int2str(year), 'SW.tif'];
    SW=importdata(filename);
    SWsum(:,k)=reshape(SW,[],1);
    k=k+1;
end
```

本实验的栅格数据行数是 *m*、列数是 *n*，因此 *X*=zeros(*m*,*n*)返回由 zeros 组成的 *m***n* 的数组。例如，zeros(2,3) 将返回一个 2×3 的矩阵。

```
pr_result=zeros(m,n);
tmp_result=zeros(m,n);
SW_result=zeros(m,n);
result=zeros(m,n);
```

然后执行时序栅格数据的相对重要分析的主程序，过程主要由以下几个部分组成，遍历栅格计算需要设置 for 循环来建立每个像元的 NDVI 与降水量、气温和土壤水分的多元线性回归方程，*X*=[pr,tmp,SW,ones(10,1)]和[b,～,～,～,～]= regress (ndvi,*X*)用来计算具有交互项的线性模型的回归系数，计算出 pr、tmp 和 SW 的回归系数分别为 *b*(1)、*b*(2)和 *b*(3)，再通过 *b*1=*b*(1)*std(pr)./std(ndvi)、*b*2=*b*(2)*std (tmp)./std(ndvi)和 *b*3=*b*(3)*std(SW)./std(ndvi)将回归系数进行标准化得到 *b*1、*b*2 和 *b*3，并将结果赋值给 pr_result、tmp_result 和 SW_result，该结果即降水量、气温和土壤水分对应的标准化回归系数。通过[～,sy]=max(abs([*b*1,*b*2,*b*3]))，计算三者标准化系数绝对值的最大值，将对 NDVI 影响相对重要的变量记为 sy。

```
for i=1:m*n
        ndvi=NDVIsum(i,:)';
        pr=tmpsum(i,:)';
        tmp=SWsum(i,:)';
        SW=prsum(i,:)';
        %
        X=[pr,tmp,SW,ones(10,1)];
```

```
        [b,~,~,~,~]=regress(ndvi,X);
        b1=b(1)*std(pr)./std(ndvi);
        b2=b(2)*std(tmp)./std(ndvi);
        b3=b(3)*std(SW)./std(ndvi);
        pr_result(i)=b1;
        tmp_result(i)=b2;
        SW_result(i)=b3;
        [~,sy]=max(abs([b1,b2,b3]));
        result(i)=sy;
end
```

最后，输出基于绝对标准化系数的变量的相对重要性、降水量对应的标准化回归系数、气温对应的标准化回归系数和土壤水分对应的标准化回归系数影像，利用 geotiffwrite(filename,*A*,*R*)将由 *R* 在空间上引用的地理参考图像或栅格数据写入输出文件在 filename 文件夹中。

```
filename='D:\实验之时空序列的相对重要性\实验结果\基于绝对标准化系数的变量的相对重要性.tif';
geotiffwrite(filename,result,R,'GeoKeyDirectoryTag',info.GeoTIFFTags.GeoKeyDirectoryTag);

filename='D:\实验之时空序列的相对重要性\实验结果\pr_NDVI 的标准化系数.tif';
geotiffwrite(filename,pr_result,R,'GeoKeyDirectoryTag',info.GeoTIFFTags.GeoKeyDirectoryTag);

filename='D:\实验之时空序列的相对重要性\实验结果\tmp_NDVI 的标准化系数.tif';
geotiffwrite(filename,tmp_result,R,'GeoKeyDirectoryTag',info.GeoTIFFTags.GeoKeyDirectoryTag);

filename='D:\实验之时空序列的相对重要性\实验结果\SW_NDVI 的标准化系数.tif';
geotiffwrite(filename,SW_result,R,'GeoKeyDirectoryTag',info.GeoTIFFTags.GeoKeyDirectoryTag);
```

（五）相对重要性解决空间分析问题

计算结果包括三个变量（降水量、气温和土壤水分）标准化后的回归系数以及三个变量（降水量、气温和土壤水分）对 NDVI 影响的相对重要性，计算结果可以在 ArcGIS 中进行裁剪以消除背景值，第一章已经对裁剪进行了多次讲解，因此在这部分不再进行过多讲解，在 ArcGIS 中制图也可以通过 ArcGIS 的图层属性查看三个变量（降水量、气温和土壤水分）标准化后的回归系数以及三个变量（降水量、气温和土壤水分）对 NDVI 影响的相对重要性计算结果的一些统计信息，进而更客观地分析三个变量（降水量、气温和土壤水分）对 NDVI 的影响以及相对重要程度。由图 4-23 可知，江苏省大部分地区降水量和气温对 NDVI 的影响空间分布差异较大，而土壤水分对 NDVI 的影响主要为负影响，表明土壤水分越多，

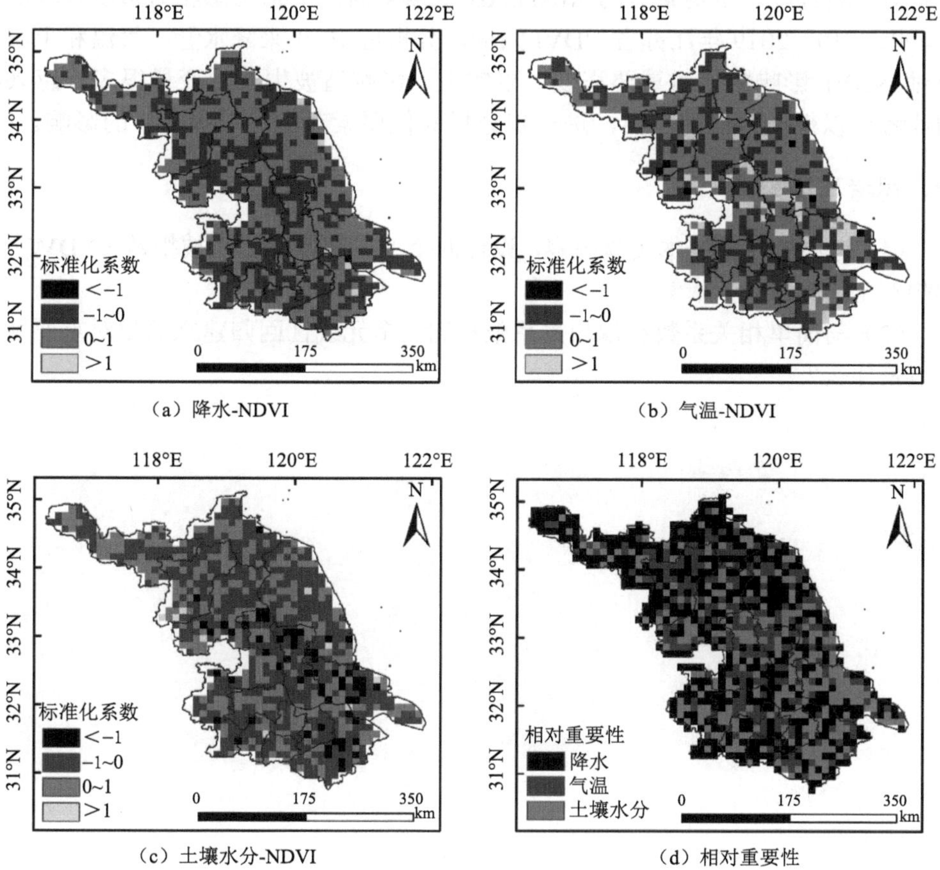

（a）降水-NDVI　（b）气温-NDVI

（c）土壤水分-NDVI　（d）相对重要性

图 4-23　江苏省降水量、气温和土壤水分对 NDVI 的标准化系数及其相对重要性

植被覆盖度越低，可能是因为该区域常年降水量较为充沛，导致土壤水分过于饱和，土壤水分太多会使植物根系缺氧、烂根及不利于植物必需的微量元素的吸收，结果会导致植物死亡。而三个变量（降水量、气温和土壤水分）对 NDVI 的相对重要性表现为降水量对 NDVI 的影响远大于土壤水分，而土壤水分对 NDVI 的影响略高于气温。

五、小结

相对重要性是指对多个具备同等重要的变量元素进行分析，从而衡量多个变量因素对因变量要素的相对重要程度，通过多元线性回归方程来建立多个变量对因变量的相对重要程度，在很大程度上弥补了利用单个变量来建立线性回归方程的不足。因此，多元线性回归也常应用于地理学来分析时空数据在空间和时间上的相对重要程度。本实验借助 MATLAB 实现对时序栅格遥感相对重要程度的计算，以 2010～2019 年江苏省 NDVI 为例，分析近 10 年来降水量、气温和土壤水分对 NDVI 影响的相对重要程度。事实上，影响植被生长的变量很多，感兴趣的读者可以根据自己的需要，进一步分析其他要素对江苏省 NDVI 的影响。

六、思考与练习

（1）考虑能否根据本实验内容，设计四个变量对归一化植被指数（NDVI）的影响？

（2）与简单相关系数和偏相关系数相比，多元线性回归建立的相对重要性的优点是什么？

第五章　空间过程分析

第一节　空间自相关分析

一、实验场景

空间自相关分析用于度量时空数据的基本性质，探究研究对象在某个位置上的数据与其他位置上的数据之间的依赖性，它同时考虑了研究对象的位置和属性信息，是一种特别而且有效的空间统计分析方法。此外，时空数据因为受空间相互作用和空间扩散的影响，彼此之间不可能完全独立，而是相互影响的。例如，中心城市经济发展会带动周围城市经济发展（张晶，2021）；空气质量也存在较强的空间依赖性（王雷等，2021），常用全局空间自相关和局部空间自相关来探究时空要素的空间关联性（刘宇等，2017；潘晓东等，2019）。

本实验以“江苏省人口分布的空间依赖性”为实验案例，基于第一章整理的Excel表格13个地级市的人口数量数据，通过空间自相关分析探究江苏省人口分布的空间依赖程度，为推进江苏省人口规划提供参考。本实验涉及几个核心问题：①江苏省人口分布的空间关联性特征如何？②江苏省人口分布格局的聚集和扩散特征如何？

二、实验目标与内容

（一）实验目标与要求

（1）熟练掌握全局空间自相关的基本原理和操作流程。
（2）熟练掌握局部空间自相关的基本原理和操作流程。

（二）实验内容

（1）实现全局空间自相关。
（2）实现局部空间自相关。

三、实验数据与思路

（一）实验数据

本实验数据采用第一章整理的Excel表格13个地级市的人口数量数据，具体使用的数据明细如表 5-1 所示。

表 5-1　数据明细

数据名称	类型	描述
人口	表格转栅格	人口是一定数量个人的总和，强调规模

（二）思路与方法

1. 全局空间自相关

全局空间自相关分析和描述某一研究区域内时空要素的整体空间特征，是时空数据基本性质度量的常用指标之一，可以直观地表示时空变量在空间上相互依赖程度的大小。目前，常用的全局空间自相关的度量指标是全局莫兰指数（Moran's I），取值范围在−1～1，正值则表明存在空间正相关性，即时空要素与邻近对象之间具有相同的变化趋势；负值则表明存在空间负相关性，即时空要素与邻近对象之间具有相反的变化趋势；绝对值越接近于零值则表明空间相关性越差。全局 Moran's I 指数（Cliff and Ord, 1981）计算公式（5-1）如下：

$$I=\frac{N\sum_{i=1}^{n}\sum_{j=1}^{n}w_{ij}\left(x_i-\overline{x}\right)\left(x_j-\overline{x}\right)}{\left(\sum_{i=1}^{n}\sum_{j=1}^{n}w_{ij}\right)\sum_{i=1}^{n}\left(x_i-\overline{x}\right)} \tag{5-1}$$

式中，I 为全局空间自相关系数；x_i 和 x_j 为研究区域内 i 要素和 j 要素所在位置的同一空间属性的观测值；n 为样本数量；w_{ij} 为空间权重矩阵。

2. 局部空间自相关

局部空间自相关是从区域尺度探究空间依赖性特征，识别时空要素的空间聚类或空间异常。局部 Moran's I 指数计算公式如下：

$$I_i=\frac{x_i-\overline{x}}{\sigma^2}\sum_{j=1}^{n}w_{ij}\left(x_j-\overline{x}\right) \tag{5-2}$$

式中，I_i 为研究区域内 i 位置上的局部空间自相关系数；x_i 和 x_j 分别为 i 和 j 位置上同一时空属性的观测值；$\overline{x}$ 为 x 的平均值；σ^2 为 x 的方差；w_{ij} 为空间权重矩阵；I_i 取值范围与 Moran's I 的相同。

局部空间自相关存在 4 种局部空间关联模式，依次为高—高、低—高、低—低和高—低。其中，高—高或低—低表示相似的高值或低值之间的空间集聚，表现为空间正相关；高—低或低—高则表示高值或低值的邻域为与之相反的低值或高值，表现为空间异常，则为空间负相关。

具体流程如图 5-1 所示。

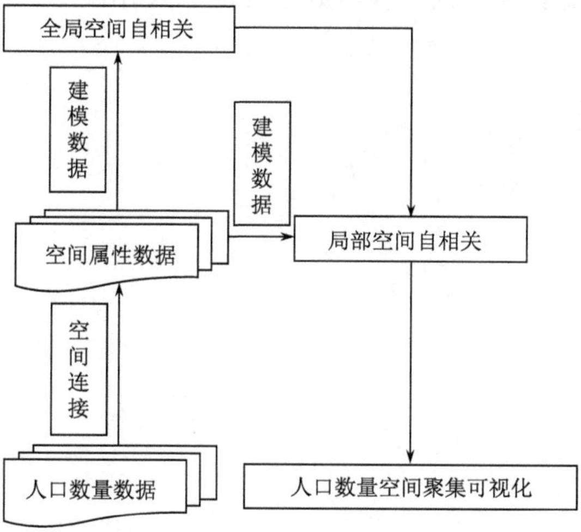

图 5-1　空间自相关分析流程图

四、实验步骤

（一）软件准备

ArcGIS 10.7。

（二）数据准备

江苏省的市级矢量边界、人口数量。

（三）全局空间自相关实现

首先，打开“ArcMap”，选择菜单栏“①Add Data”选项单击，打开“空间自相关→数据”，单击“Add”，将江苏省的市级矢量边界、人口数量加载到“ArcMap”中（图 5-2）。

实验数据与矢量边界进行空间连接（图 5-3），选择“①CN-shi-A→②Joins and Relates→③Join”，弹出 Join Data 窗口，如图 5-4 所示。其中，①在这个图层中连接将基于（Choose the field in this layer that the join will be based on）：选择市边界中的城市名称；②选择要加入此层的表，或从磁盘加载表（Choose the table to join to this layer，or load the table from disk）：选择人口数量的数据；③在表中选择连

接所基于的字段（Choose the field in the table to base the join on）：选择与矢量边界相对应的城市名称；④参数调整完后，单击“OK”。最终在矢量边界中可以查看到每个城市所对应的人口数量，证明空间连接成功，结果见图 5-5 所示，连接成功后将连接的矢量数据命名为“人口数量.shp”并输出。

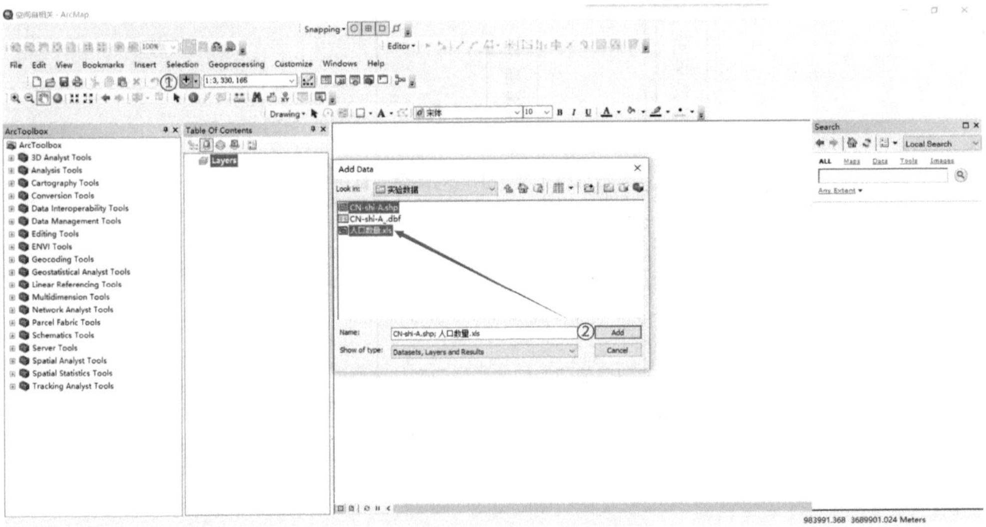

图 5-2　实验数据的添加

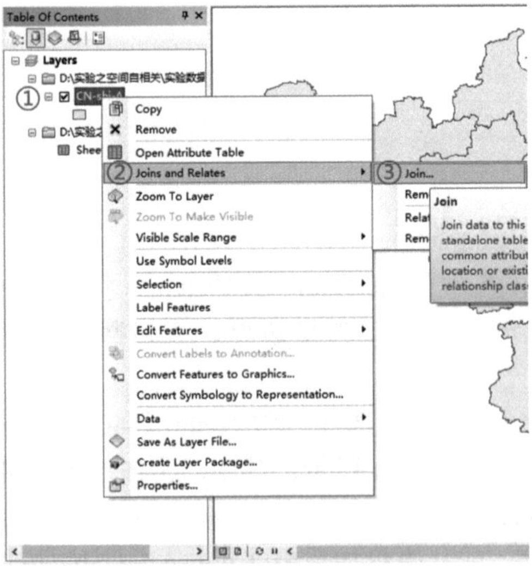

图 5-3　空间连接的步骤

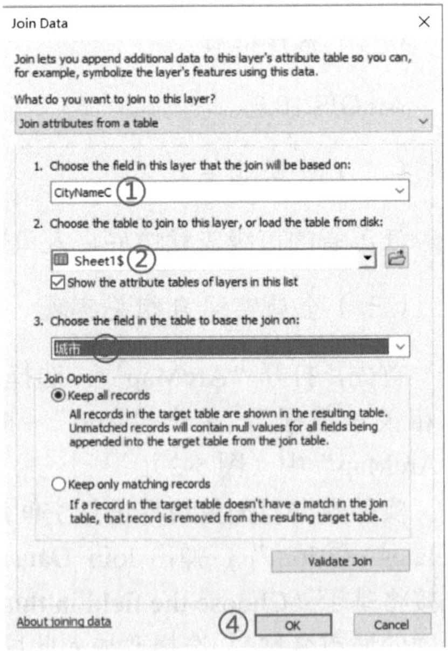

图 5-4　空间连接窗口

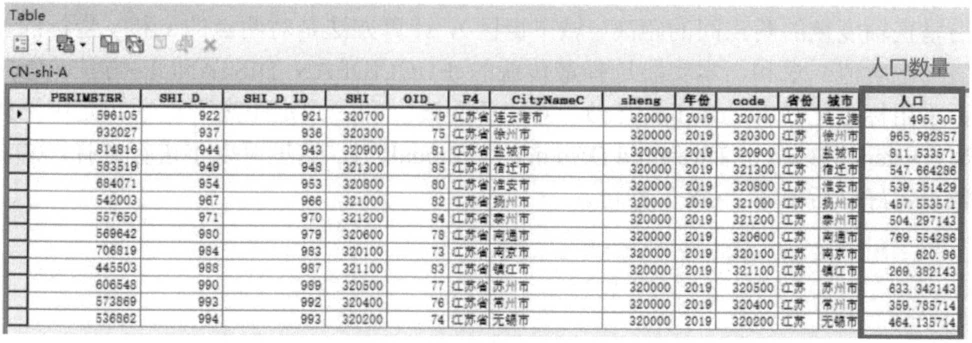

PERIMETER	SHI_D_	SHI_D_ID	SHI	OID_	F4	CityNameC	sheng	年份	code	省份	城市	人口
596105	922	921	320700	79	江苏省	连云港市	320000	2019	320700	江苏	连云港	495.305
932027	937	936	320300	75	江苏省	徐州市	320000	2019	320300	江苏	徐州市	965.992857
814816	944	943	320900	81	江苏省	盐城市	320000	2019	320900	江苏	盐城市	811.533571
583519	949	948	321300	85	江苏省	宿迁市	320000	2019	321300	江苏	宿迁市	547.664286
684071	954	953	320800	80	江苏省	淮安市	320000	2019	320800	江苏	淮安市	539.351429
542003	967	966	321000	82	江苏省	扬州市	320000	2019	321000	江苏	扬州市	457.553571
557650	971	970	321200	84	江苏省	泰州市	320000	2019	321200	江苏	泰州市	504.297143
569642	980	979	320600	78	江苏省	南通市	320000	2019	320600	江苏	南通市	769.554286
706819	984	983	320100	73	江苏省	南京市	320000	2019	320100	江苏	南京市	620.86
445503	988	987	321100	83	江苏省	镇江市	320000	2019	321100	江苏	镇江市	269.382143
606548	990	989	320500	77	江苏省	苏州市	320000	2019	320500	江苏	苏州市	633.342143
573869	993	992	320400	76	江苏省	常州市	320000	2019	320400	江苏	常州市	359.785714
536862	994	993	320200	74	江苏省	无锡市	320000	2019	320200	江苏	无锡市	464.135714

图 5-5　空间连接的结果展示

下面本实验通过上文连接的人口数量来进行全局空间自相关，打开步骤参照图 5-6，具体为“①Spatial Statistics Tools→②Analyzing Patterns→③Spatial Autocorrelation (Morans’ *I*)”，弹出 Spatial Autocorrelation (Morans’ *I*)窗口，如图 5-7 所示。在图 5-7 中，需要注意参数设定如下：①输入要计算的空间自相关要素类（Input Feature Class）：这里输入包含人口字段的市级矢量边界。②输入用于评估空间自相关的数值字段（Input Field）：输入人口。③选择指定要素空间关系的定义方式（Conceptualization of Spatial Relationships），主要包括 INVERSE_DISTANCE：与远处的要素相比，附近的邻近要素对目标要素的影响更大一些；INVERSE_DISTANCE_SQUARED：与 INVERSE_DISTANCE 类似，但它的影响更为明显，因此影响下降得更快，并且只有目标要素的最近邻域会对要素的计算产生重大影响；FIXED_DISTANCE_BAND：将对邻近要素环境中的每个要素进行分析，在指定临界距离[Distance Band or Threshold Distance（optional）]内的邻近要素将分配值为 1 的权重，并对目标要素的计算产生影响，在指定临界距离外的邻近要素将分配值为 0 的权重，并且不会对目标要素的计算产生任何影响；ZONE_OF_INDIFFERENCE：在目标要素的指定临界距离[Distance Band or Threshold Distance（optional）]内要素将分配值为 1 的权重，并且会影响目标要素的计算，一旦超出该临界距离，权重（以及邻近要素对目标要素计算的影响）就会随距离的增加而减小；CONTIGUITY_EDGES_ONLY：只有共用边界或重叠的相邻面要素会影响目标面要素的计算；CONTIGUITY_EDGES _CORNERS：共享边界、节点或重叠的面要素会影响目标面要素的计算；GET_SPATIAL_WEIGHTS_FROM_FILE：将通过指定的控件权重文件定义空间关系，Weights Matrix File 参数将指向空间权重文件的路径。由其定义可见，INVERSE_DISTANCE 更符合实际情况，因此本实验选择 INVERSE_DISTANCE。④选择计算每个要素与邻近要素之间距离的方法（Distance Method）主要包括 EUCLIDEAN_DISTANCE，即两点间的直线距离；MANHATTAN_DISTANCE 是沿垂直轴度量的两点间的距离（城市街区），计算方法是对两点的 x 和 y 坐标的差值（绝对值）求和，本实验选择最传统的 EUCLIDEAN_DISTANCE 方法。⑤是否采用标准化（Standardization）。⑥“反距离”和“固定距离”选项指定中断距离[Distance Band or Threshold Distance（optional）]，这里可以不进行选择。⑦参数设定好以后单击“OK”即可。

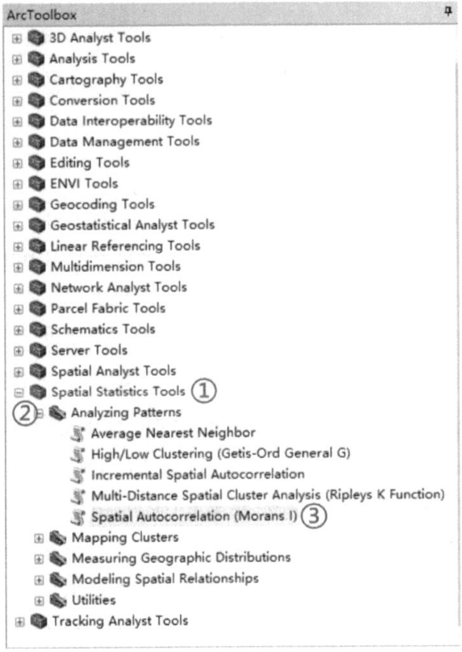

图 5-6　全局空间自相关的步骤

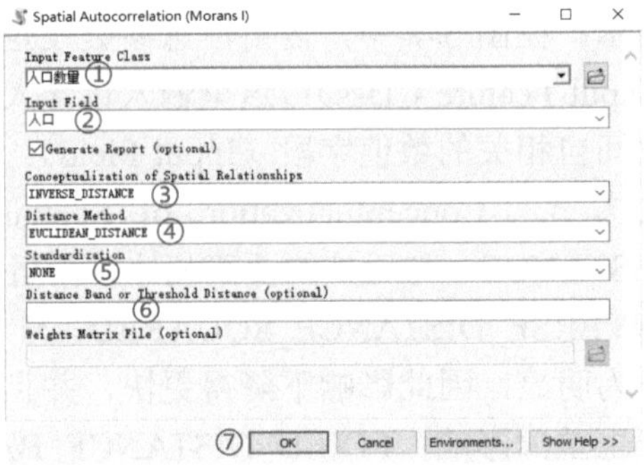

图 5-7　全局空间自相关的窗口

需要注意的是，在全局空间自相关完成后，可能不会自动显示结果，这里我们可以通过图 5-8 的操作来查看全局空间自相关的计算结果，“①Geoprocessing→②Results→③Report File”，弹出 Spatial Autocorrelation Report，主要查看图 5-9 的结果。这里我们主要看 Moran's I 值和 P 值即可，Moran's I 介于–1～1，绝对值越大自相关越强，正值代表正空间自相关，负值代表负空间正相关，一般而言，$P<0.05$ 时认为是显著自相关。从本实验的结果可以看出，江苏省人口分布呈现不显著的空间自相关。

（四）局部空间自相关实现

我们做了全局空间自相关分析，但全局空间自相关分析仅能描述空间上的整体相关性，并不能了解每个区域的空间自相关程度。因此，本实验在这里还要进行局部空间自相关分析。数据选择空间连接后的“人口数量”矢量数据。

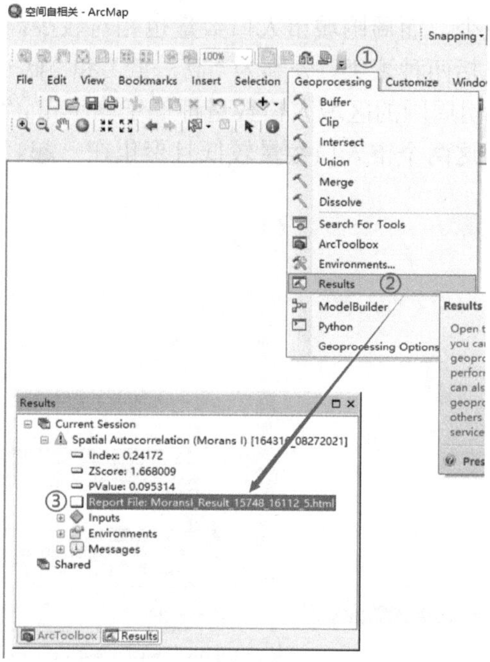

图 5-8 全局空间自相关的查看步骤

Global Moran's I Summary

Moran's Index:	0.241720
Expected Index:	-0.083333
Variance:	0.037976
z-score:	1.668009
p-value:	0.095314

图 5-9 全局空间自相关的结果

首先打开局部空间自相关的计算窗口，打开步骤参照图 5-10，具体为“①Spatial Statistics Tools→②Mapping Clusters→③Cluster and Outlier Analysis (Anselin Local Moran's *I*)”，弹出 Cluster and Outlier Analysis (Anselin Local Moran's *I*)窗口，如图 5-11 所示。在图 5-11 中参数设定与前面介绍的全局空间自相关参数设定基本一致，值得注意的是，要在①处修改局部空间自相关的聚类结果的存储路径，这里设置好自己要存储的路径即可，局部空间自相关的计算结果如图 5-12 所示。从图 5-12 中可知，分别有五种分类结果，“Not Significant”代表局部空间自相关未通过显著性检验；“高—高”代表该城市人口数量多，而周围城市人口数量也相对较多；“高—低”代表该城市人口数量多，但周围城市人口数量相对较少；“低—高”代表该城市人口数量少，但周围城市人口数量相对较多；“低—低”代表该城市人口数量较少，而周围城市人口数量也相对较少。可以看出，江苏省地级市人口分布主要包括两种聚类，分别为“高—低”和“低—低”，其中“高—低”聚集位于南京市，说明周围的区域人口数量都低于南京市，“低—低”聚集位于镇江市和常州市，表明这两个市人口数量较低且聚集在一起。

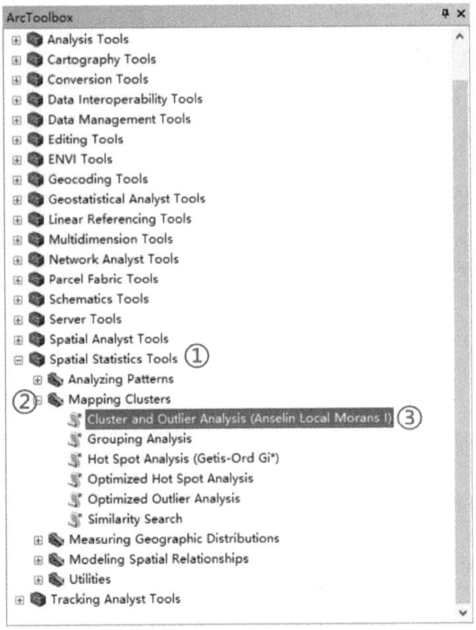

图 5-10　局部空间自相关的步骤

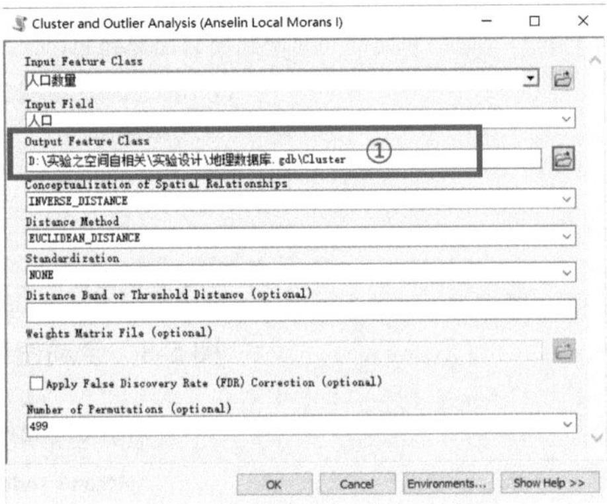

图 5-11　局部空间自相关的窗口

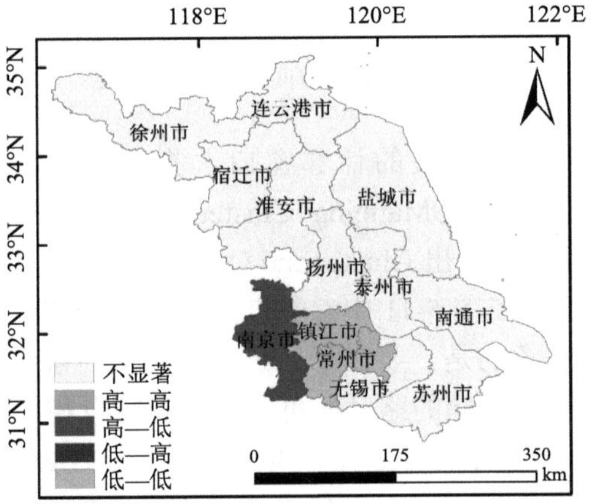

扫一扫，看彩图

图 5-12　局部空间自相关的计算结果

五、小结

空间自相关不仅可以将相似对象与其他相似对象进行聚类，而且可以反映相关程度或相似程度。它有助于发现隐藏的模式和关系，在生态学和人口统计学方面有很多应用。因此，通过全局空间自相关和局部空间自相关识别人口分布在空间上的相互依赖性也是地理学研究的重点话题。本实验借助目前应用广泛的“全局空间自相关和局部空间自相关”模型，以江苏省人口数量为例进行案例分析。事实上，江苏省人口分布的空间自相关程度相对较低，感兴趣的读者可以根据自己的需要，选择需要的研究区和时空要素，从时间和空间的角度来分析时空要素的空间自相关。

六、思考与练习

（1）全局和局部空间自相关与其他聚类方法有什么差异？

（2）全局和局部空间自相关可以应用在哪些领域？在不同领域可以揭示什么样的问题？

第二节　重心迁移理论

一、实验场景

重心迁移理论是指研究区域内某时刻某个指标在空间平面上力矩达到平衡的点，常用来测定某地区某指标的空间变化状况，并通过某指标的移动轨迹及移动速度，揭示该指标空间变化的特征和原因（赵军和符海月，2001）。其常应用在人口分布方面，可以为制定人口发展政策、区域社会经济发展规划提供决策依据。因此，如何采用比较先进的技术手段和方法对指标进行重心移动轨迹动态研究及制作相应的专题地图具有较高的实用价值和意义。

然而，地理信息系统是以地理科学、信息科学理论为基础，在计算机技术支持下对空间信息进行采集、存储、处理、分析、管理、显示和制图的一门新兴学科，其应用领域正在迅速扩展。因此，本实验以“江苏省的人口重心迁移”为案例，利用统计年鉴提供的江苏省 13 个地级市的年末人口总数，建立江苏省 2001 年、2010 年和 2018 年的人口分布重心迁移理论。实验涉及几个核心问题：①如何利用 ArcGIS 计算质心坐标？②如何利用 ArcGIS 工具实现人口分布重心迁移？

二、实验目标与内容

（一）实验目标与要求

（1）强化对人口重心的理解。
（2）掌握计算人口密度重心迁移的操作方法。
（3）结合实际，掌握利用人口密度重心迁移解决并分析实际问题。

（二）实验内容

（1）计算质心坐标。
（2）计算人口加权和平均坐标。
（3）人口重心坐标可视化。

三、实验数据与思路

（一）实验数据

本实验数据采用第一章整理的 Excel 表格 13 个地级市的人口数量数据，具体使用的数据明细如表 5-1 所示。

（二）思路与方法

人口迁移是人口分布动态变化的表现，人口迁移也是人口重心移动的原因。人口在区域内发生迁移会使得人口分布发生动态变化，这种变化则可能通过人口重心的轨迹进行表达。城市内的自然增长率程度可小至忽略，城市的人口重心移动主要是由区域间的人口移动引起的。人口迁移的理论有微观层面和宏观层面的原因，微观层面主要是从经济动机层面研究个体迁移的理论现象和原因，宏观层面则是从社会发展层面研究区域内整体劳动力移动的现象和原因。

一般方法是首先利用 ArcGIS 分别计算各地级市的质心坐标，再利用质心坐标和人口数据进行加权处理，最终在 ArcGIS 中进行制图和可视化展示（图 5-13）。

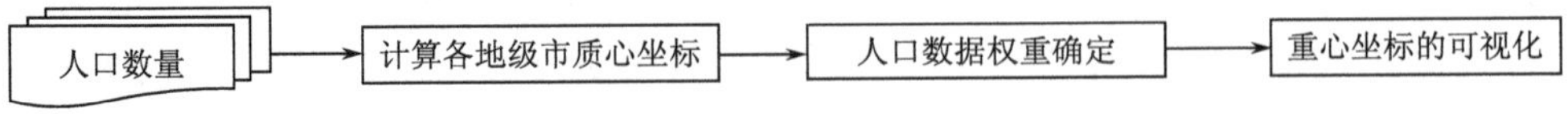

图 5-13　人口密度重心迁移

四、实验步骤

（一）软件准备

ArcGIS 10.7、Excel。

（二）数据准备

2001 年、2010 年和 2018 年江苏省 13 个地级市年末人口数量。

（三）计算质心坐标

如图 5-14 所示，打开“ArcMap”，选择菜单栏“①Add Data”选项单击，选择本实验提供的年末人口总数.shp，单击“②Add”，将其加载到“ArcMap”中。

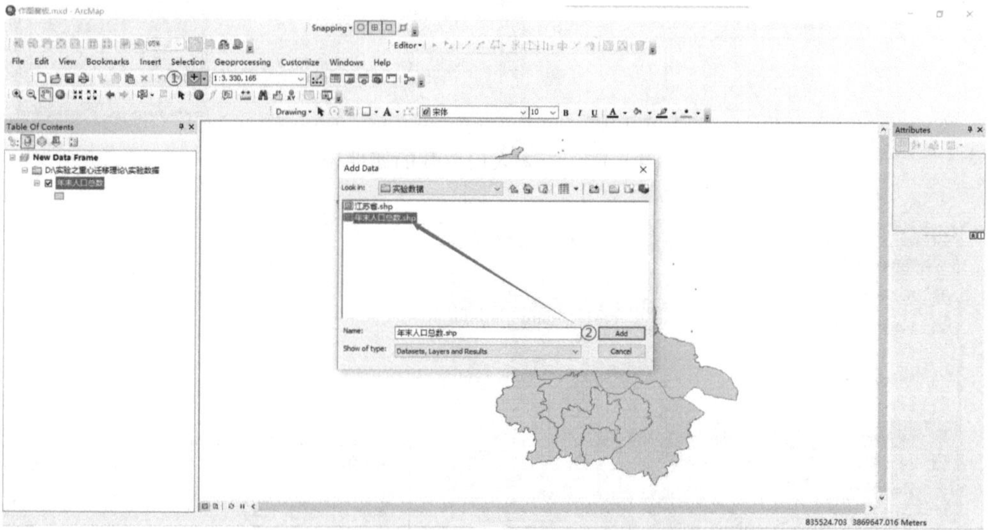

图 5-14　数据添加

如图 5-15 所示，选择“①年末人口总数→②Open Attribute Table”，弹出③Table 窗口，可见属性表中包括 13 个地级市的年末人口总数。

如图 5-16 所示，分别添加 x、y 字段，单击①处，选择②Add Field，弹出 Add Field 窗口，在③处修改字段的名称为 x，并且在④Type 处修改为双精度（Double），单击“OK”即可。重复上述步骤添加 y 字段，结果如图 5-17 所示。

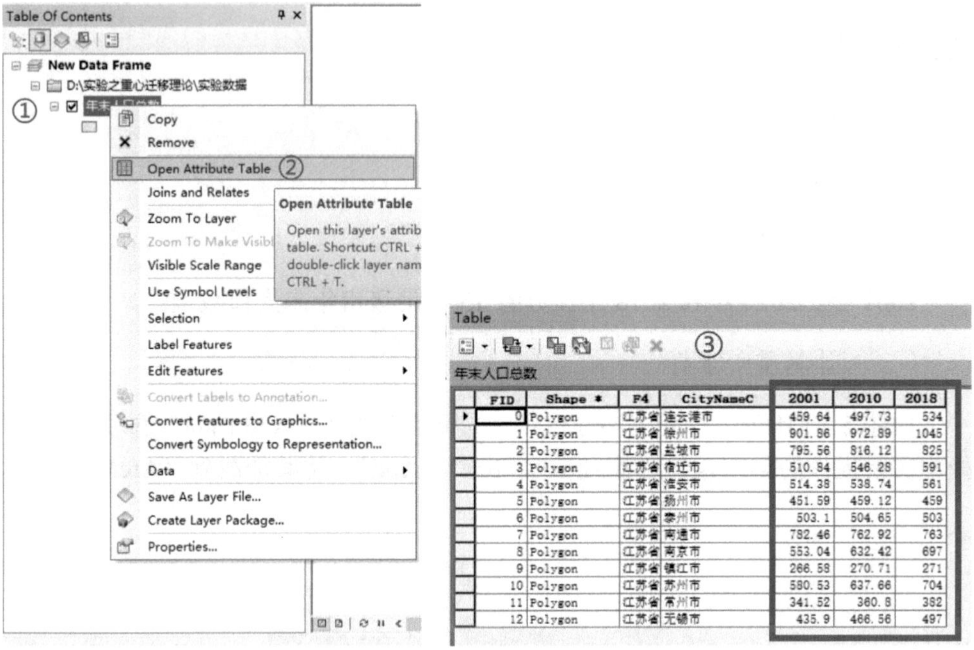

图 5-15　年末人口总数的属性表

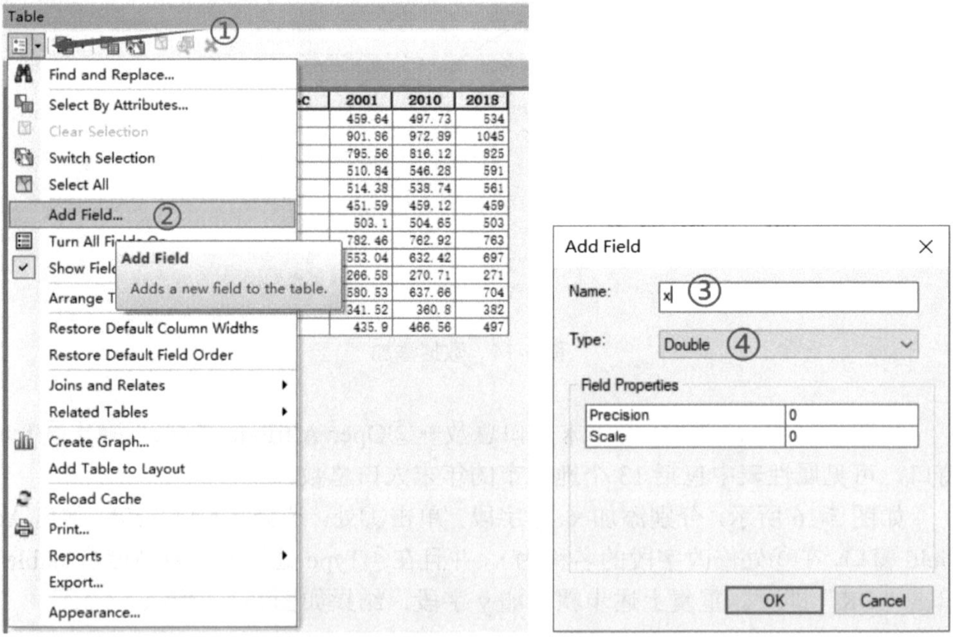

图 5-16　添加字段步骤及窗口设置

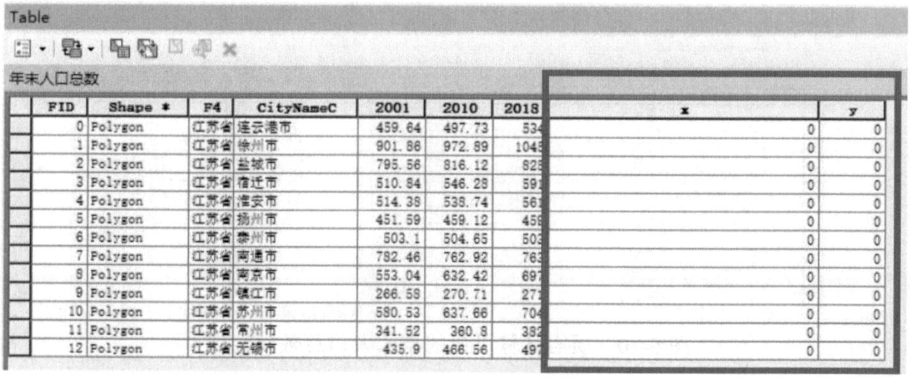

Table

年末人口总数

FID	Shape *	F4	CityNameC	2001	2010	2018	x	y
0	Polygon	江苏省	连云港市	459.64	497.73	534	0	0
1	Polygon	江苏省	徐州市	901.86	972.89	1045	0	0
2	Polygon	江苏省	盐城市	795.56	816.12	828	0	0
3	Polygon	江苏省	宿迁市	510.84	546.28	591	0	0
4	Polygon	江苏省	淮安市	514.38	538.74	561	0	0
5	Polygon	江苏省	扬州市	451.59	459.12	459	0	0
6	Polygon	江苏省	泰州市	503.1	504.65	503	0	0
7	Polygon	江苏省	南通市	782.46	762.92	763	0	0
8	Polygon	江苏省	南京市	553.04	632.42	697	0	0
9	Polygon	江苏省	镇江市	266.58	270.71	271	0	0
10	Polygon	江苏省	苏州市	580.53	637.66	704	0	0
11	Polygon	江苏省	常州市	341.52	360.8	382	0	0
12	Polygon	江苏省	无锡市	435.9	466.56	497	0	0

图 5-17　添加 x 和 y 字段后的属性表

如图 5-18 所示，右击①x 字段，选择②Calculate Geometry 会出现 Calculate Geometry 提示窗口，单击“③Yes”即可，会弹出 Calculate Geometry 窗口，如图 5-19 所示。在图 5-19 中，①Property 中选择 X Coordinate of Centroid；②Units 中选择合适的单位，这里单位选择 m；单击“③OK”即可。重复上述操作计算 y 的质心，结果如图 5-20 所示。

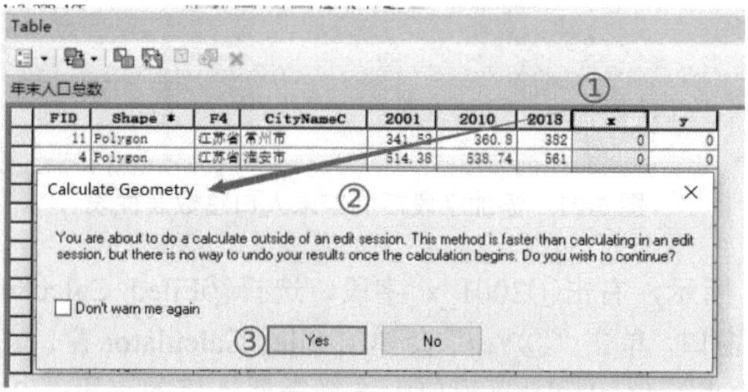

图 5-18　计算几何提示窗口

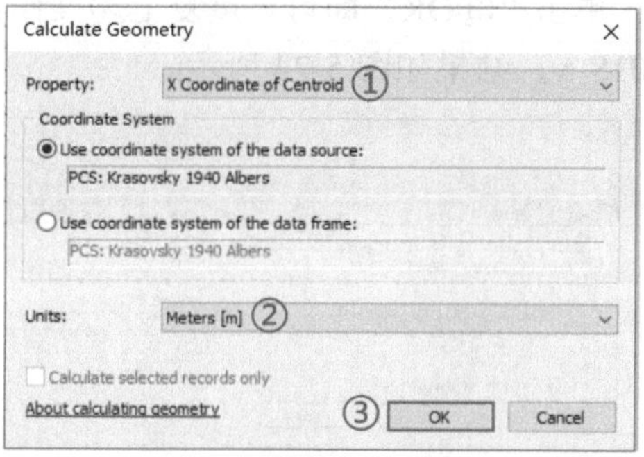

图 5-19　计算几何窗口

Table

年末人口总数

FID	Shape *	F4	CityNameC	2001	2010	2018	x	y
11	Polygon	江苏省	常州市	341.52	360.8	382	1363440.03645	3454941.22302
4	Polygon	江苏省	淮安市	514.38	538.74	561	1273961.10966	3638463.04829
0	Polygon	江苏省	连云港市	459.64	497.73	534	1270397.86077	3772446.3132
8	Polygon	江苏省	南京市	553.04	632.42	697	1285376.87338	3477980.62483
7	Polygon	江苏省	南通市	782.46	762.92	763	1480488.92965	3536390.66419
10	Polygon	江苏省	苏州市	580.53	637.66	704	1461512.1517	3442368.56276
3	Polygon	江苏省	宿迁市	510.84	546.28	591	1227053.76819	3681167.05124
6	Polygon	江苏省	泰州市	503.1	504.65	503	1386336.75589	3566042.10231
12	Polygon	江苏省	无锡市	435.9	466.56	497	1405760.10893	3450217.07062
1	Polygon	江苏省	徐州市	901.86	972.89	1045	1128846.98639	3733318.13102
2	Polygon	江苏省	盐城市	795.56	816.12	825	1380836.09309	3673440.80146
5	Polygon	江苏省	扬州市	451.59	459.12	459	1330328.11618	3576554.29263
9	Polygon	江苏省	镇江市	266.58	270.71	271	1340170.80666	3496037.53782

图 5-20　质心计算以后的年末人口总数属性表

（四）计算人口权重和平均坐标

参考图 5-16，再分别添加六个字段，将其命名为 2001_x、2001_y、2010_x、2010_y、2018_x 和 2018_y，如图 5-21 所示。

Table

年末人口总数

FID	Shape *	F4	CityNameC	2001	2010	2018	x	y	2001_x	2001_y	2010_x	2010_y	2018_x	2018_y
11	Polygon	江苏省	常州市	341.52	360.8	382	1363440.03645	3454941.22302	0	0	0	0	0	0
4	Polygon	江苏省	淮安市	514.38	538.74	561	1273961.10966	3638463.04829	0	0	0	0	0	0
0	Polygon	江苏省	连云港市	459.64	497.73	534	1270397.86077	3772446.3132	0	0	0	0	0	0
8	Polygon	江苏省	南京市	553.04	632.42	697	1285376.87338	3477980.62483	0	0	0	0	0	0
7	Polygon	江苏省	南通市	782.46	762.92	763	1480488.92965	3536390.66419	0	0	0	0	0	0
10	Polygon	江苏省	苏州市	580.53	637.66	704	1461512.1517	3442368.56276	0	0	0	0	0	0
3	Polygon	江苏省	宿迁市	510.84	546.28	591	1227053.76819	3681167.05124	0	0	0	0	0	0
6	Polygon	江苏省	泰州市	503.1	504.65	503	1386336.75589	3566042.10231	0	0	0	0	0	0
12	Polygon	江苏省	无锡市	435.9	466.56	497	1405760.10893	3450217.07062	0	0	0	0	0	0
1	Polygon	江苏省	徐州市	901.86	972.89	1045	1128846.98639	3733318.13102	0	0	0	0	0	0
2	Polygon	江苏省	盐城市	795.56	816.12	825	1380836.09309	3673440.80146	0	0	0	0	0	0
5	Polygon	江苏省	扬州市	451.59	459.12	459	1330328.11618	3576554.29263	0	0	0	0	0	0
9	Polygon	江苏省	镇江市	266.58	270.71	271	1340170.80666	3496037.53782	0	0	0	0	0	0

图 5-21　添加字段后的年末人口总数属性表

如图 5-22 所示，右击①2001_x 字段，选择②Filed Calculator 会出现 Filed Calculator 提示窗口，单击“③Yes”会弹出 Filed Calculator 窗口，如图 5-23 所示。在图 5-23 中，①Filed Calculator 窗口中选择需要计算的字段；②输入新字段的计算公式，这里因为计算人口重心权重，因此计算公式为某地级市人口总量乘以质心坐标（[x]* [2001]）；单击“③OK”即可。重复上述操作计算 2001_y、2010_x、2010_y、2018_x 和 2018_y，结果如图 5-24 所示。

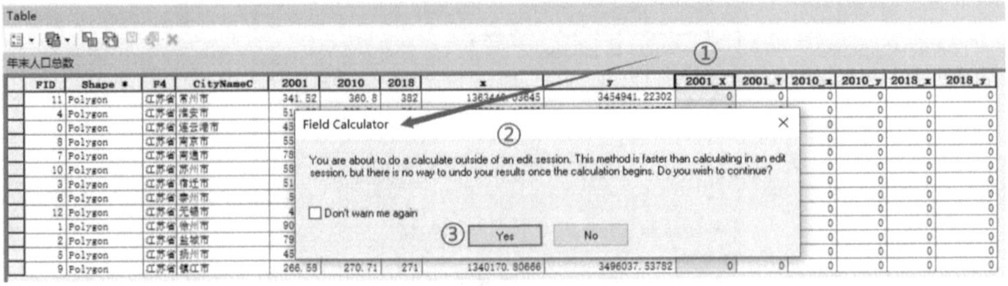

图 5-22　字段计算器提示窗口

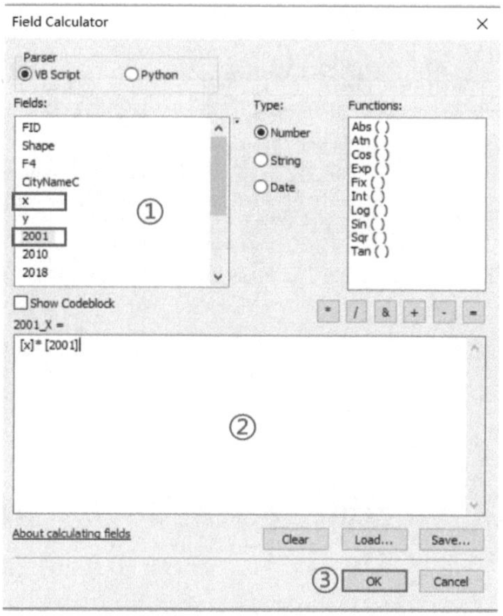

图 5-23 字段计算器窗口

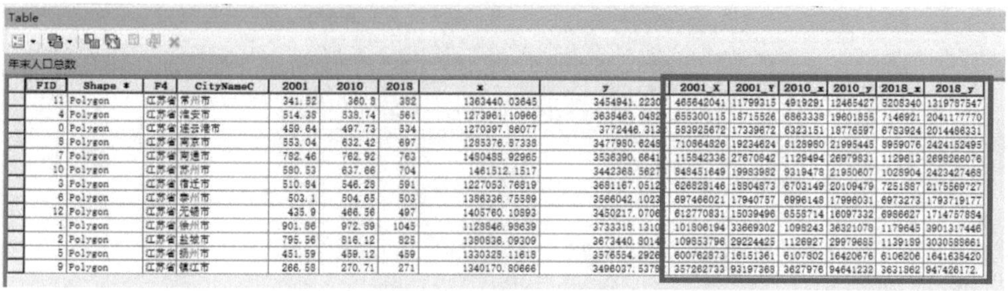

Table

年末人口总数

FID	Shape *	F4	CityNameC	2001	2010	2018	x	y	2001_X	2001_Y	2010_x	2010_y	2018_x	2018_y
11	Polygon	江苏省	常州市	341.52	360.8	382	1363440.03645	3454941.2230	465642041	11799315	4919291	12465427	5208340	1319787547
4	Polygon	江苏省	淮安市	514.38	538.74	561	1273961.10966	3638463.0482	655300115	18715526	6863338	19601855	7146921	2041177770
0	Polygon	江苏省	连云港市	459.64	497.73	534	1270397.86077	3772446.313	583925672	17339672	6323151	18776597	6783924	2014486331
8	Polygon	江苏省	南京市	553.04	632.42	697	1285376.87338	3477980.6248	710864826	19234624	8128980	21995445	8959076	2424152495
7	Polygon	江苏省	南通市	782.46	762.92	763	1480488.92965	3536390.6641	115842336	27670842	1129494	26979831	1129613	2698266076
10	Polygon	江苏省	苏州市	580.53	637.66	704	1461512.1517	3442368.5627	848451649	19983982	9319478	21950607	1028904	2423427468
3	Polygon	江苏省	宿迁市	510.84	546.28	591	1227053.76819	3681167.0512	626828146	18804873	6703149	20109479	7251887	2175569727
6	Polygon	江苏省	泰州市	503.1	504.65	503	1386336.75589	3566042.1023	697466021	17940757	6996148	17996031	6973273	1793719177
12	Polygon	江苏省	无锡市	435.9	466.56	497	1405760.10893	3450217.0706	612770831	15039496	6558714	16097332	6986627	1714757884
1	Polygon	江苏省	徐州市	901.86	972.89	1045	1128846.98639	3733318.1310	101806194	33669302	1098243	36321078	1179645	3901317446
2	Polygon	江苏省	盐城市	795.56	816.12	825	1380836.09309	3673440.8014	109853796	29224425	1126927	29979685	1139189	3030588861
5	Polygon	江苏省	扬州市	451.59	459.12	459	1330328.11618	3576554.2926	600762873	16151361	6107802	16420676	6106206	1641638420
9	Polygon	江苏省	镇江市	266.58	270.71	271	1340170.80666	3496037.5379	357262733	93197368	3627976	94641232	3631862	947426172.

图 5-24 人口权重计算以后的年末人口总数属性表

将属性表导出为 Excel（为了计算过程更直观，也可直接在属性表里统计），如图 5-25 所示，单击①处，选择“②Export”弹出 Export Data 窗口，在③处选择 txt 文件输出路径，并将其命名为年末人口总数.txt。然后将该 txt 文件在 Excel 中打开即可，如图 5-26 所示。

如图 5-27 所示，首先，①在 Excel 中分别计算各年人口总数及加权坐标的总和；②再将各年份的坐标总和除以对应年份的总人口数，将人口重心坐标整理成③；然后将其另存为人口重心坐标.xls 格式，这样我们就得到 2001 年、2010 年和 2018 年的江苏省人口重心坐标。

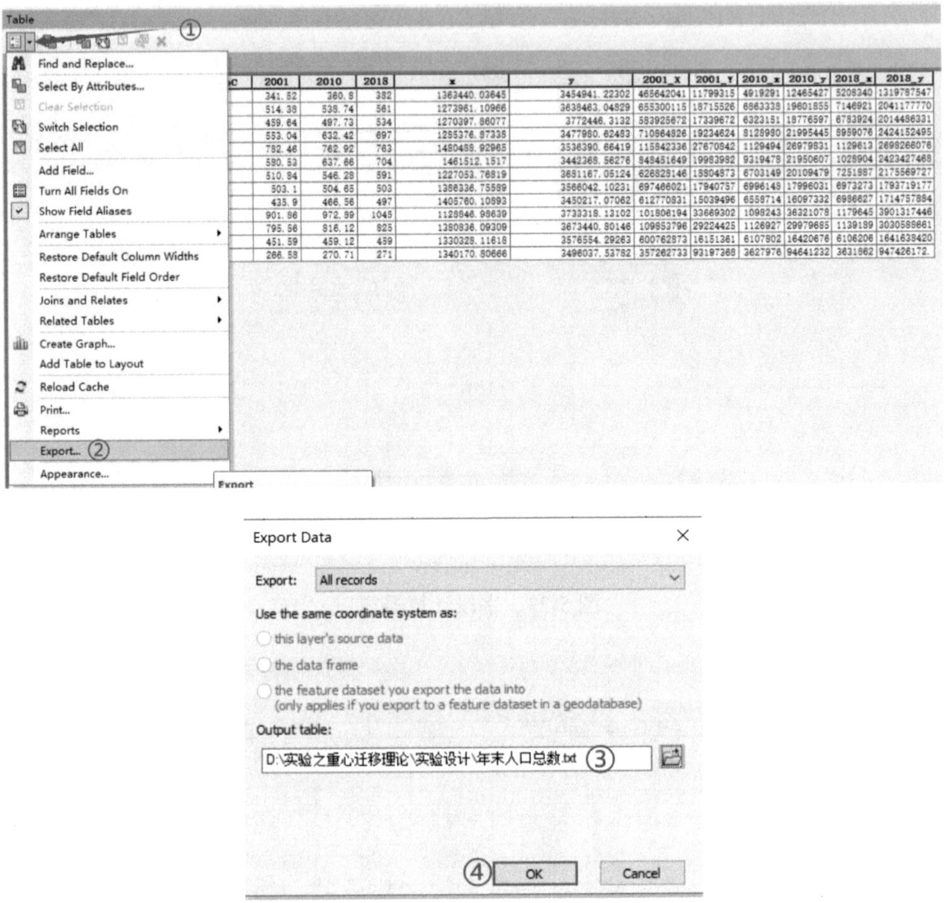

图 5-25　导出年末人口总数属性表为 txt

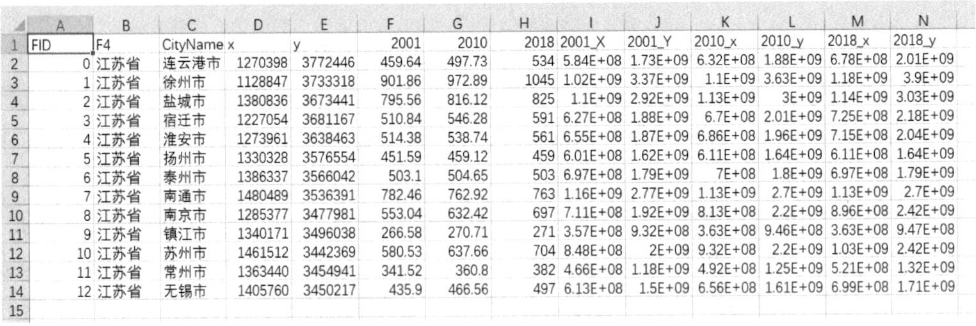

	A	B	C	D	E	F	G	H	I	J	K	L	M	N
1	FID	F4	CityName	x	y	2001	2010	2018	2001_X	2001_Y	2010_x	2010_y	2018_x	2018_y
2	0	江苏省	连云港市	1270398	3772446	459.64	497.73	534	5.84E+08	1.73E+09	6.32E+08	1.88E+09	6.78E+08	2.01E+09
3	1	江苏省	徐州市	1128847	3733318	901.86	972.89	1045	1.02E+09	3.37E+09	1.1E+09	3.63E+09	1.18E+09	3.9E+09
4	2	江苏省	盐城市	1380836	3673441	795.56	816.12	825	1.1E+09	2.92E+09	1.13E+09	3E+09	1.14E+09	3.03E+09
5	3	江苏省	宿迁市	1227054	3681167	510.84	546.28	591	6.27E+08	1.88E+09	6.7E+08	2.01E+09	7.25E+08	2.18E+09
6	4	江苏省	淮安市	1273961	3638463	514.38	538.74	561	6.55E+08	1.87E+09	6.86E+08	1.96E+09	7.15E+08	2.04E+09
7	5	江苏省	扬州市	1330328	3576554	451.59	459.12	459	6.01E+08	1.62E+09	6.11E+08	1.64E+09	6.11E+08	1.64E+09
8	6	江苏省	泰州市	1386337	3566042	503.1	504.65	503	6.97E+08	1.79E+09	7E+08	1.8E+09	6.97E+08	1.79E+09
9	7	江苏省	南通市	1480489	3536391	782.46	762.92	763	1.16E+09	2.77E+09	1.13E+09	2.7E+09	1.13E+09	2.7E+09
10	8	江苏省	南京市	1285377	3477981	553.04	632.42	697	7.11E+08	1.92E+09	8.13E+08	2.2E+09	8.96E+08	2.42E+09
11	9	江苏省	镇江市	1340171	3496038	266.58	270.71	271	3.57E+08	9.32E+08	3.63E+08	9.46E+08	3.63E+08	9.47E+08
12	10	江苏省	苏州市	1461512	3442369	580.53	637.66	704	8.48E+08	2E+09	9.32E+08	2.2E+09	1.03E+09	2.42E+09
13	11	江苏省	常州市	1363440	3454941	341.52	360.8	382	4.66E+08	1.18E+09	4.92E+08	1.25E+09	5.21E+08	1.32E+09
14	12	江苏省	无锡市	1405760	3450217	435.9	466.56	497	6.13E+08	1.5E+09	6.56E+08	1.61E+09	6.99E+08	1.71E+09
15														

图 5-26　属性表导出为 Excel 结果

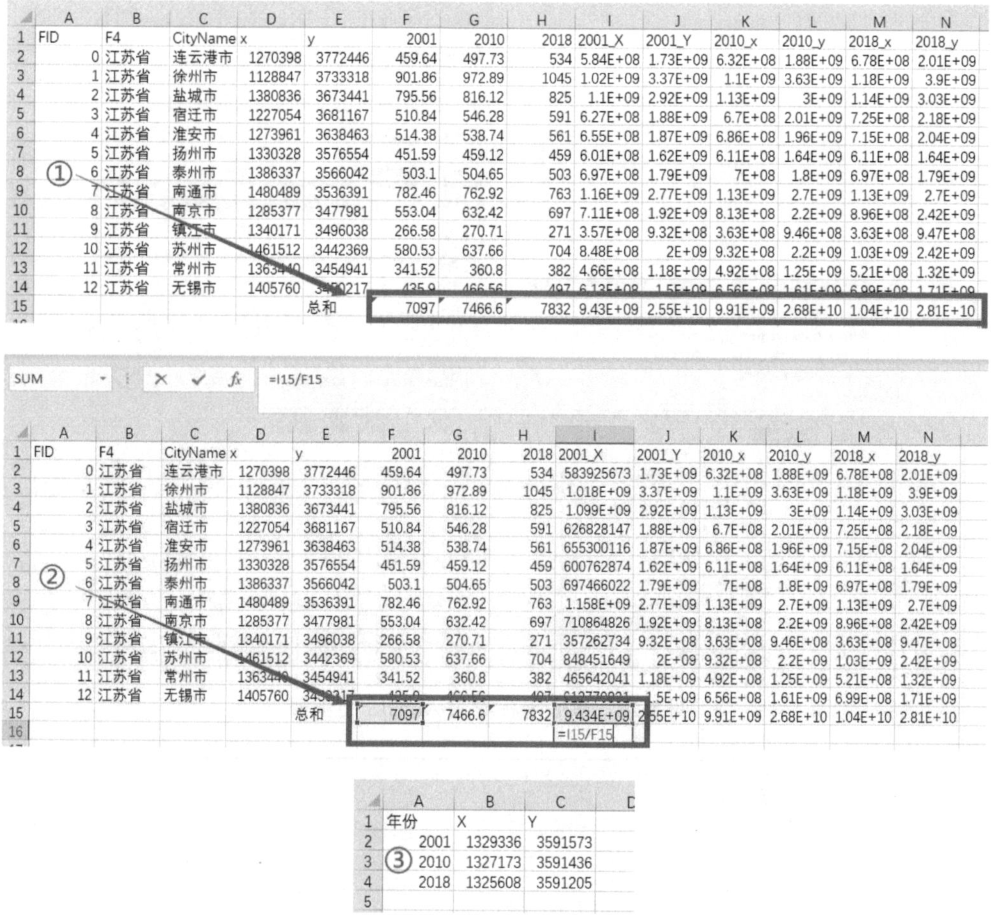

	A	B	C	D	E	F	G	H	I	J	K	L	M	N
1	FID	F4	CityName	x	y	2001	2010	2018	2001_X	2001_Y	2010_x	2010_y	2018_x	2018_y
2	0	江苏省	连云港市	1270398	3772446	459.64	497.73	534	5.84E+08	1.73E+09	6.32E+08	1.88E+09	6.78E+08	2.01E+09
3	1	江苏省	徐州市	1128847	3733318	901.86	972.89	1045	1.02E+09	3.37E+09	1.1E+09	3.63E+09	1.18E+09	3.9E+09
4	2	江苏省	盐城市	1380836	3673441	795.56	816.12	825	1.1E+09	2.92E+09	1.13E+09	3E+09	1.14E+09	3.03E+09
5	3	江苏省	宿迁市	1227054	3681167	510.84	546.28	591	6.27E+08	1.88E+09	6.7E+08	2.01E+09	7.25E+08	2.18E+09
6	4	江苏省	淮安市	1273961	3638463	514.38	538.74	561	6.55E+08	1.87E+09	6.86E+08	1.96E+09	7.15E+08	2.04E+09
7	5	江苏省	扬州市	1330328	3576554	451.59	459.12	459	6.01E+08	1.62E+09	6.11E+08	1.64E+09	6.11E+08	1.64E+09
8	① 6	江苏省	泰州市	1386337	3566042	503.1	504.65	503	6.97E+08	1.79E+09	7E+08	1.8E+09	6.97E+08	1.79E+09
9	7	江苏省	南通市	1480489	3536391	782.46	762.92	763	1.16E+09	2.77E+09	1.13E+09	2.7E+09	1.13E+09	2.7E+09
10	8	江苏省	南京市	1285377	3477981	553.04	632.42	697	7.11E+08	1.92E+09	8.13E+08	2.2E+09	8.96E+08	2.42E+09
11	9	江苏省	镇江市	1340171	3496038	266.58	270.71	271	3.57E+08	9.32E+08	3.63E+08	9.46E+08	3.63E+08	9.47E+08
12	10	江苏省	苏州市	1461512	3442369	580.53	637.66	704	8.48E+08	2E+09	9.32E+08	2.2E+09	1.03E+09	2.42E+09
13	11	江苏省	常州市	1363440	3454941	341.52	360.8	382	4.66E+08	1.18E+09	4.92E+08	1.25E+09	5.21E+08	1.32E+09
14	12	江苏省	无锡市	1405760	[illegible]	435.9	466.56	497	6.13E+08	1.5E+09	6.56E+08	1.61E+09	6.99E+08	1.71E+09
15					总和	7097	7466.6	7832	9.43E+09	2.55E+10	9.91E+09	2.68E+10	1.04E+10	2.81E+10

SUM　=I15/F15

	A	B	C	D	E	F	G	H	I	J	K	L	M	N
1	FID	F4	CityName	x	y	2001	2010	2018	2001_X	2001_Y	2010_x	2010_y	2018_x	2018_y
2	0	江苏省	连云港市	1270398	3772446	459.64	497.73	534	583925673	1.73E+09	6.32E+08	1.88E+09	6.78E+08	2.01E+09
3	1	江苏省	徐州市	1128847	3733318	901.86	972.89	1045	1.018E+09	3.37E+09	1.1E+09	3.63E+09	1.18E+09	3.9E+09
4	2	江苏省	盐城市	1380836	3673441	795.56	816.12	825	1.099E+09	2.92E+09	1.13E+09	3E+09	1.14E+09	3.03E+09
5	3	江苏省	宿迁市	1227054	3681167	510.84	546.28	591	626828147	1.88E+09	6.7E+08	2.01E+09	7.25E+08	2.18E+09
6	4	江苏省	淮安市	1273961	3638463	514.38	538.74	561	655300116	1.87E+09	6.86E+08	1.96E+09	7.15E+08	2.04E+09
7	5	江苏省	扬州市	1330328	3576554	451.59	459.12	459	600762874	1.62E+09	6.11E+08	1.64E+09	6.11E+08	1.64E+09
8	② 6	江苏省	泰州市	1386337	3566042	503.1	504.65	503	697466022	1.79E+09	7E+08	1.8E+09	6.97E+08	1.79E+09
9	7	江苏省	南通市	1480489	3536391	782.46	762.92	763	1.158E+09	2.77E+09	1.13E+09	2.7E+09	1.13E+09	2.7E+09
10	8	江苏省	南京市	1285377	3477981	553.04	632.42	697	710864826	1.92E+09	8.13E+08	2.2E+09	8.96E+08	2.42E+09
11	9	江苏省	镇江市	1340171	3496038	266.58	270.71	271	357262734	9.32E+08	3.63E+08	9.46E+08	3.63E+08	9.47E+08
12	10	江苏省	苏州市	1461512	3442369	580.53	637.66	704	848451649	2E+09	9.32E+08	2.2E+09	1.03E+09	2.42E+09
13	11	江苏省	常州市	1363440	3454941	341.52	360.8	382	465642041	1.18E+09	4.92E+08	1.25E+09	5.21E+08	1.32E+09
14	12	江苏省	无锡市	1405760	[illegible]	[illegible]	[illegible]	[illegible]	[illegible]	1.5E+09	6.56E+08	1.61E+09	6.99E+08	1.71E+09
15					总和	7097	7466.6	7832	9.434E+09	2.55E+10	9.91E+09	2.68E+10	1.04E+10	2.81E+10
16									=I15/F15					

	A	B	C
1	年份	X	Y
2	2001	1329336	3591573
3	③ 2010	1327173	3591436
4	2018	1325608	3591205
5			

图 5-27　计算平均坐标及人口重心

（五）人口重心坐标可视化

参考图 5-14，将人口重心坐标表格添加到 ArcGIS 中，然后如图 5-28 所示，选择①处的表格右击，选择②Display XY Data，然后弹出 Display XY Data 窗口，在③处选择 XY 字段，然后单击“④OK”即可将人口重心导入 ArcGIS 中。人口重心如图 5-29 所示，近 10 多年来，江苏省人口重心变化较小，人口重心主要集中分布在高邮市，人口重心有向西移动的趋势。虽然人口的重心并没有在人口最多的区域，但是重心转移轨迹能够很好地揭示整体的人口转移趋势。

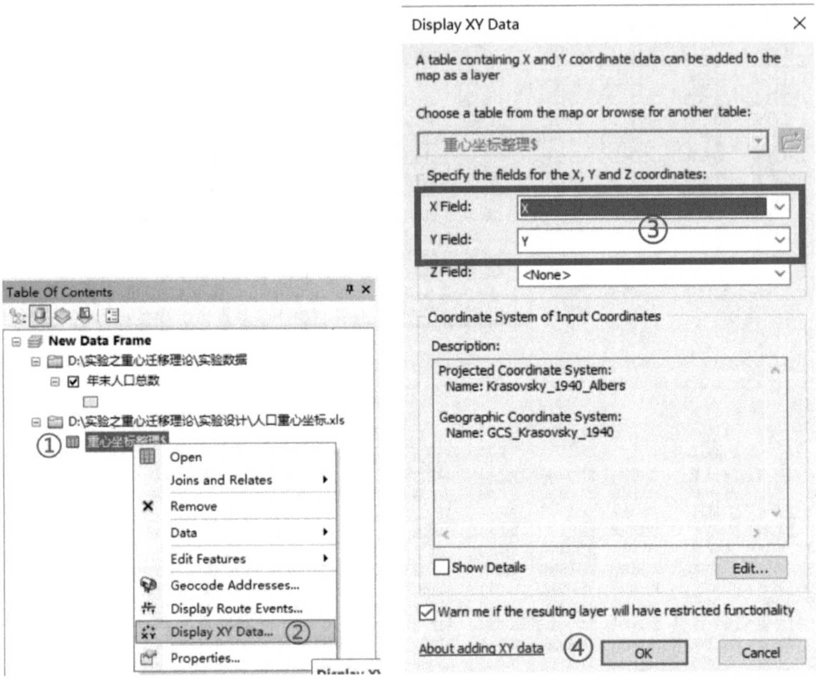

图 5-28　重心坐标导入 ArcGIS 的步骤

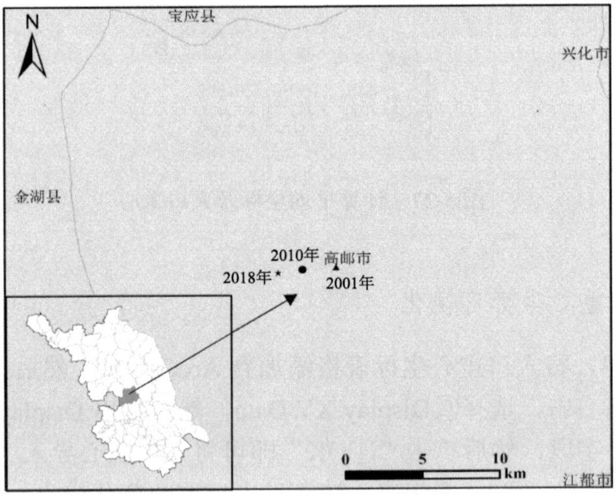

图 5-29　人口重心迁移可视化

五、小结

在 ArcGIS 软件支持下，根据地级市统计单元，计算地理质心或行政质心位置等数据，然后计算人口权重，最后得到2001年、2010年和2018年江苏省人口重心迁移可视化专题图，从而可以为制定人口发展政策、区域社会经济发展规划提供决策依据。本实验案例对江苏省人口重心迁移情况进行讲解。事实上，重心迁移不仅应用在社会学，也涉及一些其他的领域，如景观生态学、气象学和经济学等方面，感兴趣的读者可以根据自己研究的需要，进一步研究重心迁移理论在不同领域的应用前景。

六、思考与练习

（1）重心迁移理论应用的基础是什么？

（2）根据本实验的研究内容，能否实现土地利用重心迁移？

第三节　转移概率矩阵

一、实验场景

土地利用转移矩阵是马尔可夫模型在土地利用变化方面的应用。马尔可夫模型不仅可以定量地表明不同土地利用类型之间的转化情况，还可以揭示不同土地利用类型间的转移速率（阿迪力·吐尔干等，2015；刘瑞和朱道林，2010）。

本实验以“江苏省的土地利用转移矩阵”为实验案例，利用中国科学院资源环境科学与数据中心（https://www.resdc.cn/）提供的2010年及2020年江苏省土地利用遥感监测数据，建立江苏省近10年来土地利用转移情况矩阵。实验涉及几个核心问题：①如何利用ArcGIS的合并工具对2010年及2020年江苏省土地利用遥感监测数据进行重分类？②如何将两幅土地利用遥感影像的属性进行合并？③如何构建土地利用转移矩阵。

二、实验目标与内容

（一）实验目标与要求

（1）强化对土地利用变化的理解。

（2）掌握土地利用转移矩阵模型的操作方法。

（3）结合实际，掌握利用土地利用转移矩阵模型解决土地利用变化分析问题。

（二）实验内容

（1）同类要素合并。

（2）利用栅格计算器将数据属性合并。

（3）构建土地利用转移矩阵。

三、实验数据与思路

（一）实验数据

本实验数据采用中国科学院资源环境科学与数据中心提供的 2010 年及 2020 年江苏省土地利用遥感监测数据，该数据为分辨率为 1km 的栅格数据，是基于 Landsat 8 遥感影像，通过人工目视解译生成的。土地利用类型包括耕地、林地、草地、水体、建设用地和未利用土地 6 个一级类型以及 25 个二级类型。具体分类如表 5-2 所示。

表 5-2　土地分类明细

一级类型		二级类型	
编号	名称	编号	名称
1	耕地		
		11	水田
		12	旱地
2	林地		
		21	有林地
		22	灌木林
		23	疏林地
		24	其他林地
3	草地		
		31	高覆盖度草地
		32	中覆盖度草地
		33	低覆盖度草地
4	水体		
		41	河渠
		42	湖泊
		43	水库坑塘
		44	永久性冰川雪地
		45	滩涂
		46	滩地
5	建设用地		
		51	城镇用地
		52	农村居民点
		53	其他建设用地

续表

一级类型		二级类型	
编号	名称	编号	名称
6	未利用土地		
		61	沙地
		62	戈壁
		63	盐碱地
		64	沼泽地
		65	裸土地
		66	裸岩石质地
		67	其他

（二）思路与方法

通常的土地利用转移矩阵中，行表示 T_1 时点土地利用类型，列表示 T_2 时点土地利用类型。P_{ij} 表示 T_1～T_2 时点土地利用类型 i 转换为土地利用类型 j 的面积占土地总面积的百分比； P_{ii} 表示 T_1～T_2 时点 i 种土地利用类型保持不变的面积百分比。P_i 表示 T_1 时点地类 i 的总面积百分比。P_j 表示 T_2 时点 j 种土地利用类型的总面积百分比。$P_i - P_{ii}$ 为 T_1～T_2 时点地类 i 面积减少的百分比；$P_j - P_{jj}$ 为 T_1～T_2 时点地类 j 面积增加的百分比。

本实验首先利用 ArcGIS 对土地利用数据进行合并，将土地利用类型合并成 1 级分类，即合并为 1 耕地、2 林地、3 草地、4 水体、5 建设用地及 6 未利用土地六大类，之后对两幅遥感影像进行属性合并，再将属性合并后的数据的属性表以文本格式导出，利用该结果在 Excel 中完成后续土地利用转移矩阵的构建（图 5-30）。

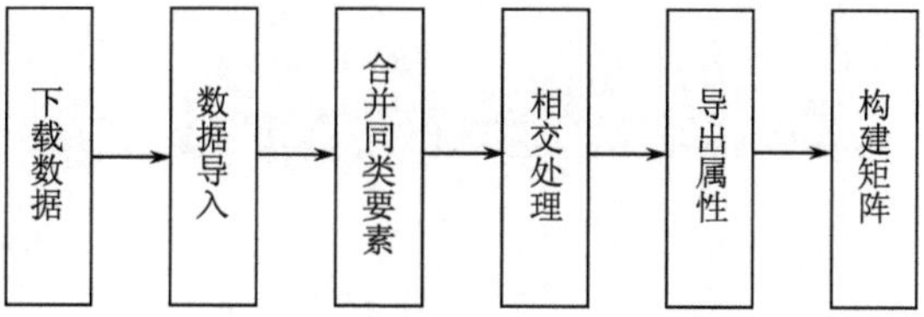

图 5-30　构建土地利用转移矩阵

四、实验步骤

（一）软件准备

ArcGIS 10.7、Excel。

（二）数据准备

2010 年江苏省土地利用遥感监测数据、2020 年江苏省土地利用遥感监测数据。

（三）将二级土地利用类型转换为一级土地利用类型

如图 5-31 所示，打开“ArcMap”，选择菜单栏“①Add Data”选项单击，选择所需数据，单击“②Add”，将 2010 年和 2020 年江苏省土地利用遥感监测数据加载到“ArcMap”中。

利用重采样工具将土地利用类型一级分类转换为土地利用类型二级分类，如图 5-32 所示，在 ArcToolbox 中选择“①Special Analyst Tools→②Recalss→③Reclassify”，弹出 Reclassify 窗口，如图 5-33 所示，具体操作如下：①输入栅格（Input raster）：输入需要进行重采样的栅格数据；②根据表 5-2，将分类中的二级分类更改为对应的一级分类；③输出栅格（Output raster）：设置数据输出路径；④单击“OK”即可完成遥感影像数据的重采样。本实验重采样步骤以 2010 年江苏省土地利用遥感监测数据为例，依据上述操作对 2020 年江苏省土地利用遥感监测数据进行重采样处理。

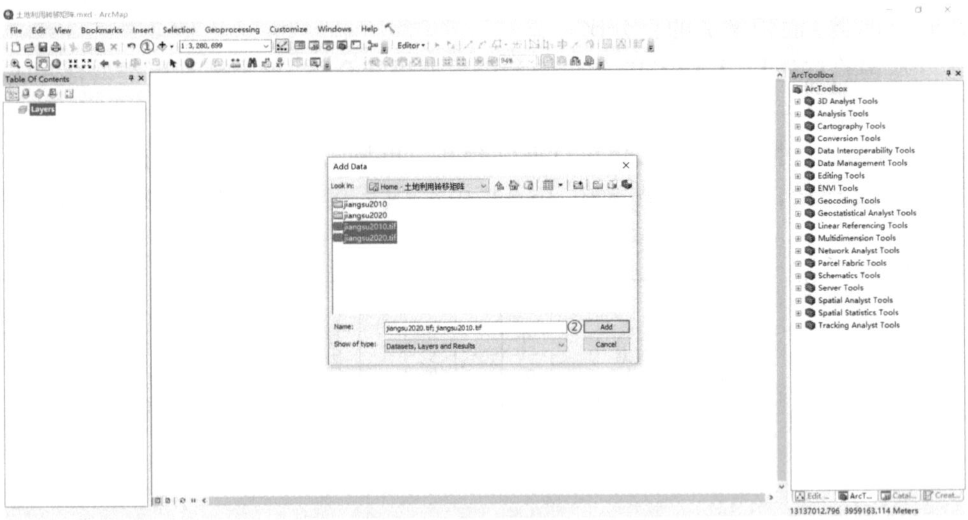

图 5-31　加载数据

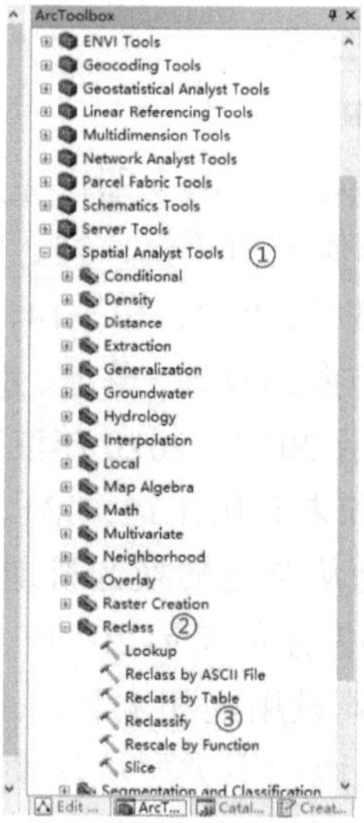

图 5-32　重分类操作步骤

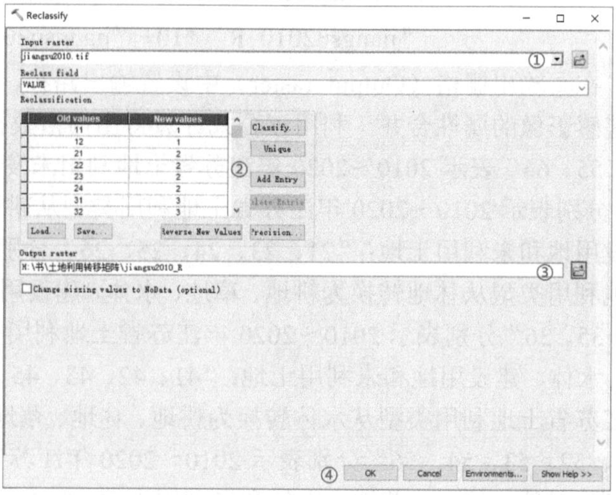

图 5-33　重分类参数设置

（四）利用栅格计算器属性合并并输出

如图 5-34 所示，在 ArcToolbox 中选择“①Special Analyst Tools→②Map Algebra→③Raster Calculator”，弹出 Raster Calculator 窗口，如图 5-35 所示。

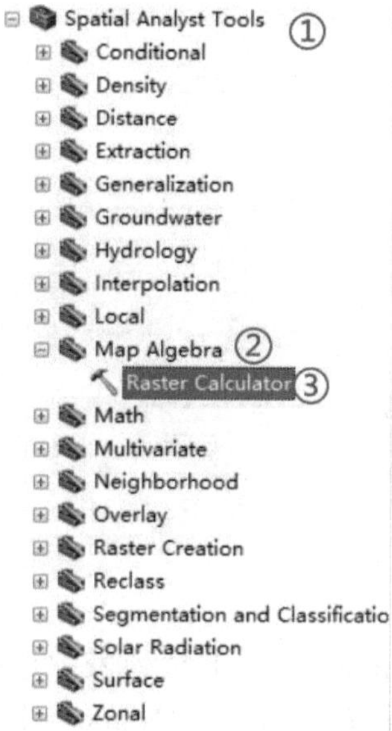

图 5-34　属性合并操作步骤

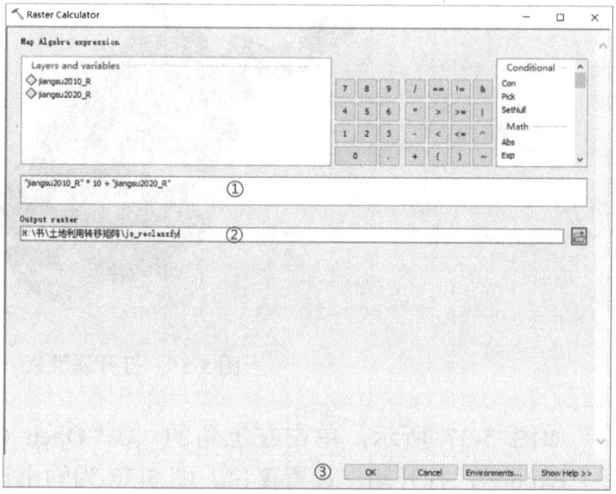

图 5-35　属性合并参数设置

图 5-35 为弹出的 Raster Calculator 窗口，在①中输入公式：

$$\text{“jiangsu2010\_R”}*10+\text{“jiangsu2020\_R”} \tag{5-3}$$

在②输出栅格（Output raster）中设置输出路径，③单击“OK”即可完成两幅遥感影像的属性合并。利用该公式计算得出栅格数据中像元值“11、22、33、44、55、66”表示 2010～2020 年江苏省土地利用未发生变化；“12、13、14、15、16”分别表示 2010～2020 年江苏省土地利用类型从耕地转换为林地、草地、水体、建设用地和未利用土地；“21、23、24、25、26”分别表示 2010～2020 年江苏省土地利用类型从林地转换为耕地、草地、水体、建设用地和未利用土地；“31、32、34、35、36”分别表示 2010～2020 年江苏省土地利用类型从草地转换为耕地、林地、水体、建设用地和未利用土地；“41、42、43、45、46”分别表示 2010～2020 年江苏省土地利用类型从水体转换为耕地、林地、草地、建设用地和未利用土地；“51、52、53、54、56”分别表示 2010～2020 年江苏省土地利用类型从建设用地转换为耕地、林地、草地、水体和未利用土地；“61、62、63、64、65”分别表示 2010～2020 年江苏省土地利用类型从未利用土地转换为耕地、林地、草地、水体和建设用地。

属性合并后将属性表输出，如图 5-36 所示，①右击合并后的栅格数据，选择②“Open Attribute Table”打开属性列表。

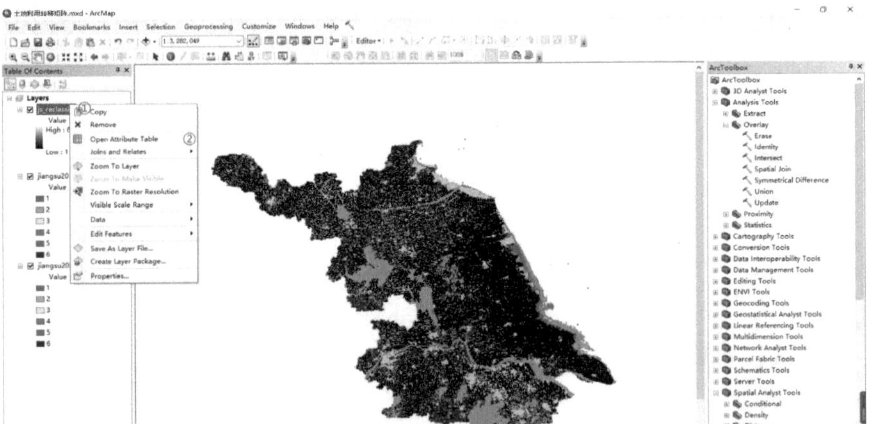

图 5-36　打开属性表

如图 5-37 所示，单击左上角的①“Open Options”，在下拉列表中选择②“Export”，打开输出设置窗口。图 5-38 为输出设置窗口，在①“Name”中输入输出文本名称，在名称后添加“.txt”后缀使其以文本格式输出，②单击“Save”完成属性表输出。

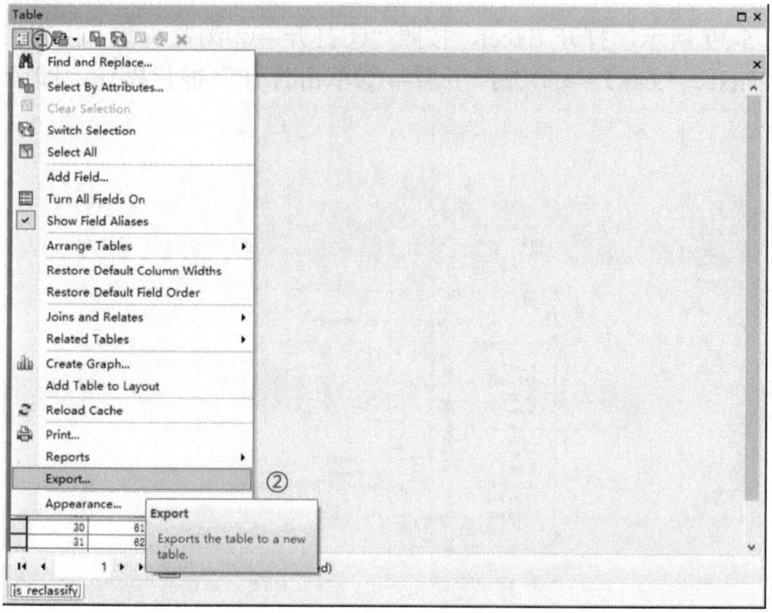

图 5-37　属性输出操作步骤

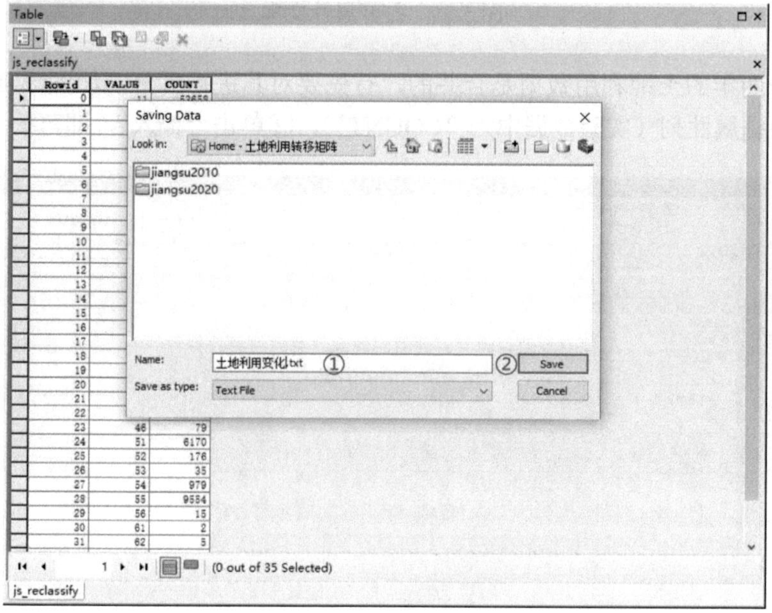

图 5-38　属性表输出

（五）构建土地利用转移矩阵

如图 5-39 所示，打开 Excel，按照“①打开→②浏览→③下拉列表中选择文本文件（*.txt、*.csv）→④选择所需→⑤单击打开”进行操作，即可打开属性文本。

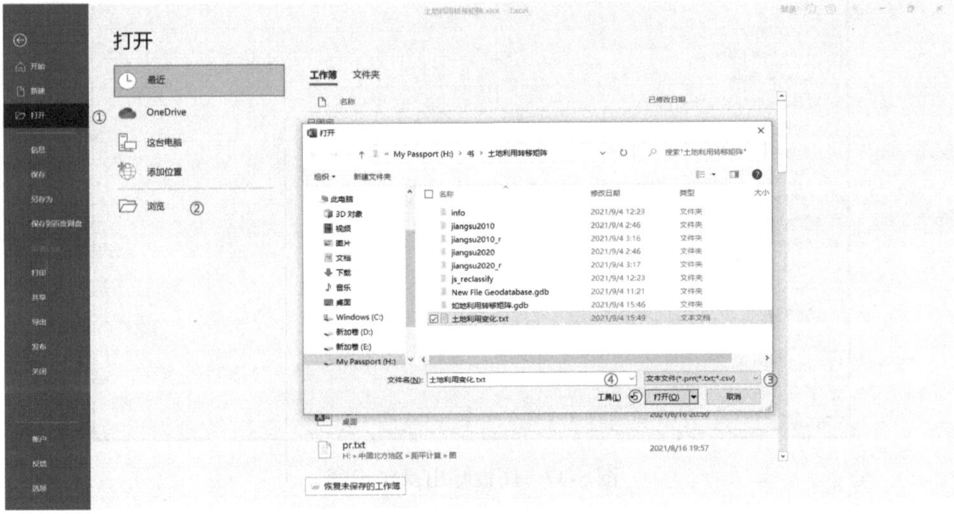

图 5-39　打开属性文本

由于两年的土地利用数据是合并的，首先要对其进行拆分，如图 5-40 所示，①右击数据属性列（实验数据中为“COUNT”），②单击“插入”，即可插入空白列。

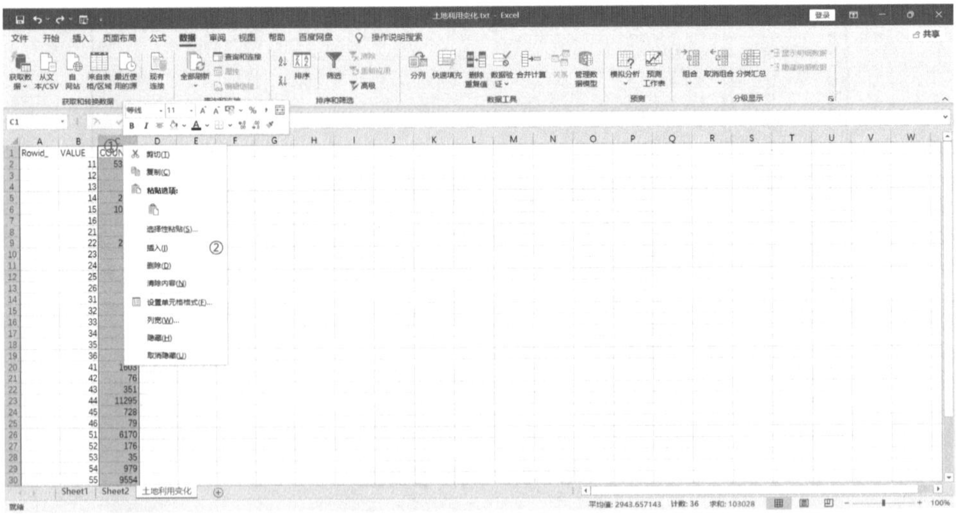

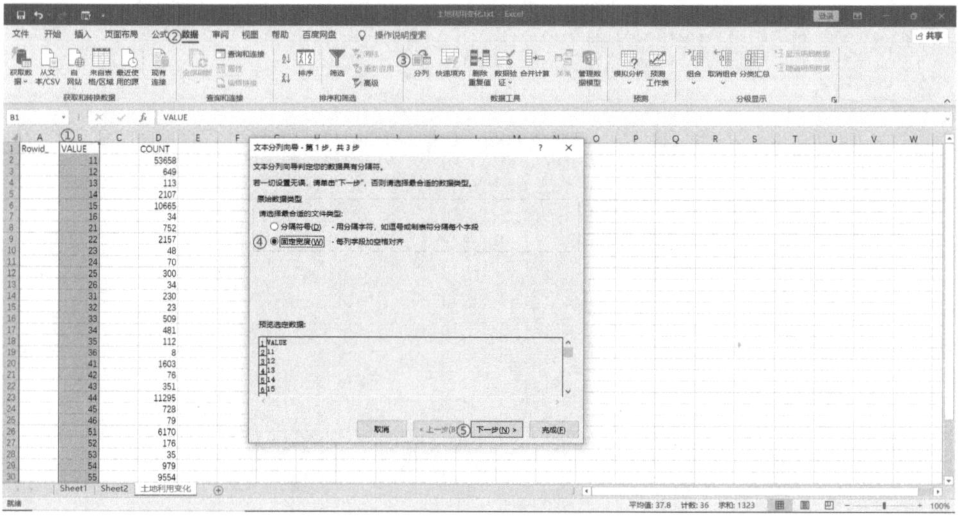

图 5-40　数据分列

之后对数据分类列（实验数据中为“VALUE”）进行分列处理，如图 5-40 所示，①选择数据分类列，②在上方选择“数据”，③单击“分列”，④在打开的窗口中选择“固定宽度”，⑤单击“下一步”。在图 5-41 的窗口中①单击两数字之间确定分列位置，②单击下一步。在图 5-42 的窗口中①设置新数据列数据格式为“常规”，②单击完成，即可将数据分类列拆分为两列，再根据图 5-43 分别将两列命名为①“2010”、②“2020”。

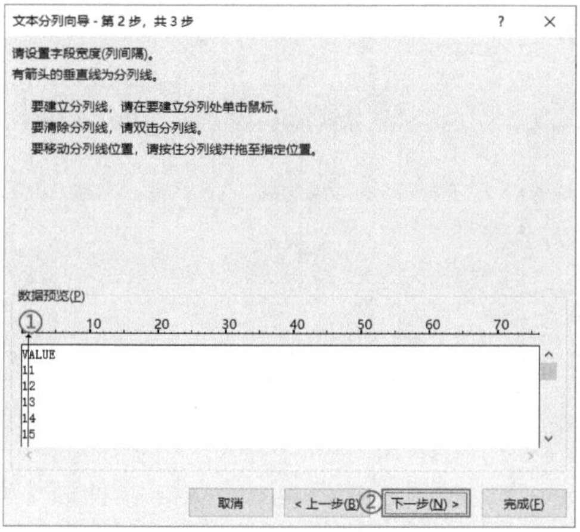

图 5-41　分列操作步骤

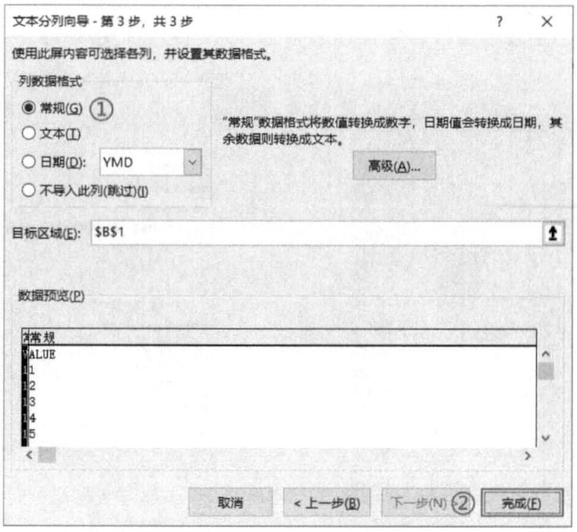

图 5-42　分列操作设置

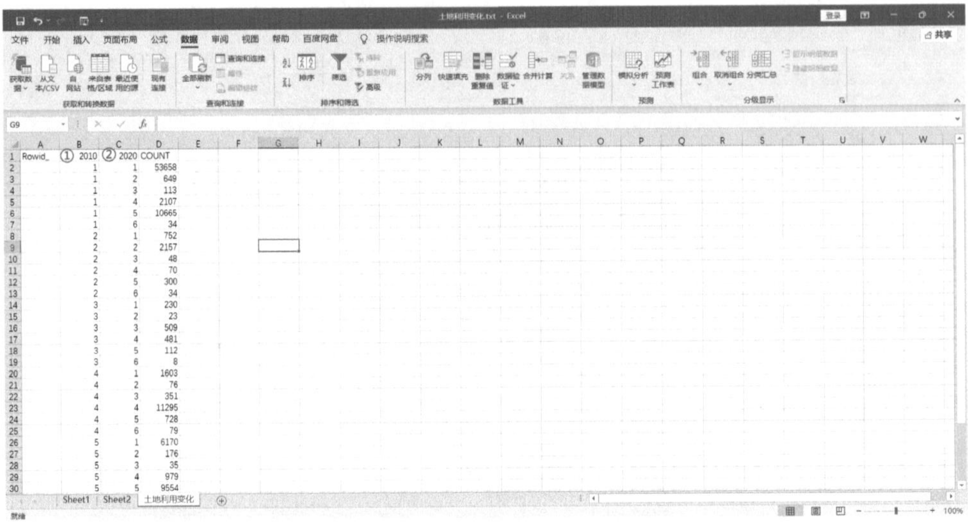

图 5-43　修改数列名称

最后构建土地利用转移矩阵，首先需要建立数据透视表，如图 5-44 所示，①选择全部数据，②在最上边选择插入，③单击数据透视表，④单击“确定”，打开数据透视表参数设置窗口，图 5-45 为数据透视表参数具体设置，拖曳各类名，使得①列为“2020”，②行为“2010”，③∑值为“COUNT”，设置后即可构建出土地利用转移矩阵，结果如表 5-3 所示。

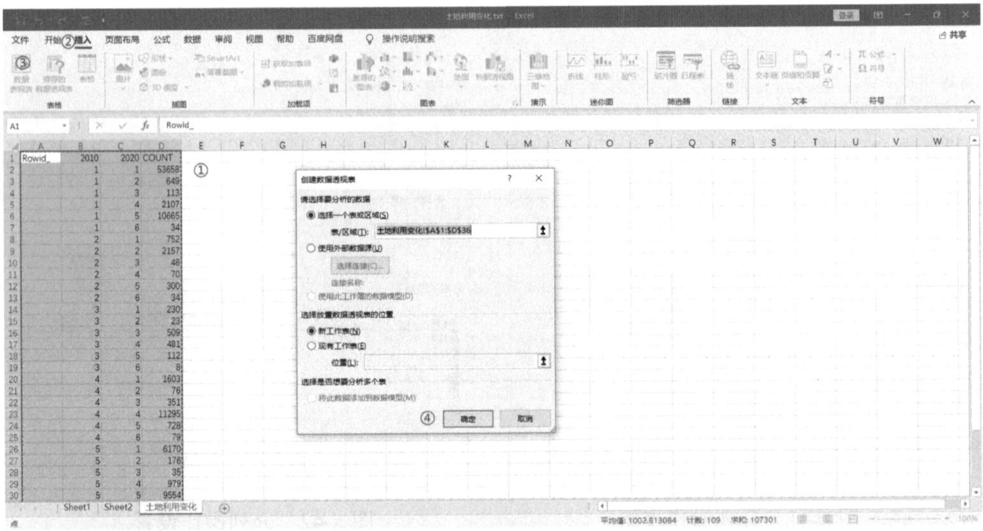

图 5-44　构建数据透视表操作步骤

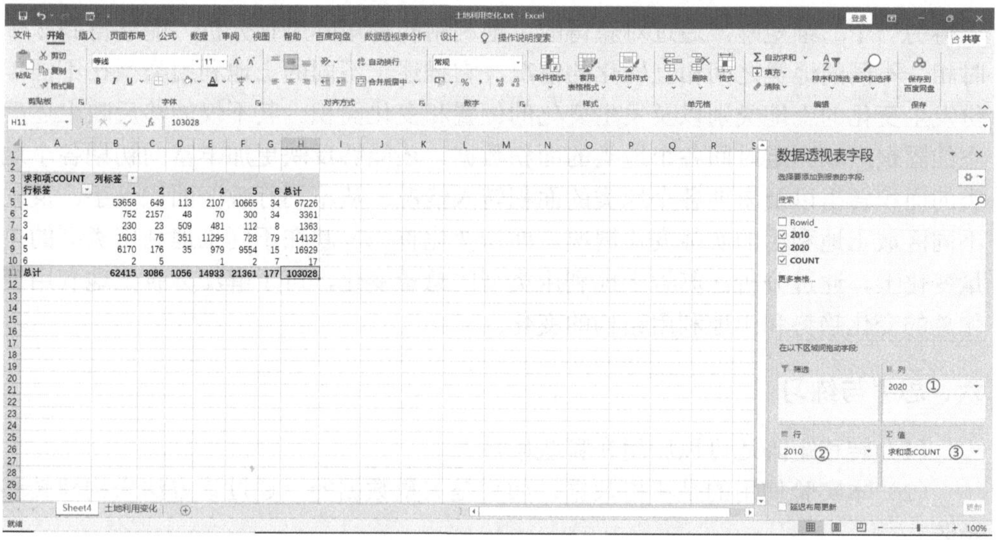

图 5-45　构建土地利用转移矩阵

表 5-3 为构建的土地利用转移矩阵，由于数据的分辨率为 1km，则列表中数据单位为“km^2”。由表 5-3 可知，江苏省 2010～2020 年，各土地利用类型发生的主要变化为耕地向建设用地转换，面积为 10665km^2；林地向耕地转换，面积为 752km^2，向建设用地转换为 300km^2；草地向水体转换为 481km^2；水体向耕地转换为 1603km^2；建设用地中主要有 6170km^2 转换为耕地；未利用土地变化并不明显。

表 5-3　土地利用转移矩阵　　（单位：km^2）

2010 年	2020 年						
	1	2	3	4	5	6	总计
1	53658	649	113	2107	10665	34	67226
2	752	2157	48	70	300	34	3361
3	230	23	509	481	112	8	1363
4	1603	76	351	11295	728	79	14132
5	6170	176	35	979	9554	15	16929
6	2	5	0	1	2	7	17
总计	62415	3086	1056	14933	21361	177	103028

注：1～6 分别表示耕地、林地、草地、水体、建设用地、未利用土地。

五、小结

土地利用转移矩阵是根据同一地区不同时相的土地利用现状图的变化关系，

求得的一个二维矩阵。通过对获得的土地利用转移矩阵进行分析，能够得到 2 个时相、不同的地类之间相互转化的情况，它描述了不同的土地利用类型在不同年份发生变化的土地类别以及发生变化的位置和变化面积。其不仅能够反映上述静态的固定区域固定时间各个地类的面积数据，还能够反映更加丰富的初期各个地类的面积转出以及末期各个地类的面积转入情况。从不同行政区面积入手，反映不同区域土地利用的实际变化情况。面积变化首先反映在不同土地利用类型的总量变化上，通过分析江苏省土地利用类型的总量变化，可了解江苏省土地利用变化总的变化趋势和土地利用结构的变化。

六、思考与练习

（1）转移矩阵还可以应用在哪些领域？

（2）本实验使用的是栅格数据，如果是矢量数据能否通过该方法来构建转移矩阵？

第四节　地理加权回归分析

一、实验场景

地理加权回归（geographically weighted regression, GWR）是一种区域分析模型，目前广泛应用于地理学及其空间模式分析等相关领域。地理加权回归通过建立空间范围内每个点处的局部回归方程，从空间异质性角度来探索研究对象在某一空间尺度下的变化及相关驱动因素，可用于对空间对象的模拟。由于模型考虑到空间对象的局部效应，因此其在模拟空间变化时具有更高的准确性。地理加权回归主要的运用领域包括：文化产业（魏和清和李颖，2021）、环境科学（尉芳等，2021）、经济学（唐文彬等，2021）、生态学（陈晓辉等，2021）、气象学（魏石梅等，2020）和社会学（孟颖和曹月娥等，2020）等。地理加权回归模型的优点在于相同变量在不同区域的拟合效果不同，这是空间异质性的缘故，各地区的环境、社会、经济条件不同，效果也不一样，而以往的回归分析中不考虑空间异质性。与地理探测器相同的是，该模型也是构建自变量（*X*）和因变量（*Y*）之间的定量关系，从而揭示因变量（*Y*）空间分异的主要驱动因素，不同的是地理加权回归考虑了空间自相关（空间自相关是指一些变量在同一个分布区内的观测数据之间潜在的相互依赖性）。

本实验案例为“江苏省植被变化空间分异的驱动机制分析”。基于第一章处理后的高程、坡度、气温、降水、国内生产总值（GDP）、人口和归一化植被指数（NDVI），探究驱动因子对 NDVI 的影响力大小，以正确地认知江苏省植被生长状态和植被覆盖度的影响机制，实验结果可以为区域环境监测提供科学依据。本实验具体包含 3 个内容：①采用 ArcGIS 中的地理加权回归模型与多元线性回归模型识别植被覆盖度的影响因素；②比较多元线性回归模型与地理加权回归模型的优缺点；③分析影响植被生长的因子（如降水、气温等）的空间分异规律。

二、实验目标与内容

（一）实验目标与要求

（1）熟悉掌握地理加权回归模型与多元线性回归模型的基本原理和计算流程。

（2）深入了解地理加权回归模型与多元线性回归模型的参数估计及显著性检验结果。

（3）结合实际，掌握利用地理加权回归模型解决空间分析问题的能力。

（二）实验内容

（1）区域统计及数据标准化处理；
（2）多元线性回归模型的构建；
（3）地理加权回归模型的构建。

三、实验数据与思路

（一）实验数据

本实验数据采用第一章处理的高程、坡度、气温、降水、GDP、人口和 NDVI，具体使用的数据明细如表 5-4 所示。

表 5-4　数据明细

数据名称	类型	描述
高程	栅格	地面某个地点高出海平面的垂直距离
坡度	栅格	地表单元陡缓的程度
气温	站点转栅格	空气冷热程度的物理量
降水	站点转栅格	大气中的水汽凝结后以液态水或固态水降落到地面的现象
GDP	表格转栅格	GDP 是国民经济核算的核心指标，也是衡量一个国家或地区经济状况和发展水平的重要指标
人口	表格转栅格	人口指在一定时点、一定地域范围内所有的有生命活动的个人的总和
NDVI	栅格	反映农作物长势和营养信息的重要参数之一

（二）思路与方法

目前，地理加权回归模型被运用于从社会科学到自然科学的广泛研究领域，其研究区域从地方尺度到国家尺度。地理加权回归模型是对普通最小二乘法的扩展，将数据地理位置镶嵌到回归模型之中（Fotheringham et al., 2003; Fotheringham and Charlton, 1996），可体现空间分异规律，反映自变量与因变量在空间上的相互影响关系。与地理探测器相比，地理加权回归的优势是自变量（X）可以输入类型变量包括离散变量，并且能够获得影响因子的空间分异规律；而地理加权回归不可以通过检验两个变量空间分布的耦合性来解释两个变量之间的相互关系。

1. 数据标准化

本实验为避免各指标的量纲和数量级有所差异，采取 Z-score 标准化方法将归一化植被数据及驱动因素进行标准化处理，计算公式如下：

$$x' = \frac{x-\mu}{\sigma} \tag{5-4}$$

式中，x' 为标准化后的数值；x 为原始数值；μ 为样本数据均值；σ 为样本数据标准差。

2. 地理加权回归模型（GWR）

传统的最小二乘法只是对参数进行“平均”或“全局”估计，如果解释变量为空间数据，且解释变量之间存在高度的共线性问题，就无法满足最小二乘法残差项独立的假设前提，那么用最小二乘法进行参数估计将不再适用。地理加权回归模型（GWR）被引入对不同地区的影响进行估计，能够反映参数在不同空间地理位置的异质性，具体表现为变量之间的关系可以随空间位置的变化而变化，其结果更符合客观实际。本实验选择影响植被生长的因素（高程、坡度、气温、降水、GDP、人口），采用地理加权回归模型进行分析。地理加权回归模型扩展了传统的回归框架，在普通最小二乘法的基础上进行局部的参数估计，模型计算如下：

$$y_i = \beta_0(u_i, v_i) + \sum_k \beta_k(u_i, v_i) x_{ik} + \varepsilon_i \tag{5-5}$$

式中，(u_i, v_i) 为第 i 个样本空间单元的地理中心坐标；$\beta_k(u_i, v_i)$ 为连续函数 $\beta_k(u, v)$ 在 i 样本空间单元的值。

具体流程如图 5-46 所示。

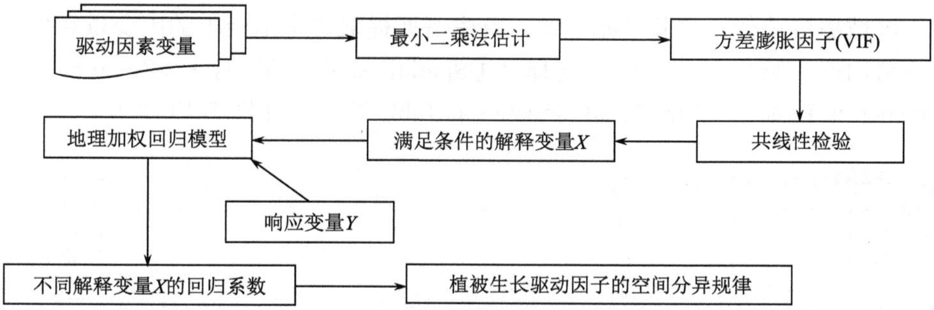

图 5-46　地理加权回归模型分析流程图

四、实验步骤

（一）软件准备

ArcGIS 10.7。

（二）数据准备

江苏省的市级矢量边界、高程、坡度、气温、降水、GDP、人口和 NDVI。

（三）区域统计及数据标准化处理

1. 市级单元区域统计

加载实验数据：打开“ArcMap”，选择菜单栏“①Add Data”选项单击，打开“地理加权回归→实验数据”，单击“Add”，将江苏省的市级矢量边界、高程、坡度、气温、降水、GDP、人口和 NDVI 加载到“ArcMap”中（图 5-47）。

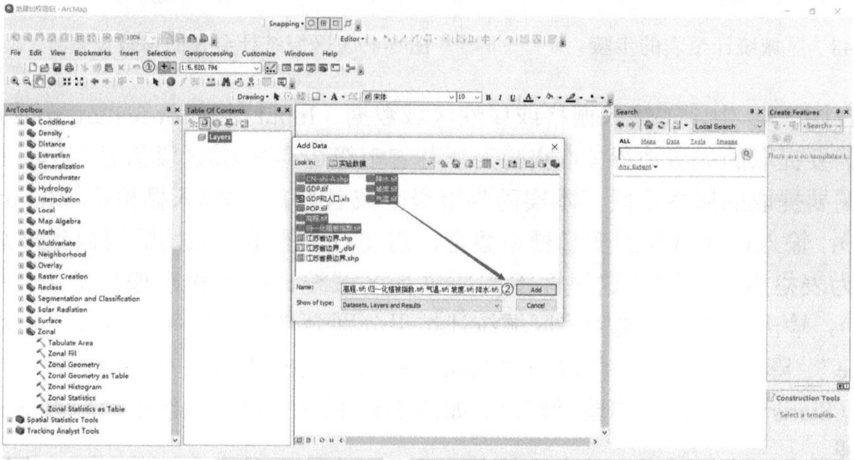

图 5-47　加载实验数据

区域栅格统计：实验开始之前，首先需要提取每个地级市的因变量和自变量的栅格均值。如图 5-48 所示，选择“①Spatial Analyst Tools→②Zonal→③Zonal Statistics as Table”，弹出 Zonal Statistics as Table 窗口，如图 5-49 所示。

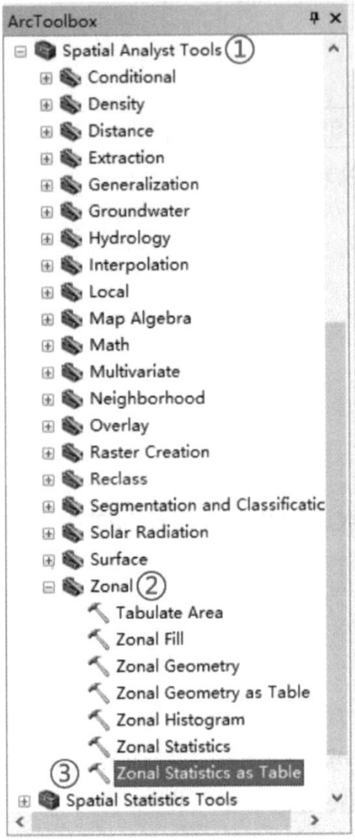

图 5-48　区域统计至表的步骤

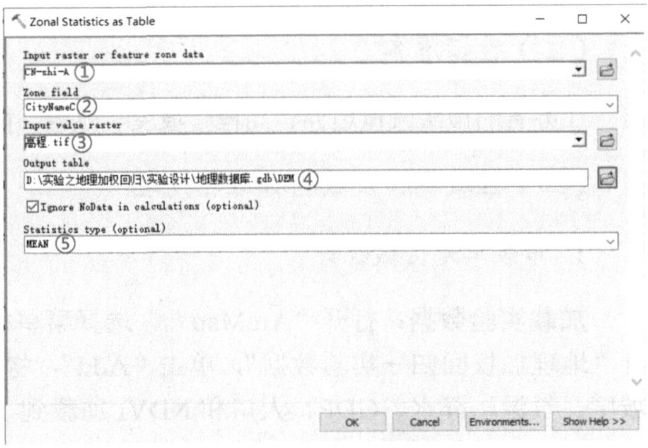

图 5-49　区域统计至表的参数设置

在图 5-49 中，①输入栅格或属性区域数据（Input raster or feature zone data）：输入需要提取的矢量边界（本实验为江苏省市级边界）；②区段信息（Zone field）：输入需要提取的属性字段（本实验为市级区域名称）；③输入栅格值（Input value raster）：输入自变量和因变量栅格数据，需要注意的是，原始的国内生产总值和人口为表格数据，因此这里面不需要进行区域统计；④输出栅格数据（Output raster）：输出路径，本实验将区域统计结果分别命名为高程→“DEM”、坡度→“Slope”、降水→“Pr”、气温→“Tmp”和归一化植被指数→“NDVI”；⑤统计类型（Statistics type）：均选择均值。如图 5-50 所示，每个地级市对应着其高程均值结果。

OBJECTID *	CityNameC	ZONE_CODE	COUNT	AREA	MEAN
1	连云	1	7256	[illegible]	16.083655
2	徐州	2	10968	10968000000	33.261214
3	盐城	3	14521	14521000000	1.310654
4	宿迁	4	8499	8499000000	14.46582
5	淮安	5	10004	10004000000	14.576469
6	扬州	6	6553	6553000000	6.939722
7	泰州	7	5752	5752000000	3.04468
8	南通	8	8279	8279000000	4.135161
9	南京	9	6466	6466000000	25.087071
10	镇江	10	3843	3843000000	22.806922
11	苏州	11	8054	8054000000	5.676807
12	常州	12	4343	4343000000	14.157725
13	无锡	13	4579	4579000000	17.185412

图 5-50　各地级市区域统计为表的结果

将统计好的栅格均值结果导出到 Excel 中。图 5-51 中，单击“①”处的下拉菜单，选择“②Export”，弹出“Export Data”窗口，在“③”设置输出路径，单击“④OK”即可，将其导出到 txt 格式。然后在 Excel 中进行适当整理，整理格式见图 5-52。（注意：这里主要是为了方便归一化计算，也可以通过 ArcGIS 中栅格计算器来实现，但过程相对来说较为复杂。）

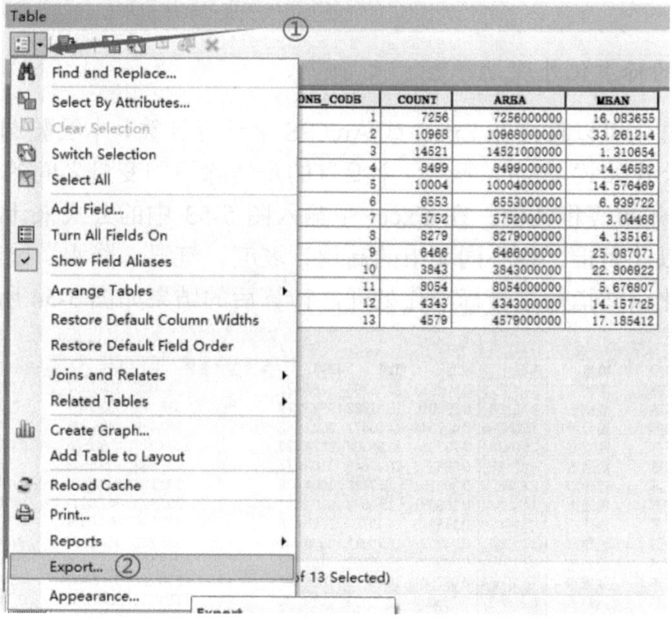

ZONE_CODE	COUNT	AREA	MEAN
1	7256	7256000000	16.083655
2	10968	10968000000	33.261214
3	14521	14521000000	1.310654
4	8499	8499000000	14.46582
5	10004	10004000000	14.576469
6	6553	6553000000	6.939722
7	5752	5752000000	3.04468
8	8279	8279000000	4.135161
9	6466	6466000000	25.087071
10	3843	3843000000	22.806922
11	8054	8054000000	5.676807
12	4343	4343000000	14.157725
13	4579	4579000000	17.185412

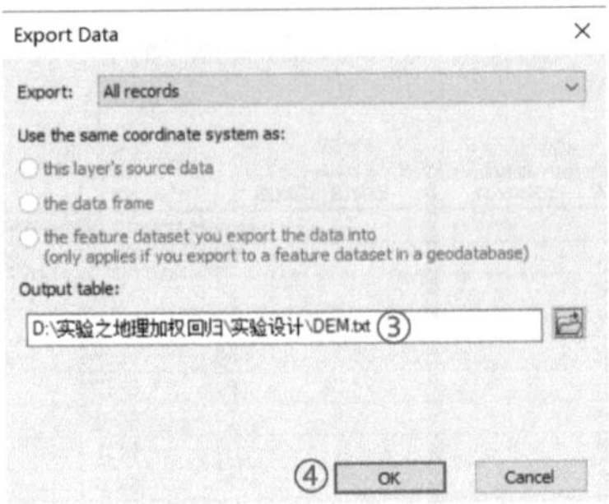

图 5-51　各地级市区域统计导出为 txt 格式

	A	B	C	D	E	F	G	H	I
1	省份	城市	高程	坡度	气温	降水	国内生产总值	人口	归一化植被指数
2	江苏	常州市	14.15773	0.504585	16.81368	1123.621	740.086	359.7857	0.633686095
3	江苏	淮安市	14.57647	0.290016	15.81882	992.7479	387.121	539.3514	0.74875833
4	江苏	连云港市	16.08365	0.427046	14.69677	962.0742	313.929	495.305	0.744967748
5	江苏	南京市	25.08707	0.793056	16.85302	1122.798	1403.015	620.86	0.662023666
6	江苏	南通市	4.135161	0.098323	16.20649	1102.375	938.339	769.5543	0.695977861
7	江苏	苏州市	5.676807	0.309151	16.7118	1054.675	1923.58	633.3421	0.476619412
8	江苏	宿迁市	14.46582	0.168081	15.6573	960.3157	309.923	547.6643	0.731934597
9	江苏	泰州市	3.04468	0.115915	16.18709	1085.425	513.336	504.2971	0.736425266
10	江苏	无锡市	17.18541	0.741037	16.70611	1095.707	1185.232	464.1357	0.599739619
11	江苏	徐州市	33.26121	0.288027	15.68022	870.3598	715.135	965.9929	0.746959847
12	江苏	盐城市	1.310654	0.097541	15.26705	1026.802	570.226	811.5336	0.775295092
13	江苏	扬州市	6.939722	0.189024	16.30193	1078.749	585.008	457.5536	0.746312639
14	江苏	镇江市	22.80692	0.67658	16.70942	1092.611	412.732	269.3821	0.687322916

图 5-52　各地级市区域统计整理为 Excel 格式

2. 数据的标准化处理

数据标准化可以直接在 Excel 或 ArcGIS 中进行计算，本实验选择 Excel 进行计算，计算公式如式（5-5）所示，主要目的是消除不同变量之间的量纲（即无量纲化）。以常州市高程为例，在 Excel 中输入图 5-53 中的公式来计算常州市的标准化结果，以此类推，将不同城市的高程、坡度、气温、降水、国内生产总值、人口和归一化植被指数进行标准化处理，计算后的结果如图 5-54 所示。

	A	B	C	D	E	F	G	H	I
1	省份	城市	高程	坡度	气温	降水	国内生产总值	人口	归一化植被指数
2	江苏	常州市	14.15773	0.504585	16.81368	1123.621	740.086	359.7857	0.633686095
3	江苏	淮安市	14.57647	0.290016	15.81882	992.7479	387.121	539.3514	0.74875833
4	江苏	连云港市	16.08365	0.427046	14.69677	962.0742	313.929	495.305	0.744967748
5	江苏	南京市	25.08707	0.793056	16.85302	1122.798	1403.015	620.86	0.662023666
6	江苏	南通市	4.135161	0.098323	16.20649	1102.375	938.339	769.5543	0.695977861
7	江苏	苏州市	5.676807	0.309151	16.7118	1054.675	1923.58	633.3421	0.476619412
8	江苏	宿迁市	14.46582	0.168081	15.6573	960.3157	309.923	547.6643	0.731934597
9	江苏	泰州市	3.04468	0.115915	16.18709	1085.425	513.336	504.2971	0.736425266
10	江苏	无锡市	17.18541	0.741037	16.70611	1095.707	1185.232	464.1357	0.599739619
11	江苏	徐州市	33.26121	0.288027	15.68022	870.3598	715.135	965.9929	0.746959847
12	江苏	盐城市	1.310654	0.097541	15.26705	1026.802	570.226	811.5336	0.775295092
13	江苏	扬州市	6.939722	0.189024	16.30193	1078.749	585.008	457.5536	0.746312639
14	江苏	镇江市	22.80692	0.67658	16.70942	1092.611	412.732	269.3821	0.687322916
15									
16			=(C2-AVERAGE(C2:C14))/STDEV(C2:C14)						

图 5-53　数据标准化计算公式

	A	B	C	D	E	F	G	H	I
1	省份	城市	高程	坡度	气温	降水	国内生产总值	人口	归一化植被指数
2	江苏	常州市	0.043066	0.578895	1.032606	1.040191	-0.060286703	-1.12055	-0.697281372
3	江苏	淮安市	0.08714	-0.28869	-0.45653	-0.66342	-0.794937236	-0.17334	0.697030971
4	江苏	连云港市	0.245777	0.265376	-2.13607	-1.06271	-0.947276821	-0.40569	0.651101078
5	江苏	南京市	1.193419	1.745296	1.091487	1.02948	1.319513399	0.256619	-0.353919436
6	江苏	南通市	-1.01185	-1.06378	0.123745	0.763627	0.352351015	1.040985	0.057498248
7	江苏	苏州市	-0.84958	-0.21132	0.880107	0.142706	2.403001434	0.322462	-2.600433894
8	江苏	宿迁市	0.075494	-0.78172	-0.69832	-1.0856	-0.955614787	-0.12949	0.493180417
9	江苏	泰州市	-1.12662	-0.99265	0.094706	0.542983	-0.532237203	-0.35825	0.547593156
10	江苏	无锡市	0.361741	1.534965	0.871584	0.67683	0.866226538	-0.57011	-1.108605529
11	江苏	徐州市	2.053777	-0.29673	-0.664	-2.25658	-0.11221895	2.077203	0.675239035
12	江苏	盐城市	-1.30913	-1.06694	-1.28245	-0.22013	-0.413828101	1.262426	1.018572776
13	江苏	扬州市	-0.71665	-0.69704	0.266594	0.456085	-0.383061299	-0.60483	0.667396918
14	江苏	镇江市	0.953425	1.274339	0.876544	0.636523	-0.741631285	-1.59744	-0.047372369

图 5-54　数据标准化后的结果

（四）多元线性回归模型的构建

1. 建立矢量边界与变量之间的空间连接

选择菜单栏“①Add Data”选项单击，打开“数据标准化后的结果”，单击“②Add”，将其加载到“ArcMap”中（图 5-55）。

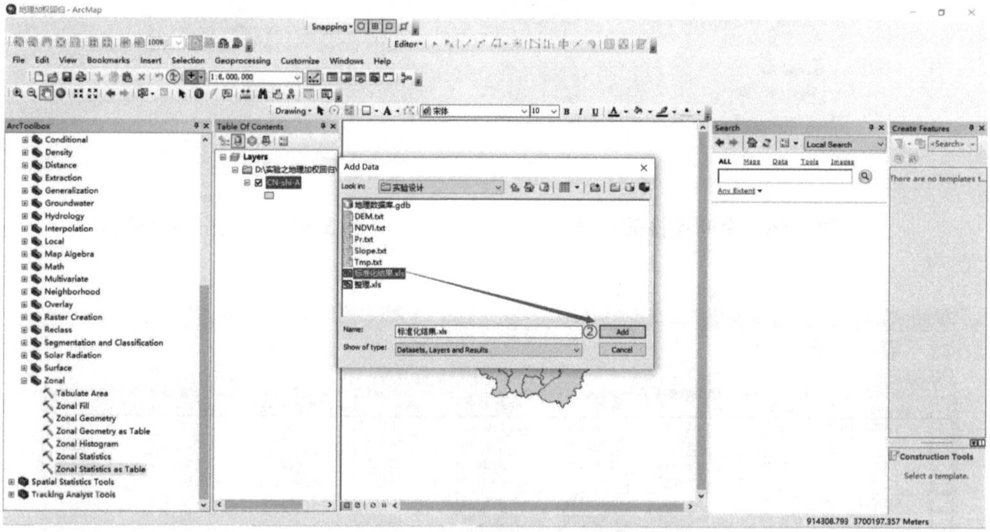

图 5-55　标准化数据的添加

首先，选择“①CN-shi-A→②Joins and Relates→③Join”，弹出 Join Data 窗口，如图 5-56、图 5-57 所示。其中，①在这个图层中连接操作将基于（Cloose the field in this layer that the join will be based on）：选择市边界中的城市名称；②选择要加入此层的表，或从磁盘加载表（Choose the table to join to this layer，or load the table from disk）：选择标准化后的数据；③在表中选择连接所基于的字段（Choose the field in the table to base the join on）：选择与矢量边界相对应的城市名称；④参数调整完后，单击“OK”。最终在矢量边界中可以查看到每个城市所对应变量的归一化指标，证明空间连接成功，结果如图 5-58 所示，连接成功后将连接的矢量数据命名为“数据.shp”并输出。

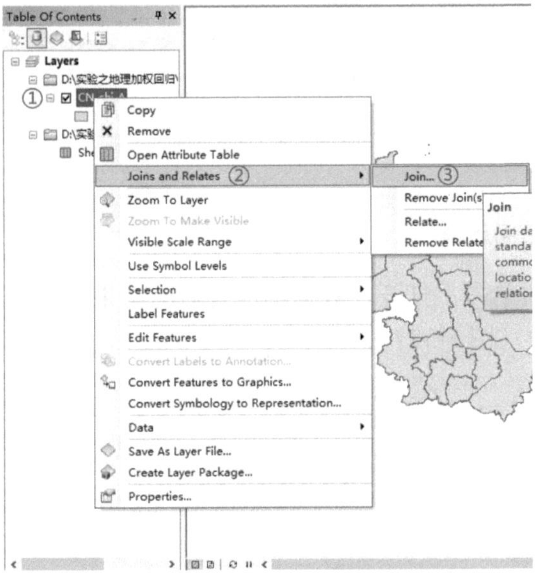

图 5-56　空间连接的步骤

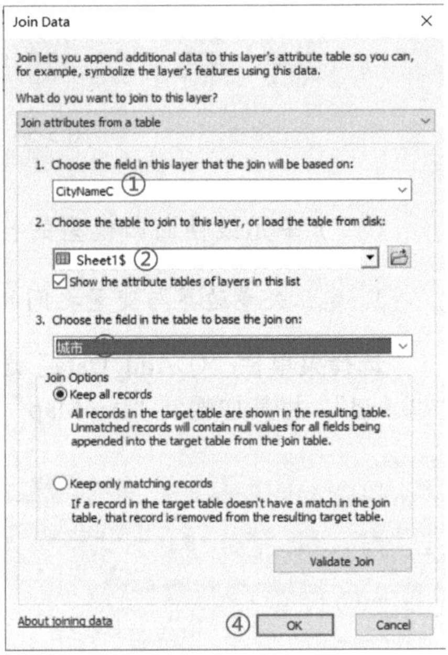

图 5-57　数据空间连接窗口

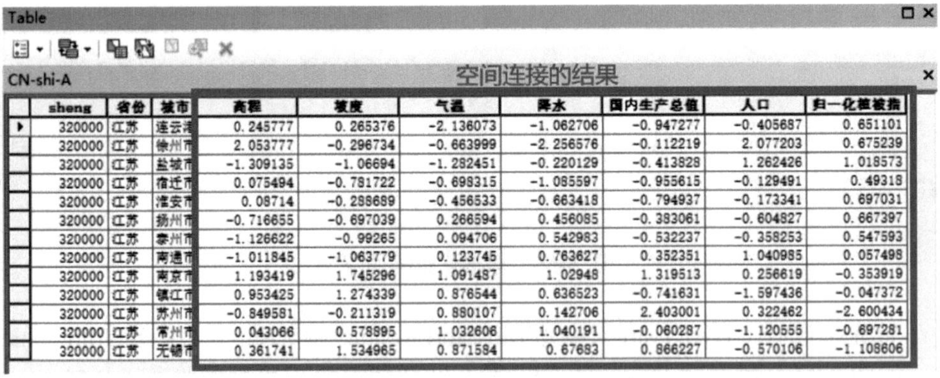

shenɡ	省份	城市	高程	坡度	气温	降水	国内生产总值	人口	归一化植被指
320000	江苏	连云港	0.245777	0.265376	-2.136073	-1.062706	-0.947277	-0.405687	0.651101
320000	江苏	徐州市	2.053777	-0.296734	-0.663999	-2.256576	-0.112219	2.077203	0.675239
320000	江苏	盐城市	-1.309135	-1.06694	-1.282451	-0.220129	-0.413828	1.262426	1.018573
320000	江苏	宿迁市	0.075494	-0.781722	-0.698315	-1.085597	-0.955615	-0.129491	0.49318
320000	江苏	淮安市	0.08714	-0.288689	-0.456533	-0.663418	-0.794937	-0.173341	0.697031
320000	江苏	扬州市	-0.716655	-0.697039	0.266594	0.456085	-0.383061	-0.604827	0.667397
320000	江苏	泰州市	-1.126622	-0.99265	0.094706	0.542983	-0.532237	-0.358253	0.547593
320000	江苏	南通市	-1.011845	-1.063779	0.123745	0.763627	0.352351	1.040985	0.057498
320000	江苏	南京市	1.193419	1.745296	1.091487	1.02948	1.319513	0.256619	-0.353919
320000	江苏	镇江市	0.953425	1.274339	0.876544	0.636523	-0.741631	-1.597436	-0.047372
320000	江苏	苏州市	-0.849581	-0.211319	0.880107	0.142706	2.403001	0.322462	-2.600434
320000	江苏	常州市	0.043066	0.578895	1.032606	1.040191	-0.060287	-1.120555	-0.697281
320000	江苏	无锡市	0.361741	1.534965	0.871584	0.67683	0.866227	-0.570106	-1.108606

图 5-58　空间连接的结果展示

2. 多元线性回归模型的计算

首先，本实验多元线性回归模型参数拟合采用普通最小二乘法计算，具体步骤参考图 5-59，选择“①Spatial Statistics Tools→②Modeling Spatial Relationships→③Ordinary Least Squares”，弹出 Ordinary Least Squares 窗口，如图 5-60 所示。在图 5-60 中，①输入属性类别（Input Feature Class）：输入需要计算的属性类别（本实验应输入空间连接后的矢量数据）；②唯一 ID 字段（Unique ID Field）：这里只要是唯一值即可；③输出属性数据（Output Feature Class）：输出路径，输出类型为矢量数据，可以存储在任意位置；④因变量（Dependent Variable）：这里输入标准化后的 NDVI；⑤解释变量（Explanatory Variables）：输入标准化后的高程、坡度、气温、降水、国内生产总值和人口；⑥输出报告文件（Output Report File）：输出类型为 PDF，可以存储在任意位置；⑦回归系数输出到表[Coefficient Output Table（optional）]；⑧诊断输出到表[Diagnostic Output Table（optional）]；⑨参数设置完以后，单击“OK”即可。

图 5-59　普通最小二乘法的步骤

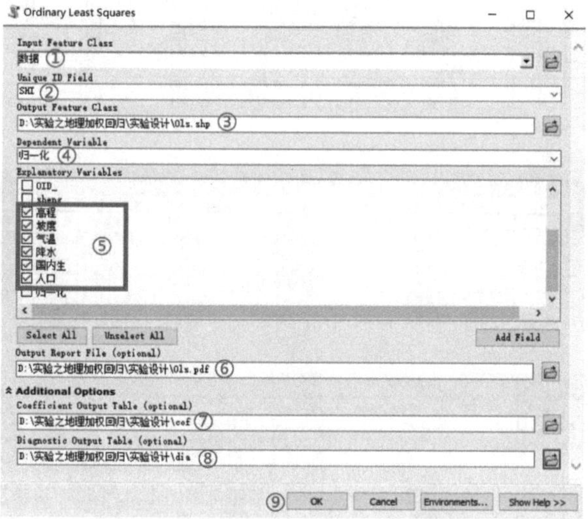

图 5-60　普通最小二乘法的参数设置

3. 多元线性回归模型计算结果

普通最小二乘法会生成四个结果，如图 5-61 所示。本实验结果主要通过图 5-61（4）中的输出报告来进行详细说明。①Coefficient：代表回归系数，即正值代表解释变量与因变量呈正相关，负值代表解释变量与因变量呈负相关，本实验结果可以看出，高程、降水、人口与植被生长呈现正相关，其余解释变量与植被生长呈现负相关。②StdError：代表标准误差，标准误差值越大，说明解释变量与因变量偏离程度越大。③*t*-Statistic 和④Probability：均为显著性检验结果，本实验中仅有国内生产总值对植被生长的影响通过了显著性检验 $P<0.05$。⑤～⑦分别为②～④对应的稳健性检验，其检验同类评价方法和指标解释能力的强壮性，也就是当改变某些参数时，评价方法和指标是否仍然对评价结果保持一个比较一致、稳定的解释。⑧方差膨胀因子（VIF）是对解释变量与因变量进行共线性检验，以避免由于因素之间高度共线影响回归分析结果。其中，气温、降水、国内生产总值和人口的方差膨胀因子（VIF）均介于 0～15，这些因素之间不存在高度共线性，可进行地理加权回归分析。

Ols　(1)

SHI	归一化	高程	坡度	气温	降水	国内生	人口	Estimated	Residual	StdResid
320700	0.651101	0.245777	0.265376	-2.136073	-1.062706	-0.947277	-0.405687	0.746277	-0.095176	-0.250114
320300	0.675239	2.053777	-0.296734	-0.663999	-2.256576	-0.112219	2.077203	0.728774	-0.053535	-0.140685
320900	1.018573	-1.309135	-1.06694	-1.282451	-0.220129	-0.413828	1.262426	0.999512	0.019061	0.05009
321300	0.49318	0.075494	-0.781722	-0.698315	-1.085597	-0.955615	-0.129491	0.560686	-0.067506	-0.177402
320800	0.697031	0.08714	-0.289689	-0.456533	-0.663418	-0.794937	-0.173341	0.485231	0.2118	0.556594
321000	0.667397	-0.716655	-0.697039	0.266594	0.456085	-0.383061	-0.604827	0.127342	0.540055	1.419222
321200	0.547593	-1.126622	-0.99265	0.094706	0.542983	-0.532237	-0.358253	0.401888	0.145705	0.382901
320600	0.057498	-1.011845	-1.063779	0.123745	0.763627	0.352351	1.040985	0.425757	-0.368259	-0.967755
320100	-0.353919	1.193419	1.745296	1.091487	1.02948	1.319513	0.256619	-0.728134	0.374215	0.983408
321100	-0.047372	0.953425	1.274339	0.876544	0.636523	-0.741631	-1.597436	0.129607	-0.176979	-0.465086
320500	-2.600434	-0.849581	-0.211319	0.880107	0.142706	2.403001	0.322462	-2.516187	-0.084247	-0.221393
320400	-0.697281	0.043066	0.578895	1.032606	1.040191	-0.060287	-1.120555	-0.273372	-0.423909	-1.114
320200	-1.108606	0.361741	1.534965	0.871584	0.67683	0.866227	-0.570106	-1.08738	-0.021226	-0.055779

cof　(2)

OID	Field1	Variable	Coef	StdError	t_Stat	Prob	Robust_SE	Robust_t	Robust_Pr	StdCoef
0	0	Intercept	0	0.10554	0.000001	0.999999	0.101399	0.000001	0.999999	0
1	0	高程	0.331479	0.497464	0.666338	0.529686	0.381243	0.869468	0.417932	0.331479
2	0	坡度	-0.165269	0.478473	-0.345409	0.741536	0.380421	-0.434437	0.67897	-0.165269
3	0	气温	-0.299795	0.383926	-0.780866	0.464381	0.25764	-1.16362	0.288996	-0.299795
4	0	降水	0.583049	0.423448	1.376908	0.218012	0.408032	1.428929	0.203249	0.583049
5	0	国民生	-0.934559	0.31188	-2.996536	0.023915	0.183177	-5.101945	0.002551	-0.934559
6	0	人口	0.48657	0.274372	1.773396	0.126615	0.166426	2.923647	0.02628	0.48657

dia　(3)

OID	Field1	Diag_Name	Diag_Value	Definition
0	0	AIC	17.719922	Akaike's Information Criterion: A relative measure of performance used to compare models; the smal
1	0	AICc	53.719922	Corrected Akaike's Information Criterion: second order correction for small sample sizes.
2	0	R2	0.927599	R-Squared, Coefficient of Determination: The proportion of variation in the dependent variable tha
3	0	AdjR2	0.855198	Adjusted R-Squared: R-Squared adjusted for model complexity (number of variables) as it relates tc
4	0	F-Stat	12.81193	Joint F-Statistic Value: Used to assess overall model significance.
5	0	F-Prob	0.003395	Joint F-Statistic Probability (p-value): The probability that none of the explanatory variables ha
6	0	Wald	632.189624	Wald Statistic: Used to assess overall robust model significance.
7	0	Wald-Prob	0	Wald Statistic Probability (p-value): The computed probability, using robust standard errors, that
8	0	K(BP)	7.293191	Koenker's studentized Breusch-Pagan Statistic: Used to test the reliability of standard error valu
9	0	K(BP)-Prob	0.294582	Koenker (BP) Statistic Probability (p-value): The probability that heteroskedasticity (non-constar
10	0	JB	0.376896	Jarque-Bera Statistic: Used to determine whether the residuals deviate from a normal distribution.
11	0	JB-Prob	0.828244	Jarque-Bera Probability (p-value): The probability that the residuals are normally distributed.
12	0	Sigma2	0.144802	Sigma-Squared: OLS estimate of the variance of the error term (residuals).

Summary of OLS Results - Model Variables (4)

Variable	① Coefficient [a]	② StdError	③ t-Statistic	④ Probability [b]	⑤ Robust_SE	⑥ Robust_t	⑦ Robust_Pr [b]	⑧ VIF [c]
Intercept	0.000000	0.105540	0.000001	0.999999	0.101399	0.000001	0.999999	--------
高程	0.331479	0.497464	0.666338	0.529686	0.381243	0.869468	0.417932	20.508266
坡度	-0.165269	0.478473	-0.345409	0.741536	0.380421	-0.434437	0.678970	18.972332
气温	-0.299795	0.383926	-0.780866	0.464381	0.257640	-1.163620	0.288996	12.215199
降水	0.583049	0.423448	1.376908	0.218012	0.408032	1.428929	0.203249	14.859561
国民生	-0.934559	0.311880	-2.996536	0.023915*	0.183177	-5.101945	0.002551*	8.060840
人口	0.486570	0.274372	1.773396	0.126615	0.166426	2.923647	0.026280*	6.238562

图 5-61　普通最小二乘法的结果展示

（五）地理加权回归模型的建模

由普通最小二乘法可知，高程、坡度与其余因子存在高度共线性（VIF＞15），因此在地理加权回归中将高程、坡度剔除，然后再将剩余影响因子进行地理加权回归模型的建模。具体步骤如图 5-62 所示：选择“①Spatial Statistics Tools→②Modeling Spatial Relationships→③Geographically Weighted Regression”，弹出 Geographically Weighted Regression 窗口。在图 5-63 中，主要设定的参数如下①输

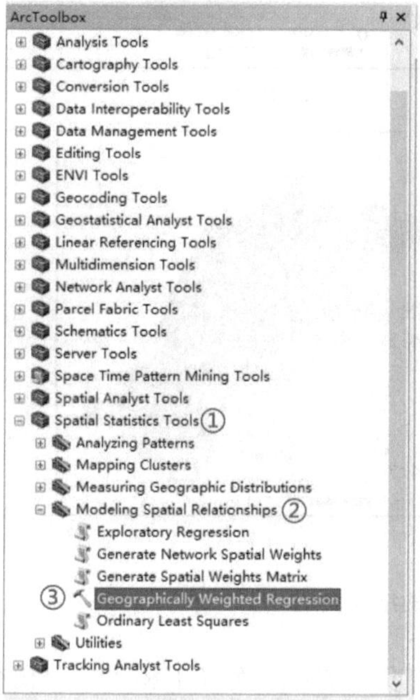

图 5-62　地理加权回归模型的步骤

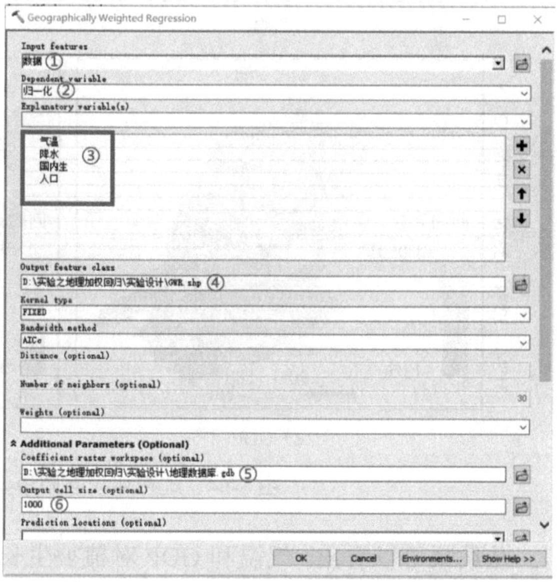

图 5-63　地理加权回归模型的参数设置

入属性（Input features）：输入需要计算的属性（本实验应输入空间连接后的矢量数据）；②因变量（Dependent variable）：这里输入标准化后的 NDVI；③解释变量[Explanatory variable（s）]：输入标准化后的降水、气温、国内生产总值和人口；④输出属性数据（Output feature class）：输出路径，输出类型为矢量数据，可以存储在任意位置；⑤回归系数栅格工作空间[Coefficient raster workspace（optional）]：即每个解释变量对因变量回归系数的栅格数据所处位置；⑥输出像元大小[Output cell size（optional）]：本实验设置成 1000m，参数设置完以后单击“OK”即可。值得注意的是，可以通过裁剪获取江苏省范围内的回归系数，也可以通过设置环境输出江苏省范围内的回归系数。图 5-64 为地理加权回归模型植被生长的影响因子（气温、降水、GDP 和人口）回归系数空间分布图。

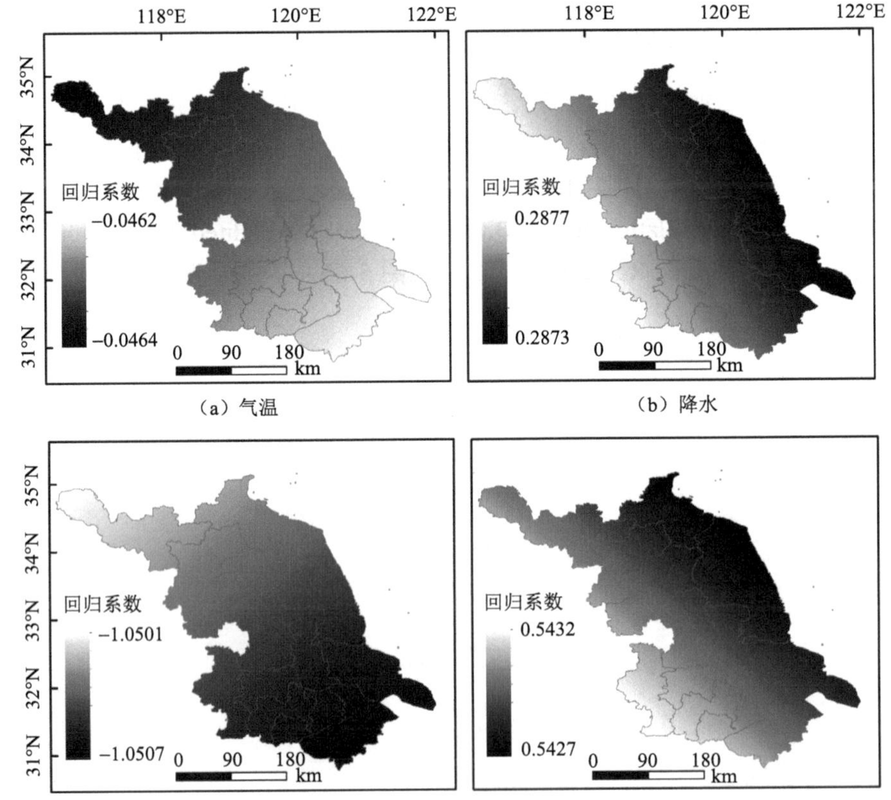

（a）气温　　（b）降水

（c）GDP　　（d）人口

图 5-64　地理加权回归模型的结果展示

从结果可以看出，气温和 GDP 对植被生长有负面影响，而降水和人口对植被生长有积极影响。从空间分布来看，气温、降水和人口的回归系数绝对值分布表现为“西高东低”，表明气温、降水和人口对植被生长的影响自东向西有增强趋势，GDP 的回归系数绝对值分布表现为“西低东高”，表明 GDP 对植被生长的影响自东向西有减弱的趋势。

五、小结

驱动因素分析一直是地理学中备受关注的话题，植被生长好坏直接影响生态环境的优良，在分析中应考虑不同驱动因子组合对植被生长的影响及其空间异质性。应用地理加权回归模型分析各驱动因子对植被生长的影响程度和正负效应，揭示驱动因子在不同空间位置的组合。本实验借助目前应用广泛的地理加权回归模型，以江苏省 NDVI 为例进行案例分析。由于数据有限，本实验案例仅考虑研究高程、坡度、气温、降水、GDP 和人口对植被生长的影响。事实上，NDVI 的影响因素很多，感兴趣的读者可以根据自己的需要，进一步分析江苏省其他要素对植被生长的影响。

六、思考与练习

（1）地理加权回归模型优于普通最小二乘法最本质的原因是什么？

（2）本实验回归系数区域差异较小的主要原因是什么？

第五节　地理探测器

一、实验场景

空间分异性是指某一变量在不同区域之间存在差异，空间分异性是地理现象的基本特点之一。地理探测器可以解释单变量的空间异质性，还可以通过检验两个变量空间分布的耦合性来解释两个变量之间的相互关系。其作为一种重要的空间分析工具，最早是由王劲峰和徐成东（2017）提出并应用于地方性疾病形成原因的探测，能够有效地揭示其背后的驱动因子，优点在于无线性假设，具有优雅的形式和明确的物理含义。地理探测器主要运用领域包括：土地利用、公共健康、区域经济和规划、地质、气象、植物、生态、遥感和计算机网络等，主要是构建自变量（X）和因变量（Y）之间的定量关系，从而揭示因变量（Y）空间分异的主要驱动因素。

基于社会经济因素和自然环境因素对目标因素进行分析，可以获得社会经济因素和自然环境因素对目标因素的影响力，从而揭示目标因素的空间异质性。

本实验以“江苏省植被变化空间分异的驱动机制分析”为案例，基于第一章处理后的高程、坡度、气温、降水、GDP、人口和 NDVI，探究驱动因子对 NDVI

的影响力大小，以正确地认识江苏省植被生长状态和植被覆盖度，为区域环境监测提供科学依据。本实验涉及几个核心问题：①明晰影响江苏省植被生长空间变化的主要驱动因素，以及各驱动因素对植被生长空间变化的影响力大小。②与单一自然环境因子的影响相比，双因子对植被生长空间变化的交互作用程度如何？这种交互影响呈现出何种作用类型？哪些因子属于辅助因素?③植被生长空间变化与主要驱动因素之间的关系如何？植被生长较为适宜的驱动因素范围是多少？

二、实验目标与内容

（一）实验目标与要求

（1）熟悉掌握 GIS 空间分析中的叠加分析。
（2）熟练掌握地理探测器的基本原理和操作流程。
（3）结合实际情况，学会运用地理探测器分析方法解决空间分析问题。

（二）实验内容

（1）县级区域单元提取。
（2）驱动因素的重分类。
（3）地理探测器模型的构建。
（4）因子、生态、交互和风险四种探测器分析。

三、实验数据与思路

（一）实验数据

本实验数据采用第一章处理的高程、坡度、气温、降水、GDP、人口和 NDVI，具体使用的数据明细如表 5-4 所示。

（二）思路与方法

目前，地理探测器已被运用于从社会到自然十分广泛的研究领域，涉及的研究区从地方尺度到国家尺度。在研究应用中，地理探测器主要被用来分析各种现象的驱动因子和影响力，并且用于探测多个因子的交互作用。地理探测器在运用于因子和驱动力分析时，因变量是数值量，而自变量是类型量；如果自变量是数值量，需要将其离散化为类型量。地理探测器作为驱动力和因子分析的有力工具已经在以上案例中得到验证。

地理探测器模型是基于因子探测器、生态探测器、交互作用探测器、风险探测器等探测因子对目标空间变化的影响力，揭示其驱动因素的一种新型的空间统计方法。

1. 因子探测器

计算方法包括：①将因变量的栅格图层与各驱动因子栅格图层进行叠加分析；②对每个驱动因子的不同空间类别进行分类；③进行各因子均值差异的显著性检验，探测每个驱动因子指标对因变量空间分布的影响力。本实验每个驱动因子对因变量的解释力（q）计算模型如下：

设 Y 为由江苏省的所有市级单元组成的格网系统，代表江苏省各市级单元的归一化植被指数值，X 为影响归一化植被指数空间分布的驱动因子，$A=\{A_h\}$ 为影响归一化植被指数空间分析的其中一种因子。其中，$h=1, 2, \cdots, L$，L 为驱动因子的分类数，h 代表驱动因子 A 不同的类型。将江苏省的 Y 与因子 A 进行叠加，进一步探测 A 与 Y 间的相关关系。σ_h^2 为在 A 的第 h 类型中 Y 的离散方差，因子 A 对 Y 的影响力公式为

$$q=1-\frac{1}{n\sigma^2}\sum_{h=1}^{L}n_h\sigma_h^2 \tag{5-6}$$

式中，n_h 为在 A 的类型 h 内的市级单元；n 为整个江苏省的所有市级单元；L 为 A 的分类数；σ^2 为整个区域的离散方差；q 为自变量 X 能够解释 $100\times q\%$ 的因变量 Y，其取值范围为[0,1]，q 值越大，表明 A 对植被生长空间分布的影响力越强。当 A 的影响力 $q=1$ 时，表明植被生长的空间分布完全被 A 控制；当 A 的影响力 $q=0$ 时，表明 A 对植被生长的空间分布没有任何影响。

2. 生态探测器

生态探测器用于判断两个因子 X_1 相比 X_2 对植被生长空间分布的影响是否存在显著性差异。结合因子探测器中的 q 值，可以用来评价 X_1 和 X_2 哪个因子对植被生长空间分布具有更重要的影响力，显著性检验采用 F 统计量进行检验。

3. 交互作用探测器

交互作用探测器用于识别每个因子之间的相互作用，可以用来判断各因子共同作用和相互独立作用对归一化植被指数大小的影响力。根据“因子力”度量指标，在此基础上结合 GIS 空间叠加分析技术和集合论，形成了本实验的“交互探测器”模型，可以有效地识别多因子之间的关系：独立还是交互？交互增强还是减弱？线性还是非线性交互？拮抗？先计算两种因子对归一化植被指数影响的 q 值；再计算因子相互之间的 q 值，对 $q(X1)$、$q(X2)$与 $q(X1\cap X2)$进行比较，比较方法如表 5-5。

表 5-5　两个自变量对因变量交互作用的类型（据王劲峰和徐成东，2017）

判断依据	交互作用
$q(X1\cap X2)<\mathrm{Min}(q(X1),q(X2))$	非线性减弱
$\mathrm{Min}(q(X1),q(X2))<q(X1\cap X2)<\mathrm{Max}(q(X1),q(X2))$	单因子非线性减弱
$q(X1\cap X2)>\mathrm{Max}(q(X1),q(X2))$	双因子增强
$q(X1\cap X2)=q(X1)+q(X2)$	独立
$q(X1\cap X2)>q(X1)+q(X2)$	非线性增强

注：$\mathrm{Min}(q(X1),q(X2))$，在 $q(X1)$、$q(X2)$两者取最小值；$\mathrm{Max}(q(X1),q(X2))$，在 $q(X1)$、$q(X2)$两者取最大值；$q(X1)+q(X2)$，$q(X1)$、$q(X2)$两者求和；$q(X1\cap X2)$，$q(X1)$、$q(X2)$两者交互。

4. 风险探测器

风险探测器用于判断两个指标的各子区域间属性均值是否存在显著性差异，用于探测归一化植被指数相对较高的区域，显著性检验采用 t 统计量进行检验。具体流程如图 5-65 所示。

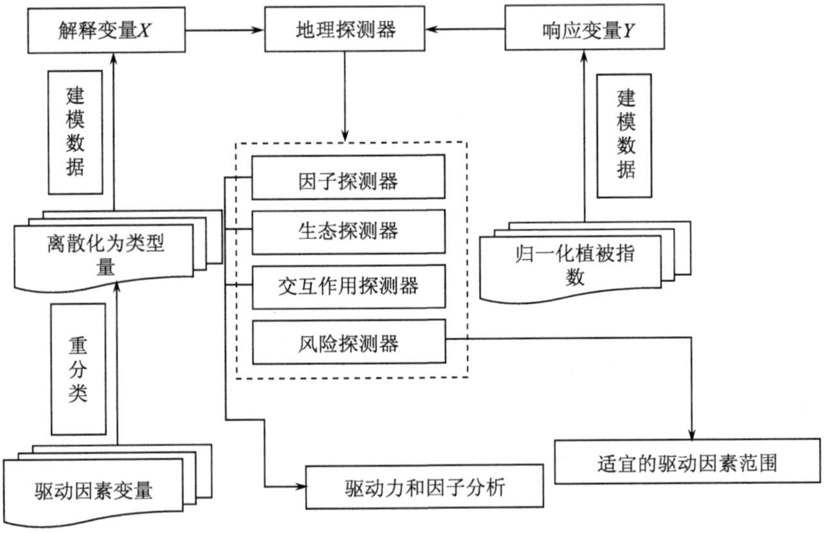

图 5-65　地理探测器分析流程图

四、实验步骤

（一）软件准备

ArcGIS、地理探测器程序包[GeoDetector_2018_Example(Disease Dataset)_ test]。

（二）数据准备

江苏省的市级矢量边界、高程、坡度、气温、降水、GDP、人口和归一化植被指数（NDVI）。

（三）地理探测器输入数据的获取

1. 市级单元区域统计

首先，打开“ArcMap”，选择菜单栏“①Add Data”选项单击，打开“实验之地理探测器→实验数据”，单击“Add”，将江苏省的市级矢量边界、高程、坡度、气温、降水、GDP、人口和归一化植被指数（NDVI）加载到“ArcMap”中（图 5-66）。

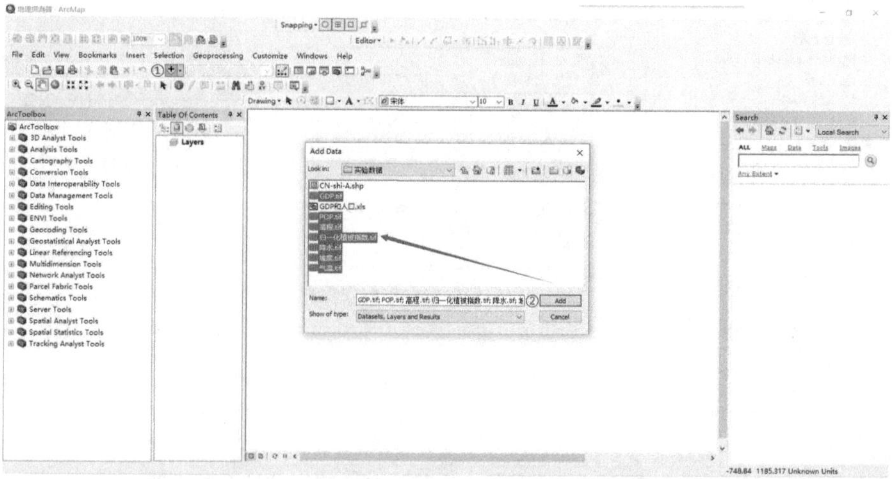

图 5-66　实验数据的添加

本实验提供的地理探测器程序包运行上限为 32676，为了避免数据溢出导致结果运行的不确定性，本实验采用县级尺度探讨自然影响因素对江苏省蒸散发（ET）的影响。

选择“①Spatial Analyst Tools→②Zonal→③Zonal Statistics”，弹出 Zonal Statistics 窗口，如图 5-67 所示。其中，①输入栅格或属性区域数据（Input raster or feature zone data）：输入需要提取的矢量边界（本实验为江苏省市级边界）；②区段信息（Zone field）：输入需要提取的属性字段（本实验为城市名称）；③输入栅格值（Input value raster）：输入需要区域统计的栅格数据（本实验为高程、坡度、气温、降水和归一化植被指数）；④输出栅格数据（Output raster）：输出路径，需要注意的是该路径必须为地理数据库且命名需要用英文，本实验将高程命名为

DEM、坡度命名为 Slope、气温命名为 Tmp、降水命名为 Pr 和归一化植被指数命名为 NDVI；⑤统计类型[Statistics type（optional）]：统计类型主要包括众数（MAJORITY）、最大值（MAXIMUM）、中位数（MEDIAN）、最小值（MINIMUM）、最少值（MINORITY）、范围（RANGE）、求和（SUM）、变化（VARIETY）、均值（MEAN）。统计参数设置见图 5-68，即每个市级单元为一个像元值，需要注意的是，GDP 和人口已经为市级单元，因此在本实验中不必再进行区域统计。区域统计结果见图 5-69。

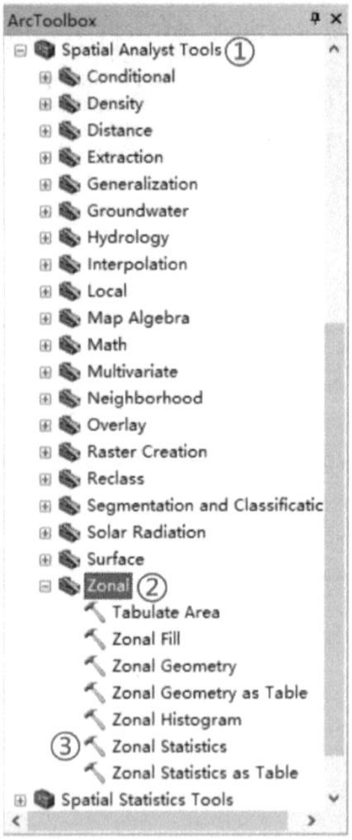

图 5-67　区域统计的步骤

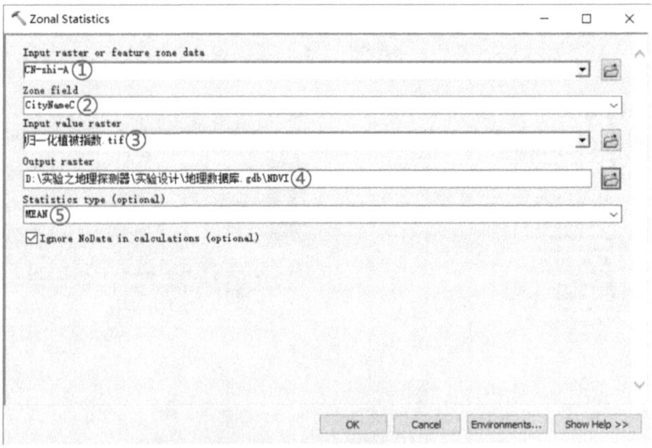

图 5-68　区域统计参数设置

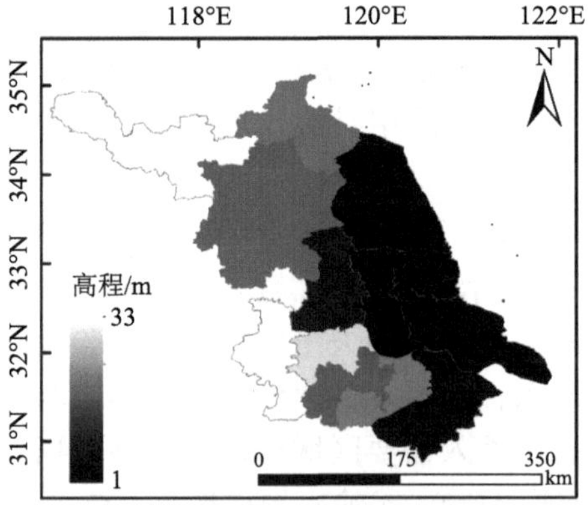

图 5-69　各地级市区域统计的结果（以高程数据为例）

2. 驱动因子的重分类

地理探测器输入的 Y 可以为离散变量或类型变量，而输入的 X 必须为类型量。本实验选择的驱动因子均为离散变量，需要借助重分类的方法将其转换为类型变量再输入地理探测器中。重分类方法在 ArcGIS 中有 7 种方法，分别是手动（manual）、等间距（equal interval）、定义区间（defined interval）、分位数（quantile）、几何间断（geometrical interval）、标准差（standard deviation）和自然间断（natural breaks），实验中选择自然间断法将其划分为 4 类，其优点在于自然间断法基于数据中固有的自然分组，能够对分类间隔更好地识别，并且对相似值进行最恰当地分组，使得各类别之间的差异最大化。

首先，选择"①Spatial Analyst Tools→②Reclass→③Reclassify"（图 5-70），弹出 Reclassify 窗口，如图 5-71 所示。其中，①输入栅格数据（Input raster）：选择需要重分类的栅格数据；②单击 Classify 弹出 Classification 窗口；③在 Classification 窗口，选择分类方法，选择自然间断法；④选择 Classes，这里将其分成 4 类；⑤记录其每个间隔的值；⑥记录好以后，单击 Classification 窗口的"OK"；⑦输出栅格数据（Output raster）：输出路径，需要注意的是，该路径必须为地理

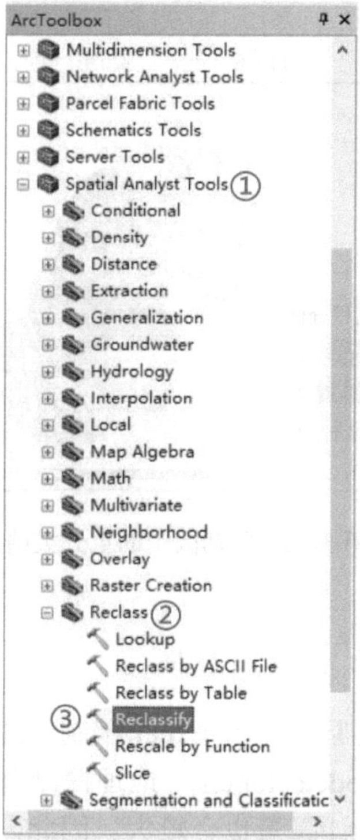

图 5-70　重分类的步骤

数据库且命名必须用英文，本实验将 DEM 命名为 DEM_1、Slope 命名为 Slope_1、Tmp 命名为 Tmp_1、Pr 命名为 Pr_1、国内生产总值命名为 GDP_1、人口命名为 Pop_1；⑧设置好参数以后，单击 Reclassify 窗口的“OK”。这里需要注意的是：NDVI（*Y*）可以作为离散变量来输入，不需要进行重分类。每个驱动因子均被划分为 4 个等级，这里需要将采用自然间断法划分的 4 个等级范围进行记录，以方便后续分析。自然间断法分类结果见图 5-72。

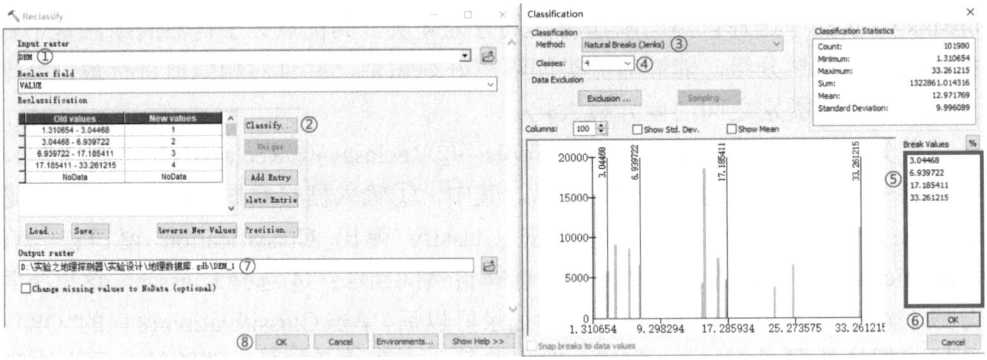

图 5-71　驱动因子的重分类窗口

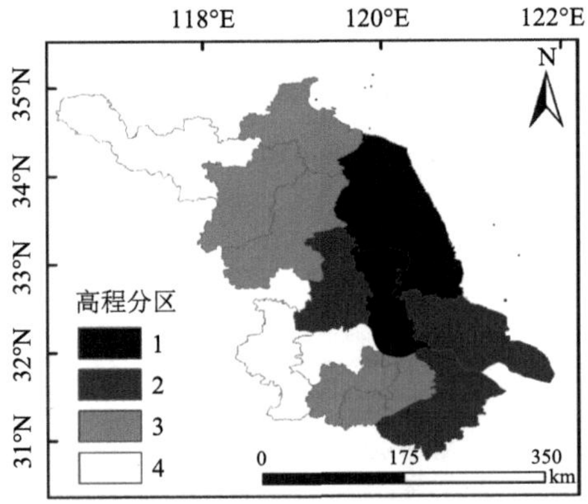

图 5-72　驱动因子的重分类结果

3. 市级区域单元值导出为 Excel 数据

地理探测器是根据上述原理，用 Excel 编制的地理探测器软件，可从以下网址免费下载：http://www.geodetector.cn/。地理探测器使用中如果数据量较大，计算结果的精度会较高，但是计算量也会较大。因此，在实际操作时需要考虑精度与效率的平衡。本实验地理探测器的输入数据中每条记录都是一个市级单元值，各列分别存储因变量 Y 和自变量 X，对于市级数据：如果观测数据通过随机抽样或系统抽样而得到，并且样本量足够大，可以代表总体，则可以直接利用该数据在地理探测器软件中进行计算。如果样本有偏，不能代表总体，则需要用一些纠偏的方法对数据进一步处理之后再在地理探测器软件中进行计算。本实验侧重于如何利用区域统计方法来实现地理探测器模型的应用。

首先，选择“①Spatial Analyst Tools→②Zonal→③Zonal Statistics as Table”（图 5-73），弹出 Zonal Statistics as Table 窗口，如图 5-74 所示。其中，①输入栅格或属性区域数据（Input raster or feature zone data）：输入需要提取的矢量边界（本实验为江苏省市级边界）；②区段信息（Zone field）：输入需要提取的属性字段（本实验为市级区域名称）；③输入栅格值（Input value raster）：输入需要重分类后的驱动因子数据和未分类的归一化植被指数；④输出栅格数据（Output table）：输出路径，需要注意的是该路径必须为地理数据库；⑤统计类型[statistics type（optional）]：均选择均值。需要注意的是，地理数据库命名不能重复，本实验为了避免重复将提取结果进行了重新命名。如图 5-75 所示，每个地级市对应着其高程分区结果。

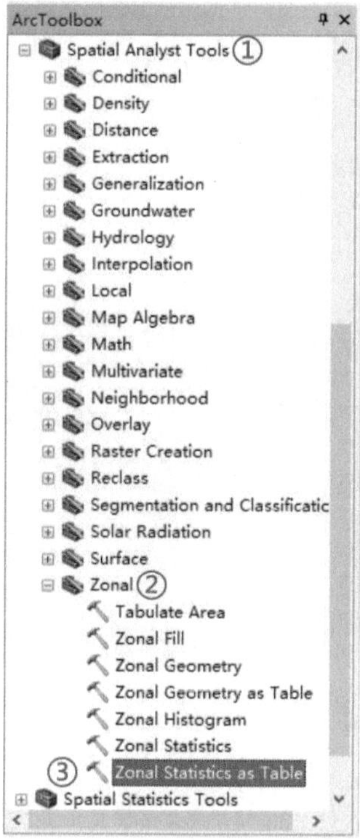

图 5-73　区域统计至表格的步骤

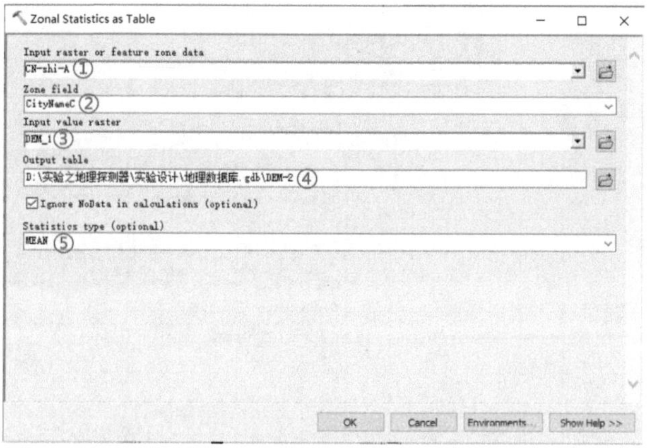

图 5-74　区域统计至表格的参数设置

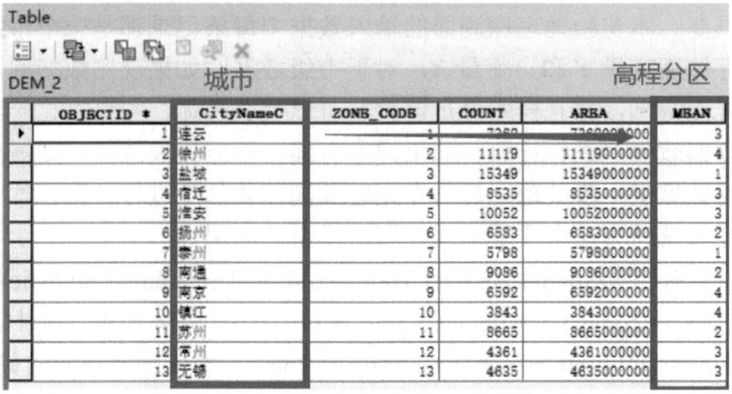

图 5-75　各地级市区域统计为表格的结果

其次，需要将结果导出到 Excel 中。单击“①”处的下拉菜单，选择“②Export”，弹出“Export Data”窗口，在“③”设置输出路径，单击“④OK”即可，将其导出为 txt 格式（图 5-76）。然后在 Excel 中进行适当整理，整理格式见图 5-77。

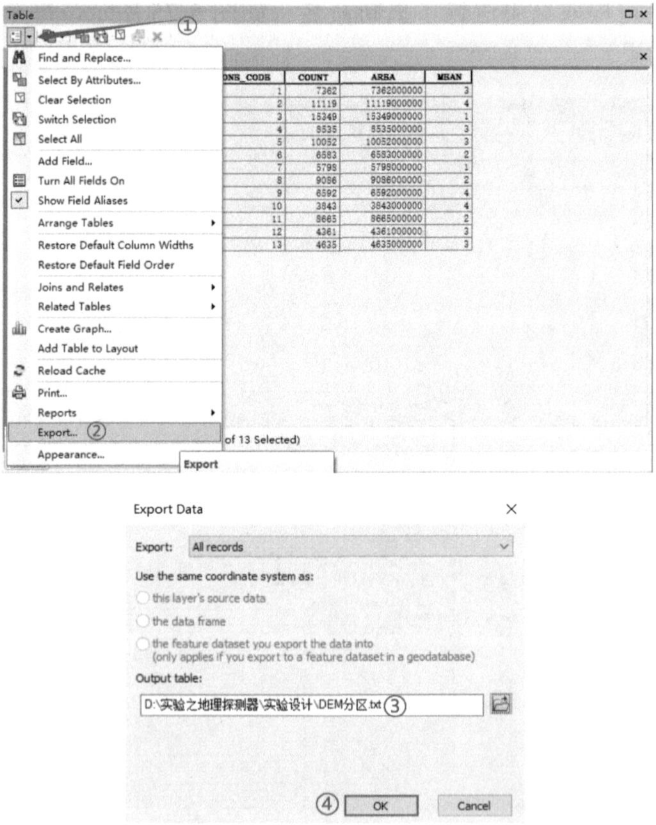

图 5-76　各地级市区域统计导出为 txt 格式

CityName	高程	坡度	气温	降水	国内生产总值	人口	归一化植被指数
连云港	3	3	1	1	1	2	0.744967759
徐州	4	3	2	1	2	4	0.746959865
盐城	1	1	1	2	2	4	0.775295079
宿迁	3	2	2	1	1	2	0.731934607
淮安	3	3	2	2	1	2	0.748758316
扬州	2	2	3	3	2	2	0.746312618
泰州	1	1	3	3	2	2	0.736425281
南通	2	1	3	4	3	4	0.695977867
南京	4	4	4	4	3	3	0.662023664
镇江	4	4	4	4	1	1	0.687322915
苏州	2	3	4	3	4	3	0.476619422
常州	3	3	4	4	2	1	0.633686066
无锡	3	4	4	4	3	2	0.599739611

图 5-77 各地级市区域统计整理成 Excel 格式

（四）地理探测器的计算

首先，打开本实验提供的程序包“GeoDetector_2018_Example(Disease Dataset)_test”，如图 5-78 所示。

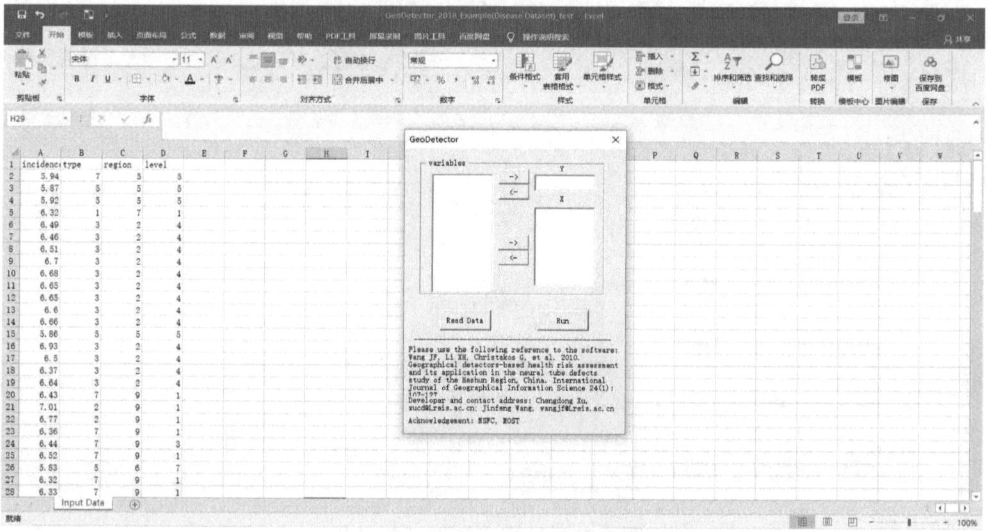

图 5-78 地理探测器程序包界面

将该程序包提供的原始数据清除，替换为本实验应用到的数据。单击“Read Data”，会看见“variables”窗口出现本实验需要的变量，将 ET 导入 *Y* 窗口，其余变量导入 *X* 窗口，最后单击“Run”。计算完成界面会显示“finish”（图 5-79）。

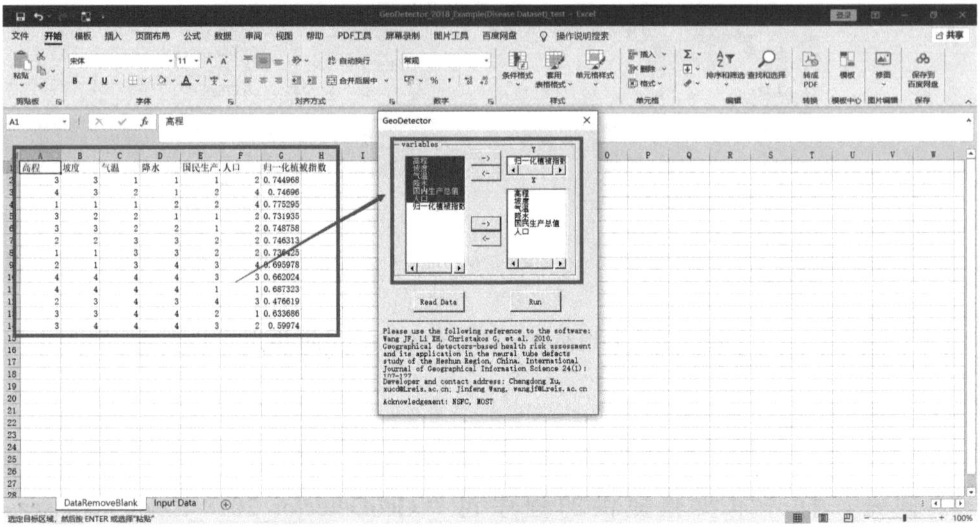

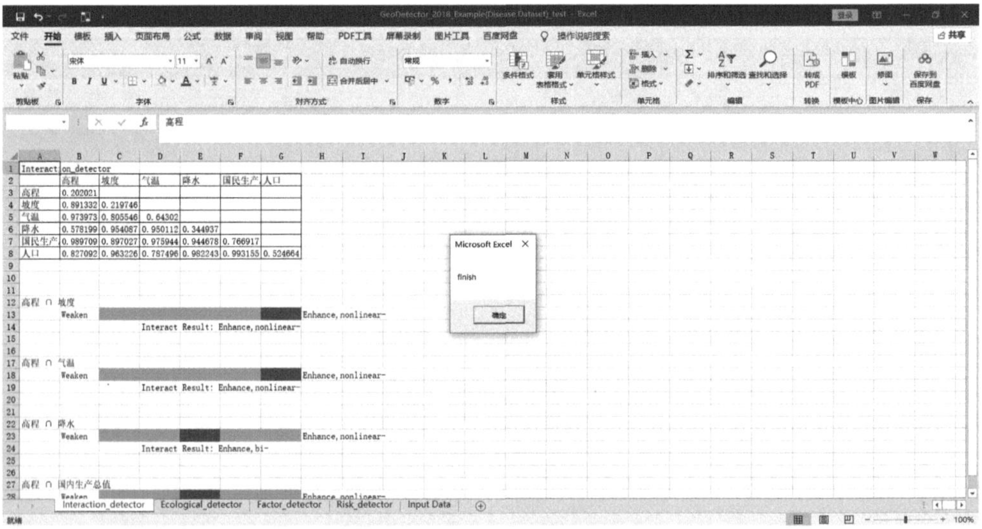

图 5-79　地理探测器运行结果

（五）地理探测器模块介绍

1. 因子探测器

因子探测器计算结果中包括 q 值和 p 值（图 5-80）。其中，q 值代表 X 因子对 Y 因子的解释度，即本实验为高程、坡度、气温、降水、国内生产总值和人口对归一化植被指数的解释度。p 值代表 X 因子对 Y 因子解释度的显著性检验值。由图 5-80 可知，国内生产总值对归一化植被指数的解释度最高，为 76.69%，并且通过了显著性检验 $P<0.05$。其余各因子对归一化植被指数的解释度虽然较高，但未通过显著性检验 $P<0.05$，表明市级单元归一化植被指数受高程、坡度、气温、降水和人口影响较小。值得注意的是，这里主要是因为选择的区域较少，在后续的研究中可采用县级边界或者建立渔网的方式来进行采样。

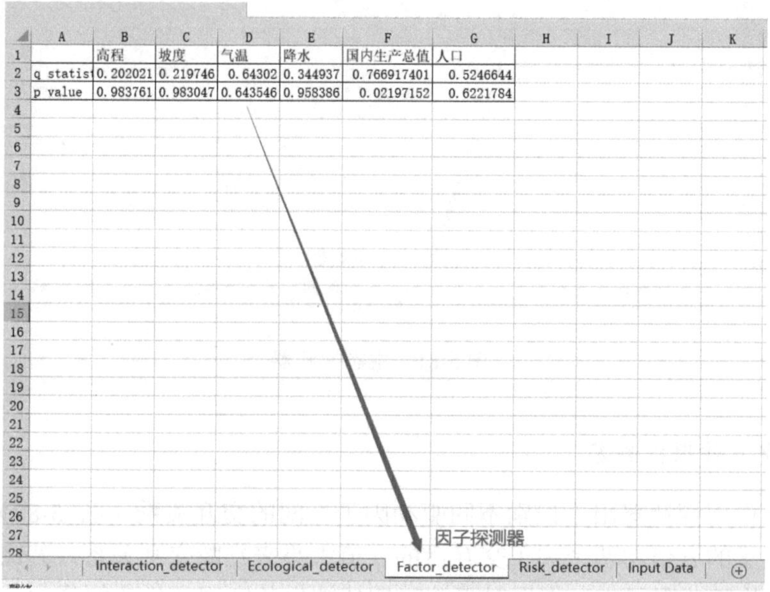

	高程	坡度	气温	降水	国内生产总值	人口
q statis	0.202021	0.219746	0.64302	0.344937	0.766917401	0.5246644
p value	0.983761	0.983047	0.643546	0.958386	0.02197152	0.6221784

图 5-80　因子探测器

2. 生态探测器

生态探测器用于比较按照不同驱动因子进行分类的情况下，不同驱动因子在影响植被生长空间变化的分布方面是否存在显著性差异，哪种因子对植被生长变化的区域性差异更具有控制力。生态探测器结果如图 5-81 所示，图 5-81 中给出了每两个驱动因子之间的统计差异显著性检验结果，如果行因子与列因子存在显著性差异，则标记为“Y”，相反则标记为“N”。显著性检验结果表明，国内生产总值与其他驱动因子大部分存在显著性差异，这也进一步说明江苏省植被生长受国内生产总值的影响较大。

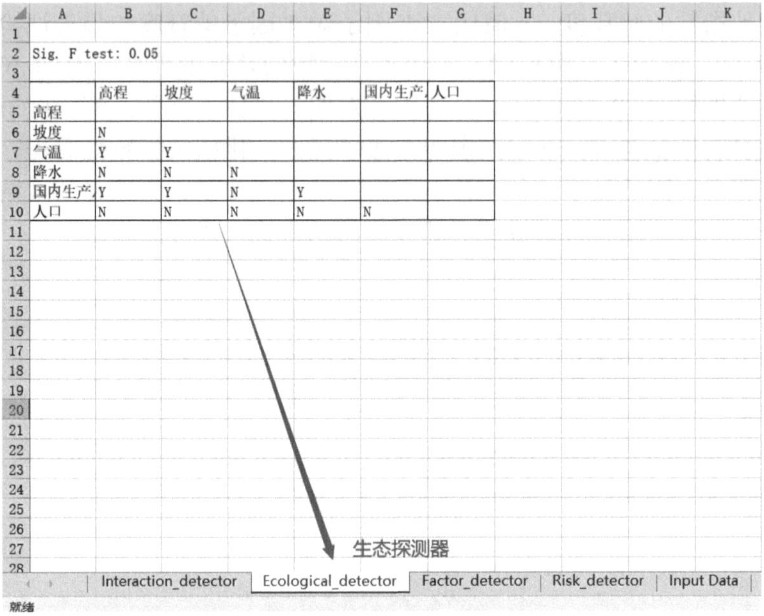

	高程	坡度	气温	降水	国内生产	人口
高程						
坡度	N					
气温	Y	Y				
降水	N	N	N			
国内生产	Y	Y	N	Y		
人口	N	N	N	N	N	

图 5-81　生态探测器

3. 交互作用探测器

交互作用探测器用于识别不同驱动因子之间的交互关系（图 5-82），通过比较单个因子的 q 值与两个因子交互后的 q 值大小来判断交互关系，其比较方法见表 5-5。从驱动因子交互作用对于该时期植被生长空间变化的解释力来看，驱动因子对江苏省植被生长空间变化的影响存在交互作用，因子之间交互作用呈现双因子增强和非线性增强的关系，不存在相互独立、单因子非线性减弱和非线性减弱起作用的自然因子。

大部分的驱动因子交互作用后均表现为非线性增强和双因子增强[即 $q(X1\cap X2)>q(X1)+q(X2)$；$q(X1\cap X2)>\mathrm{Max}(q(X1),q(X2))$]，表明驱动因子交互作用后对植被生长的空间变化影响力增幅较大；虽然单个气候因子和地形因子对植被生长的市级单元空间变化的影响力较小，但地形因子与气候因子交互作用后将大幅度增加对植被生长空间变化的影响力，这也从侧面说明植被生长的空间变化主要由国内生产总值决定，但地形因子和气候因子也是影响江苏省植被生长空间变化的辅助因子。

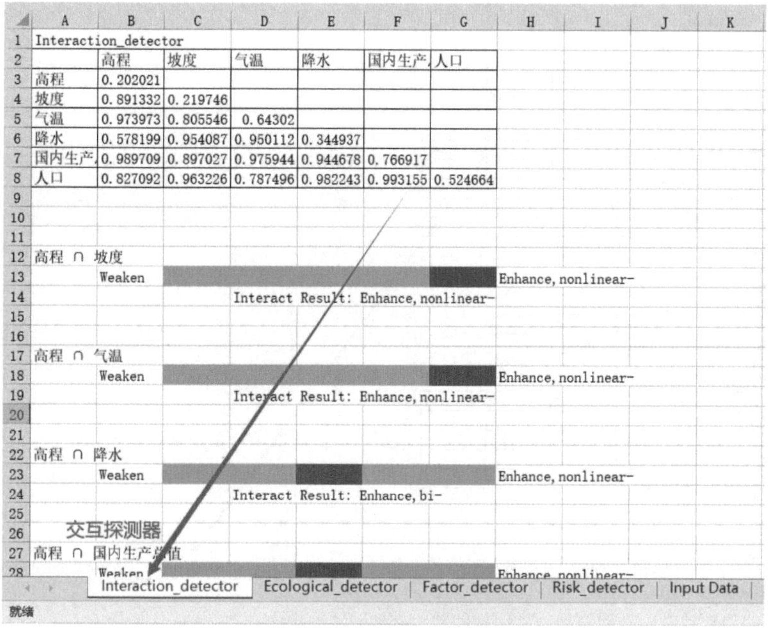

图 5-82　交互作用探测器

4. 风险探测器

本实验以对植被生长影响最大的国内生产总值为例来进行分析：由国内生产总值的 4 个类别可以发现，随着国内生产总值的增加，植被生长也呈现减少的趋势，分别在经济发达的 4 区和不发达的 1 区达到最小值和最大值，表明经济的发展会导致植被覆盖度下降（图 5-83）。

五、小结

地理系统是多要素的复杂系统，在地理学的研究中，其分析问题的难度和复杂性较大。因此，因子相互作用定量识别自然因素和人为因素对因变量的影响一直是地理学研究的热点。本实验借助目前应用广泛的“地理探测器”模型，以江苏省归一化植被指数（NDVI）为例进行案例分析，由于数据有限，本实验案例仅考虑研究高程、坡度、气温、降水、国内生产总值和人口对 NDVI 的影响。事实上，对 NDVI 影响的因素很多，感兴趣的读者可以根据自己的需要，进一步分析江苏省自然和人为因素对 NDVI 的影响。

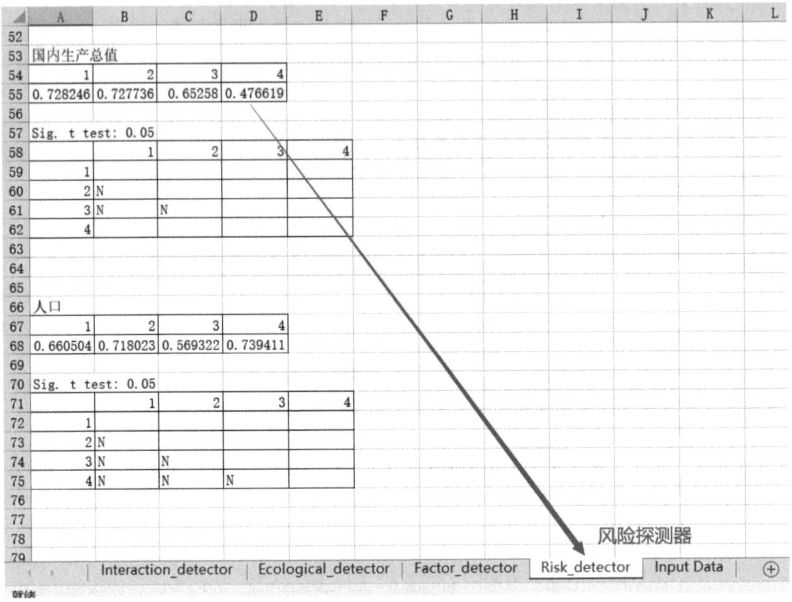

图 5-83　风险探测器

六、思考与练习

（1）什么是地理探测器？因子探测器、生态探测器、交互作用探测器和风险探测器有什么联系？

（2）在交互作用探测器中，哪些驱动因子交互作用后对植被生长的影响呈现非线性增强，哪些驱动因子交互作用后对植被生长的影响呈现双因子增强？

第六章　地理多维数据分析与分类

第一节　主成分分析

一、实验场景

在统计分析的过程中，变量个数越多会增加研究的复杂性，主成分分析是通过多个变量的线性关系从多个变量中建立少数几个新变量，从而减少变量的数量，因为不同的变量之间有一定的相关性，通过主成分分析，可以减少重叠变量，建立少数不相关的新变量。这种统计分析的方法在科学实验分析中使用广泛。本节主要介绍 MATLAB 中主成分分析的函数命令并在 MATLAB 中利用函数命令解决实际问题。

二、实验目标与内容

（一）实验目标与要求

（1）熟练掌握主成分分析的步骤。
（2）基于现有的 MATLAB 函数认识和了解主成分分析。
（3）结合实际，学会合理使用函数进行主成分分析。

（二）实验内容

（1）根据 MATLAB 中的函数绘制主成分分析图。
（2）根据 MATLAB 中的函数绘制主成分得分散点图。

三、实验数据

本实验数据采用中国气象局国家气候中心的站点数据整理而来的南京 1970～2019 年月气象数据，包括相对湿度、日照时数、平均气温、最高气温、最低气温、平均风速、气压、降水，具体明细如表 6-1 所示。

表 6-1　数据明细

文件名称	数据类型	描述
August_temp.csv	csv 文件	1970～2019 年月气象数据

四、实验步骤

了解 MATLAB 中与主成分分析相关的函数，包括 barttest 函数、pcacov 函数、princomp 函数，函数命令的调用规范和事例可以通过 doc 文档查询，下面主要介绍几个函数命令经常调用的格式，具体如下：

（1）`[ndim,prob,chisquare] = barttest(x,alpha)`，其中 x 表示输入数据，alpha 表示显著性水平，ndim 表示输出的数据维度，pro 表示显著性检验的值，chisquare 表示卡方检验值。

（2）`[COEFF,latent,explained] = pcacov(V)`，其中 V 表示输入数据，COEFF 表示主成分的系数，latent 表示 V 的特征值，explained 表示包含由每个主成分解释的总方差的百分比。

（3）`[COEFF,SCORE,latent,tsquare] = princomp(X)`，其中 X 表示输入数据，COEFF 表示主成分的系数，SCORE 表示主成分得分，latent 表示 V 的特征值，tsquare 表示 Hotelling's T^2 统计值。

对南京市 1970～2019 年蒸散水平评价因子进行主成分分析，并绘制主成分分析图和主成分分析散点图（图 6-1），代码如下：

```
%处理数据
data=csvread('C:\Users\Administrator\Desktop\ 实 验 报 告 \58238.csv',1);
variablename={' 相对湿度日照时数';'日照时数';' 平均气温';'最高温度';'最低气温';'平均风速';'气压';'降水'};
year=unique(data(:,1));
n=numel(year);
for i=1:n;
    mark=data(:,1)==year(i);
    x=sum(data(mark,3:10),1);
    outdata(i,:)=[year(i),x];
end
%标准化数据
data1=zscore(outdata(:,2:9));
%主成分分析
[COFF,SCORE,lattent,tsquare] = princomp(data1);
%计算贡献率
explan = 100*lattent/sum(lattent);
```

```
[m,n] = size(data1);
%结果
result = cell(n+1,4);
result(1,:) = {'特征值','差值','贡献率','累积贡献率'};
result(2:end,1) = num2cell(lattent);
result(2:end-1,2) = num2cell(-diff(lattent));
result(2:end,3:4) = num2cell([explan,cumsum(explan)]);
%% 取前三个主成分
result1 = cell(n+1,4);
result1(1,:) = {'变量','第一主成分','第二主成分','第三主成分'};
result1(2:end,1) =variablename;


result1(2:end,2:end) = num2cell(COFF(:,1:3));
biplot(COFF(:,1:3),'Score',SCORE(:,1:3),'VarLabels',variablename)
title('主成分分析图')
% 提取前 3 个主成分得分
scoredata = SCORE(:,1:3);
% 点的大小为 1.5
figure()
name = {'第一主成分得分','第二主成分得分','第三主成分得分'}
gplotmatrix(scoredata,[],[],'r','o',1.5,'off',[],name,name)
title('主成分得分散点图')
```

运行得到的结果如图 6-1。

打开编辑器对图片进行编辑，设置主成分分析图中的 Component1、Component2、Component3 分别为主成分 1、主成分 2、主成分 3，调整字体为 Bookman，加粗，16，将图中的线宽调整为 1.5，字体调整为 Bookman,加粗，15，图片输出设置为 600dpi，得到的结果如图 6-2。

再打开编辑器对图片进行编辑，设置主成分得分散点图中坐标轴字体为 Bookman,加粗，13，图片输出设置为 600dpi，得到结果如图 6-3。

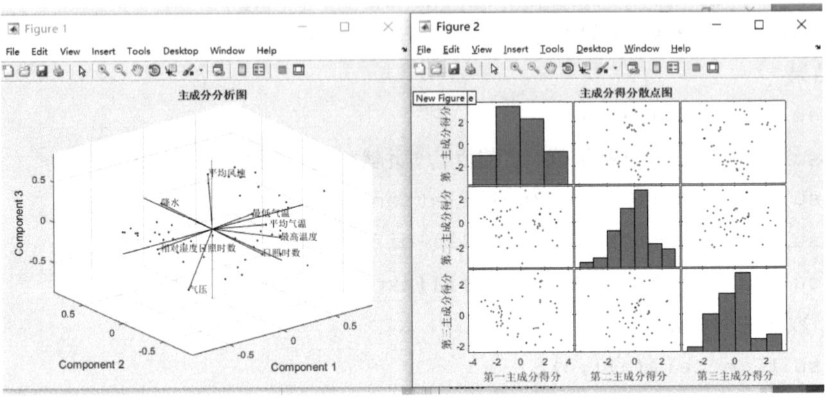

图 6-1　主成分分析结果图

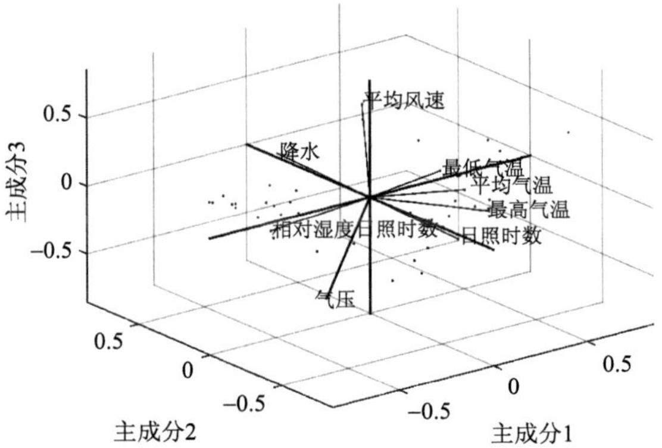

图 6-2　主成分分析图

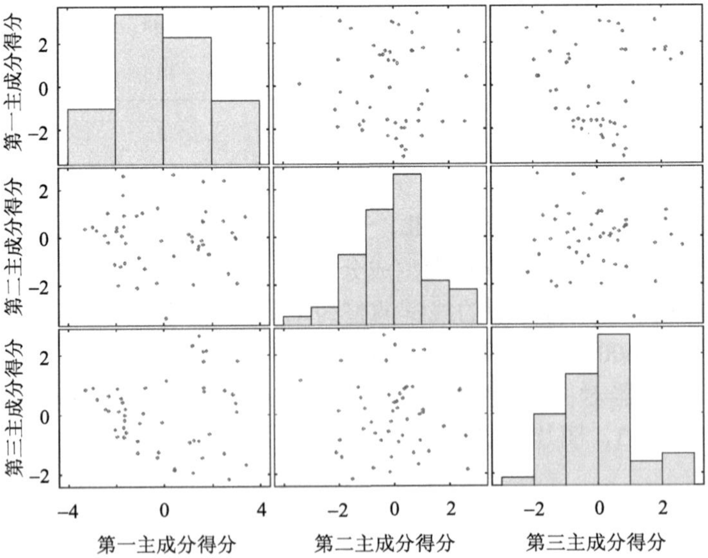

图 6-3　主成分得分散点图

五、思考与练习

（1）什么是主成分分析？MATLAB 中主成分分析的函数命令有哪些？

（2）想一想本实验在处理蒸散发评价因子的主成分分析时，如何使用不同的函数命令得到主成分的方差贡献率？

第二节 因子分析

一、实验场景

因子分析是指在因子集合中提取具有共性的因子，最早是由心理学家 C.E.斯皮尔曼提出的，对于学校中的学生成绩，学生一科成绩好，可能各科成绩都不错，提出某一些潜在因子对学生成绩产生的影响。因子分析主要应用于市场调研当中，研究人员关注在一定的研究指标当中，根据因子的得分得到在一定的指标中需要最先考虑的有重要影响的因子。本节主要介绍 MATLAB 中因子分析的函数命令并在 MATLAB 中利用函数命令解决实际问题。

二、实验目标与内容

（一）实验目标与要求

（1）熟练掌握因子分析的步骤。

（2）认识和了解因子分析有关的 MATLAB 函数。

（3）结合实际，学会合理使用函数进行因子分析。

（二）实验内容

根据 MATLAB 中的函数设计代码进行因子分析，并根据因子分析结果进行分析且绘制双因子分布图。

三、实验数据

本实验数据采用中国气象局国家气候中心的站点数据整理而来的南京 1970～2019 年月气象数据，包括相对湿度、日照时数、平均气温、最高气温、最低气温、平均风速、气压、降水，具体明细如表 6-1 所示。

四、实验步骤

MATLAB 中与主成分分析相关的函数包括 barttest 函数、pcacov 函数、princomp 函数，函数命令的调用规范和事例可以通过 doc 文档查询，下面主要介绍几个函数命令经常调用的格式，具体如下：

[lambda,psi,T,stats,F] = factoran(X,m)，其中 X 表示输入值，m 表示公共因子个数，lambda 表示因子载荷阵，psi 表示特殊方差极大似然估计值，T 表示旋转矩阵，stats 表示包含模型信息的结构体，F 表示因子得分。

对南京市 1970～2019 年蒸散水平评价因子进行因子分析，呈现因子分析结果并绘制双因子图，代码如下：

```
data=csvread('C:\Users\Administrator\Desktop\ 实 验 报 告 \58238.
csv',1);
variablename={' 相对湿度日照时数';'日照时数';' 平均气温';'最高温度';'
最低气温';'平均风速';'气压';'降水';'因子贡献率';'累积贡献率'};
year=unique(data(:,1));
n=numel(year);
for i=1:n;
    mark=data(:,1)==year(i);
    x=sum(data(mark,3:10),1);
    outdata(i,:)=[year(i),x];
end
%数据标准化
data1=zscore(outdata(:,2:9));
%变量数量
num=size(data1,2);
%因子分析
[lambda,psi,T,stats,F]                                              =
factoran(data1,2,'scores','regression');
%计算因子贡献率
disp('因子贡献率')
contribut = 100*sum(lambda.^2)/num
% 计算累积贡献率
disp('因子累积贡献率')
contr = cumsum(contribut)
%输出因子分析结果
head={'变量','因子 1','因子 2'}
result1=cell(11,3);
result=num2cell([lambda;contribut;contr]);
```

```
result1=[head;variablename,result];
biplot(lambda,'LineWidth',2,'MarkerSize',20)
```

结果表示如下：

```
'变量'                 '因子 1'    '因子 2'
' 相对湿度日照时数'     -0.64      -0.05
'日照时数'             -0.003     0.674
' 平均气温'              0.994     -0.079
'最高温度'              0.954      0.291
'最低气温'              0.941     -0.332
'平均风速'             -0.331     -0.010
'气压'                -0.526     0.390
'降水'                -0.023     -0.538
'因子贡献率'           44.78     13.73
'累积贡献率'           44.78       58.51
```

五、思考与练习

（1）什么是因子分析？因子分析和主成分分析之间的区别是什么？

（2）因子分析中涉及公共因子的数量，公共因子的数量太少是否会造成因子拟合出现问题？那么当公共因子超过一定数量时是否也会产生问题？

（3）结合本节中的案例，讨论是否需要增加公共因子？上文选择的组合变量是否适合因子模型？不适合的话怎么解决？

第三节 聚 类 分 析

一、实验场景

分类是重要的科研手段，在地理学中我们常常通过分类的手段来对科学问题进行深入研究。早期的分类一般属于定性分类的范畴，根据事物的属性与特征进行分类，但是随着人们认识和研究的深入，简单的定性分类已经满足不了需求，于是产生了定量分类的方法。*K*-mean 聚类是一种无监督的定量分析聚类算法，*K*-mean 聚类算法实现起来较为简单，具有很好的聚类效果，且应用广泛。但是在有些分类问题中，分类对象间没有明确的界限，这时候利用 *K*-mean 聚类将每个对象严格划分是不太合理的，这时候就需要模糊 *C* 均值聚类算法来解决这一问题。

相较于 *K*-mean 聚类算法的硬划分，模糊 *C* 均值聚类算法是一种软划分，每个样本不再是只能隶属一种类别，可以隶属不同的类别，只是隶属程度的大小有所区别，依据该方法划分的同一簇的对象间相似度最大。

在 MATLAB 中根据 *K*-mean 聚类算法和模糊 *C* 均值聚类算法进行聚类分析的函数分别是 kmeans 和 fcm，通过这些函数可以简单高效地对数据按要求进行分类，得到数据的分类情况和质心位置。本实验以全国基本站点的降水和气温数据为例，分别介绍如何在 MATLAB 中进行 *K*-mean 聚类算法和模糊 *C* 均值聚类算法的聚类分析。

二、实验目标与内容

（一）实验目标与要求

（1）熟练掌握 MATLAB 中基于 *K*-mean 聚类算法和模糊 *C* 均值聚类算法的聚类分析。

（2）了解空间聚类的评价指标。

（二）实验内容

（1）利用 8 月降水量和平均气温数据，使用 kmeans 和 fcm 函数进行聚类分析，划分出江苏省的气候分区。

（2）聚类分析的评价指标。

（3）将站点分类结果在 ArcGIS 中显示出来，查看不同气候区的站点聚类。

三、实验数据与思路

（一）实验数据

实验数据是来自中国气象局标准站点的降水和气温数据，数据明细如表 6-2。

表 6-2　数据明细

文件名称	数据类型	描述
降水和气温数据.xlsx	xlsx 文件	站点气象数据

（二）思路与方法

K-mean 聚类算法的原理比较简单，首先选择 *k* 个样本作为初始的聚类中心，然后将除聚类中心外的所有样品归入离它最近的聚类中心，这时该类的聚类中心

更新为这一类的均值，重复计算直至所有样品都归了类，直至所有样品不能再进行分类为止。通过 kmeans 函数在 MATLAB 中实现这一步骤相对简单，研究者需要关注的唯一变量就是 k 值，即类别的数量，该值应根据研究者的经验和具体的研究背景进行合理确定。模糊 C 均值聚类算法的计算相对复杂，不同于 K-mean 聚类算法计算聚类中心来归类每个样本，模糊 C 均值聚类算法计算的是每个样本对各聚类中心的隶属度大小。

轮廓系数是用来衡量聚类结果的评价指标。对于单个样本 x_i，设 a_i 是同类别（同簇）中其他样本和 x_i 的平均距离，b_i 是 x_i 和距它最近的类别（簇）中样本的平均距离，该样本的轮廓系数 s_i 为

$$s_i = \frac{b_i - a_i}{\max\left(a_i, b_i\right)} \tag{6-1}$$

对于整个样本集合，它的轮廓系数就是所有样本轮廓系数的平均值。轮廓系数总是在–1～1，整个样本集合的轮廓系数越接近 1，聚类越合理。对于单个样本来说，轮廓系数越接近 1 聚类越好，接近–1 表示应该被分到其他类中，接近 0 表示样本应该在边界上。

四、实验步骤

实验的主要内容包括：数据导入、函数的应用和计算结果解读，涉及的软件包括 MATLAB 和 ArcGIS。

（一）使用函数 kmeans 和 fcm，根据江苏省的降水和气温数据对气象站点进行分类

kmeans 函数的语法通常是[idx,c] = kmeans(X,k)，通常只需要输入两个参数。X 的行对应观测值，而列对应变量，在本例中就是 76 个站点的 2 个变量（降水和气温）；k 是分类的数量，即要分成多少组（簇）；kmeans 函数默认的计算距离的方法是欧几里得距离的平方，也可以根据需要自己选择合适的方法来计算距离。输出的结果中 idx 是以数值向量形式返回的簇索引，idx 的行数和 X 的行一样多，对应的就是 X 中每一行的分类；c 是每个分组的质心位置。得到的结果中 idx 是每个站点的分类序号，c 是 3 个（本例中 k=3）分组质心对应的变量大小（气温和降水量）。以下是 kmeans 进行聚类分析的代码：

```
data=readmatrix(''D:\实验课\全国站点 8 月降水量和平均气温数据.xlsx'');
x=data(:,2:3);
[idx,c]=kmeans(x,4);
```

对于模糊 *C* 均值聚类算法，采用同样的步骤，调用 fcm 函数：

```
data=readmatrix(''D:\实验课\全国站点 8 月降水量和平均气温数据.xlsx'');
x=data(:,2:3);
[centers,U] = fcm(x,4);
idx=zeros(size(U,2),1);
for i=1:size(U,2)
    idx(i,1)=find(U(:,i)==max(U(:,i)));
end
```

fcm 函数返回的结果中 *U* 对应的是观测点（本例中气象站点）在每个分类中的隶属度大小。根据简单的操作就可以得到每个观测点隶属度最大的分组序号，变量 idx。centers 则是每个分组的质心位置。

（二）聚类分析的评价指标——轮廓系数

聚类分析的方法很多，不同的聚类方法计算距离的方式也有多种选择，这样一来针对同一个问题，就会有不同的聚类结果，对聚类结果进行评价就显得至关重要。一般来说，组内差异越小，组间差异越大的分类结果就越好。轮廓系数就是一种评价聚类的分析指标，原理简单，容易操作，适用于实际类别信息未知的情况。由于以上是使用默认的“欧几里得距离的平方”来计算的距离，所以在计算轮廓系数时需要统一，用同样的方法计算距离。以下是针对 kmeans 聚类结果计算轮廓系数的代码：

```
clc;clear
%导入数据
data=readmatrix('江苏省降水和气温数据.xlsx');
x=data(:,4:5);
%利用 kmeans 函数距类分析
%需要额外输出观测值到每一个分类中心的距离矩阵 D
[idx,C,~,D]=kmeans(x,3);
%建立循环计算每个样本的轮廓系数
%循环次数就是变量 x 的行数
si=zeros(size(x,1),1);
for i=1:size(x,1)
    idxx=[idx,x];
    idxx(i,:)=[];
```

```
    %计算样本到同组的其他样本间的平均距离
    mark1=idxx(:,1)==idx(i);
    cluster_same=idxx(mark1,2:end);
    dist_same=zeros(size(cluster_same,1),1);
    for j1=1:size(cluster_same,1)
    dist_same(j1,:)=(x(i,:)-cluster_same(j1,:))*(x(i,:)-cluster_
same(j1,:))';
    end
    ai=mean(dist_same);
%计算样本到距离最近组的其他样本间的平均距离
%需要先根据距离矩阵 D 找到最近组的分类号
    xi_near=sort(D(i,:));
    xi_near=xi_near(2);
    near_idx=find(D(i,:)==xi_near);
    mark2=idxx(:,1)==near_idx;
    cluster_near=idxx(mark2,2:end);
    dist_near=zeros(size(cluster_near,1),1);
    for j1=1:size(cluster_near,1)
    dist_near(j1,:)=(x(i,:)-cluster_near(j1,:))*(x(i,:)-cluster_
near(j1,:))';
    end
    bi=mean(dist_near);
    %计算单个样本的轮廓系数
    si(i,:)=(bi-ai)/max(ai,bi);
end
%计算轮廓系数的均值
s=mean(si);
```

最后我们得到 s=0.7537，说明聚类效果较好。

（三）聚类结果的空间呈现

在数据中我们给出了每个找到的经纬度，可以把 kmeans 聚类分析的结果整理出来，利用 ArcGIS 画出不同类别站点的空间分布情况。

首先将聚类结果与原文件里的站点序号和经纬度合并，并写成.xls 文件。接着运行 kmeans 聚类分析的代码，将结果输出：

```
writematrix([data(:,1:3),idx],'聚类分析结果.xls')
```

需要注意的是，MATLAB 无法给写出的 Excel 文件添加表头，我们需要找到输出的文件并添加表头，每一列的表头分别是：站点序号、经度、纬度、聚类结果。这样就可以在 ArcGIS 中将文件导入，并按聚类结果的不同，分别给站点以不同的符号来直观地体现站点的分类结果。以下是在 ArcGIS 中处理的最终的站点分类结果（图 6-4）。

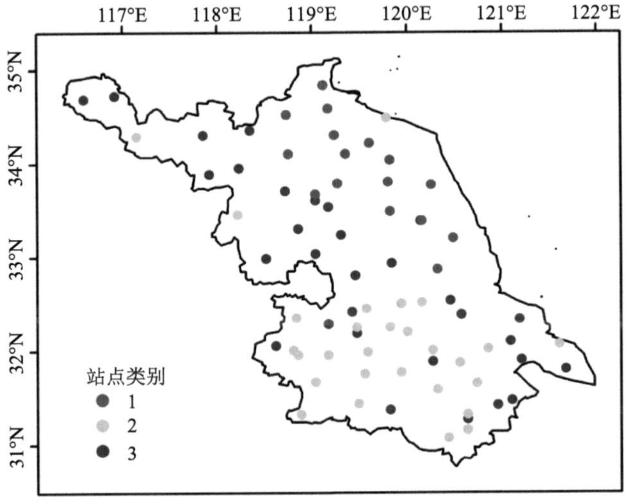

扫一扫，看彩图

图 6-4　站点分类结果

五、思考与练习

以上我们是使用默认的欧几里得距离的平方来表示距离的，对于 kmeans 函数还支持使用其他方法来进行聚类分析。语法是 idx = kmeans(*X*,*k*,Name,Value)，可选择的方法有'sqeuclidean' (default)、'cityblock'、'cosine'、'correlation'及'hamming'。例如，对于该案例使用余弦法计算距离可以这样写，idx = kmeans(*x*,3,'Distance','cosine')，试一试会有怎样不同的结果，该怎样计算其轮廓系数。

主要参考文献

阿迪力·吐尔干, 吐尔孙·哈斯木, 郝永娟, 等. 2015. 基于 3S 技术的土地利用时空变化分析——以迪那河绿洲为例[J]. 水土保持研究, 22(1): 305-309.

蔡博峰, 于嵘. 2009. 基于遥感的植被长时序趋势特征研究进展及评价[J]. 遥感学报, 13(6): 1170-1186.

陈晓辉, 曾晓莹, 赵超超, 等. 2021. 基于遥感生态指数的道路网络生态效应分析——以福州市为例[J]. 生态学报, 41(12): 4732-4745.

黄星, 陈伏龙, 赵琪, 等. 2021. 新疆和田河径流演变特征及其影响因素分析[J]. 灌溉排水学报, 40(4): 88-96.

梁宏, 王培娟, 章建成, 等. 2014. 1960～2011 年东北地区热量资源时空变化特征[J]. 自然资源学报, 29(3): 466-479.

刘瑞, 朱道林. 2010. 基于转移矩阵的土地利用变化信息挖掘方法探讨[J]. 资源科学, 32(8): 1544-1550.

刘贤赵, 张安定, 李嘉竹. 2009. 地理学数学方法[M]. 北京: 科学出版社.

刘宇, 兰双双, 张永祥, 等. 2017. 基于空间自相关的地下水脆弱性时空演变[J]. 环境科学, 38(10): 4236-4244.

吕林根, 许子道. 2006. 解析几何[M]. 4 版. 北京: 高等教育出版社.

孟颖, 曹月娥. 2020. 新疆农村贫困化空间分布及影响因素探究——以荒地镇为例[J]. 世界地理研究, 29(3): 650-658.

潘晓东, 李品, 冯兆忠, 等. 2019. 2000～2015 年中国地级市化肥使用量的时空变化特征[J]. 环境科学, 40(10): 4733-4742.

唐文彬, 肖秋菱, 颜红艳, 等. 2021. 城市轨道交通沿线住宅租金的空间分异分析——以长沙市地铁 1 号线、2 号线和 4 号线为例[J]. 经济地理, 41(7): 100-108.

王劲峰, 徐成东. 2017. 地理探测器: 原理与展望[J]. 地理学报, 72(1): 116-134.

王雷, 赵冰雪, 张乐勤, 等. 2021. 安徽省 2017～2018 年 $PM_{2.5}$ 浓度时空分异特征[J]. 中国环境监测, 37(3): 109-119.

王松. 2021. 2015～2019 年住院死亡患者住院费用影响因素分析[J]. 中国病案, 22(7): 72-75.

尉芳, 刘京, 夏利恒, 等. 2021. 陕西渭北旱塬区农田土壤有机质空间预测方法[J]. 环境科学, (8): 1-13.

魏和清, 李颖. 2021. 中国省域文化产业集聚的空间特征及影响因素分析[J]. 统计与决策, (16): 66-70.

魏石梅, 潘竟虎, 妥文亮. 2020. 2015 年中国 $PM_{2.5}$ 浓度遥感估算与时空分布特征[J]. 遥感技术与应用, 35(4): 845-854.

徐建华. 2002. 现代地理学中的数学方法[M]. 北京：高等教育出版社.

杨婕，赵天良，程叙耕，等. 2021. 2000-2019 年中国北方地区沙尘暴时空变化及其相关影响因素[J]. 环境科学学报, 41(8): 2966-2975.

袁丽华，蒋卫国，申文明，等. 2013. 2000-2010 年黄河流域植被覆盖的时空变化[J]. 生态学报, 33(24): 7798-7806.

张晶. 2021. 中国开放型经济发展水平测度及空间格局分析[J]. 统计与决策, 37(13): 100-104.

赵军，符海月. 2001. GIS 在人口重心迁移研究中的应用[J]. 测绘工程, (3): 41-43.

邹逸凡，孙鹏，张强，等. 2021. 2001-2019 年横断山区积雪时空变化及其影响因素分析[J]. 冰川冻土, (8): 1-18.

Alcaraz-Segura D, Liras E, Tabik S, et al. 2010. Evaluating the consistency of the 1982-1999 NDVI trends in the iberian peninsula across four time-series derived from the AVHRR Sensor: LTDR, GIMMS, FASIR, and PAL-II[J]. Sensors, 10(2): 1291-1314.

Cliff A D, Ord J K. 1981. Spatial Processes: Models and Applications[M]. London: Pion.

Daufresne M, Lengfellner K, Sommer U. 2009. Global warming benefits the small in aquatic ecosystems[J]. Proceedings of the National Academy of Sciences of the United States of America, 106(31): 12788-12793.

Fotheringham A S, Brunsdon C, Charlton M E. 2003. Geographically Weighted Regression: The Analysis of Spatially Varying Relationships [M]. Chichester: John Wiley & Sons.

Fotheringham A S, Charlton M E. 1996. Geographically weighted regression: a method for exploring spatial nonstationarity[J]. Geographical Analysis, 28(4): 281-298.

Hamed K H, Rao A R. 1998. A modified Mann-Kendall trend test for autocorrelated data[J]. Journal of Hydrology, 204: 182-196.

Hurst H E. 1951. Long-term storage capacity of reservoirs [J]. Transactions of the American Society of Civil Engineers, 116(1): 770-799.

Jong R D, Bruin S D, Wit A D, et al. 2011. Analysis of monotonic greening and browning trends from global NDVI time-series[J]. Remote Sensing of Environment, 115(2): 692-702.

Ma Z C, Sun P, Zhang Q, et al. 2021. Characterization and evaluation of MODIS-derived crop water stress index (CWSI) for monitoring drought from 2001 to 2017 over Inner Mongolia[J]. Sustainability, (13): 916.

Sen P K. 1968. Estimates of the regression coefficient based on Kendall's Tau[J]. Journal of the American Statistical Association, 63(324): 1379-1389.

Zhang Q, Singh V P, Peng J, et al. 2012. Spatial-temporal changes of precipitation structure across the Pearl River basin, China[J]. Journal of Hydrology, 440-441: 113-122.